Survivalguide Schreiben

Gabriele Bensberg

Survivalguide Schreiben

Ein Schreibcoaching fürs Studium
Bachelor-, Master- und andere Abschlussarbeiten
Vom Schreibmuffel zum Schreibfan!

Mit 61 Abbildungen

Gabriele Bensberg
Psychologische Beratungsstelle (PBS)
Studentenwerk Mannheim

Ergänzendes Material finden Sie unter
http://extras.springer.com/978-3-642-29875-2

ISBN 978-3-642-29875-2   ISBN 978-3-642-29876-9 (eBook)
DOI 10.1007/978-3-642-29876-9

Die Deutsche Nationalbibliothek verzeichnet diese Publikation in der Deutschen Nationalbibliografie;
detaillierte bibliografische Daten sind im Internet über http://dnb.d-nb.de abrufbar.

SpringerMedizin
© Springer-Verlag Berlin Heidelberg 2013
Dieses Werk ist urheberrechtlich geschützt. Die dadurch begründeten Rechte, insbesondere die der Übersetzung, des Nachdrucks, des Vortrags, der Entnahme von Abbildungen und Tabellen, der Funksendung, der Mikroverfilmung oder der Vervielfältigung auf anderen Wegen und der Speicherung in Datenverarbeitungsanlagen, bleiben, auch bei nur auszugsweiser Verwertung, vorbehalten. Eine Vervielfältigung dieses Werkes oder von Teilen dieses Werkes ist auch im Einzelfall nur in den Grenzen der gesetzlichen Bestimmungen des Urheberrechtsgesetzes der Bundesrepublik Deutschland vom 9. September 1965 in der jeweils geltenden Fassung zulässig. Sie ist grundsätzlich vergütungspflichtig. Zuwiderhandlungen unterliegen den Strafbestimmungen des Urheberrechtsgesetzes.

Produkthaftung: Für Angaben über Dosierungsanweisungen und Applikationsformen kann vom Verlag keine Gewähr übernommen werden. Derartige Angaben müssen vom jeweiligen Anwender im Einzelfall anhand anderer Literaturstellen auf ihre Richtigkeit überprüft werden.

Die Wiedergabe von Gebrauchsnamen, Warenbezeichnungen usw. in diesem Werk berechtigt auch ohne besondere Kennzeichnung nicht zu der Annahme, dass solche Namen im Sinne der Warenzeichen- und Markenschutzgesetzgebung als frei zu betrachten wären und daher von jedermann benutzt werden dürfen.

Planung: Joachim Coch, Heidelberg
Projektmanagement: Kerstin Kindler, Heidelberg
Lektorat: Karin Dembowsky, München
Cartoons: Claudia Styrsky, München
Projektkoordination: Heidemarie Wolter, Heidelberg
Umschlaggestaltung: deblik Berlin
Fotonachweis Umschlag: © Benicce - Fotolia.com
Herstellung: Crest Premedia Solutions (P) Ltd., Pune, India

Gedruckt auf säurefreiem und chlorfrei gebleichtem Papier

Springer Medizin ist Teil der Fachverlagsgruppe Springer Science+Business Media
www.springer.com

Vorwort

Zu Beginn des Herbstsemesters 2010 erschien das Buch »Survivalguide Bachelor«. Die Autoren waren über den Erfolg des Ratgebers ein wenig erstaunt. Dass unser Werk derart nachgefragt war und weiterhin ist, zeigt, mit welch hohen Anforderungen und Stresspotenzialen ein Studium heute einhergeht. Auch bei guter Begabung und überdurchschnittlicher Motivation fällt es immer mehr Studierenden schwer, ihr Studium ohne zusätzliche Unterstützung zu managen.

Und so entschloss sich der Verlag, einen weiteren »Survivalguide« zu publizieren, der eine zentrale Herausforderung am Ende des Studiums zum Thema hat: die Abschlussarbeit. Da ich selbst gerne schreibe und ganz unterschiedliche Texte verfasse, hat mir diese Aufgabe sehr viel Spaß gemacht, und ich hoffe, den Leserinnen und Lesern etwas von der Faszination, die das Schreiben haben kann, vermitteln zu können.

Wenn es um das Abfassen wissenschaftlicher Texte geht, scheiden sich die Geister. Den einen geht es leicht von der Hand, und sie haben sogar Freude daran. Für andere ist es eher eine Qual, die sich verstiegene Professorenhirne ausgedacht haben, um junge Studierende zu piesacken. Manch ein Student würde doppelt so gerne studieren, wenn es keine schriftlichen Arbeiten gäbe. Auch kommt es immer wieder vor, dass Absolventinnen und Absolventen an dem Projekt Abschlussarbeit scheitern und ihr Studium aus diesem Grund nie beenden.

Das Buch wendet sich vor allem an Studentinnen und Studenten, die sich mit dem Schreiben schwer tun und sich den Zugang zu ihrem Schreibprojekt erleichtern möchten! Es will dabei aber mehr sein als eine praktische Handlungsanleitung, indem es auch weiterführende Informationen und Anreize zum Schreiben selbst gibt.

Wer ein »Kochbuch« für die Anfertigung seiner Bachelor- oder Master-Thesis bzw. Zulassungsarbeit sucht, sollte zunächst die ▶ Kap. 4–11 lesen. Wer meint, er müsse erst einmal seine generelle Schreibunlust bekämpfen, findet den Einstieg am ehesten über ▶ Kap. 2–3 sowie ▶ Kap. 14–15. Wissbegierige junge Menschen, die etwas über die Hintergründe von Schreibproblemen erfahren möchten, sollten mit ▶ Kap. 1 starten. Zur Unterstützung bei der praktischen Umsetzung der vielen Tipps beim Schreiben stehen die wichtigsten Übungsmaterialien zum Download auf ▶ http://extras.springer.com bereit (mit der ISBN 978-3-642-29875-2 gelangst du zum entsprechenden Material).

Engagierte Feministinnen und Feministen unter den Leserinnen und Lesern bitte ich um Nachsicht, dass den maskulinen Formen meist nicht die dazugehörigen femininen zur Seite gestellt wurden. Es geschah einzig und allein aus sprachästhetischen Gründen, d. h. um ständige Doppelungen und Wortungetüme zu vermeiden, die den Sprachfluss beträchtlich stören. Auch wenn die weibliche Form nicht explizit genannt ist, sind die Leserinnen selbstverständlich immer angesprochen.

Es ist mir ein Anliegen, mich sehr herzlich bei all jenen zu bedanken, die mich in irgendeiner Weise bei der Entstehung des Werks unterstützt haben.

- Herrn Joachim Coch und Frau Kerstin Kindler vom Springer-Verlag Heidelberg danke ich dafür, dass sie das Buch mit Sachverstand, Geduld und klugem Rat fortlaufend begleitet haben.
- Ich danke dem Geschäftsführer des Studentenwerks Mannheim, Dr. Jens Schröder, der mir ermöglichte, das Werk im Rahmen einer Nebentätigkeit zu schreiben und diesem Projekt mit sehr viel Offenheit und Wertschätzung begegnete.
- Ein Dankeschön geht auch an meine Mitarbeiter Diplompsychologe Vitali Scheibler, Diplompsychologin Angelika Supp und Diplompsychologe Markus Dewald, die fortlaufend Korrektur lasen und wertvolle Kritikpunkte einfließen ließen.
- Bedanken möchte ich mich außerdem bei Frau Karin Dembowsky, die das Buch äußerst gründlich und mit einem beeindruckenden Maß an Hintergrundwissen lektorierte, und bei Frau Claudia Styrsky, deren Talent und Ideenreichtum das Werk seine gelungenen Cartoons verdankt.
- Und zum Schluss danke ich allen ehemaligen Klientinnen und Klienten, die mich wegen ihrer Schreibprobleme um Rat fragten und deren Probleme den Fallbeispielen zugrunde liegen, die aus Gründen der Schweigepflicht allerdings verfremdet wurden.

Allen, die das Buch als Ratgeber für die Abfassung eines umfangreichen wissenschaftlichen Textes nutzen, wünsche ich gutes Gelingen.

Und nun macht euch bereit für das Abenteuer Schreiben!

Gabriele Bensberg
Im Frühjahr 2013

Inhaltsverzeichnis

I Schreibprobleme hausgemacht?

1	**Textformen und Schreibprobleme**	3
1.1	**Private Texte**	4
1.1.1	Notiz	4
1.1.2	Elektronische Kurzmitteilung	4
1.1.3	Brief	4
1.1.4	Tagebuch	5
1.2	**Amtliche Texte oder »Von der Wiege bis zur Bahre Formulare, Formulare!«**	6
1.2.1	Behördenkorrespondenz	6
1.2.2	Antrag	7
1.2.3	Erklärung	8
1.3	**Studienrelevante Textformen**	8
1.3.1	Vorlesungsmitschrift	8
1.3.2	Exzerpt	8
1.3.3	Protokoll	9
1.4	**Prüfungsrelevante Textformen**	9
1.4.1	Handout	9
1.4.2	Essay	9
1.4.3	Interpretation	10
1.4.4	Seminararbeit und Referat	10
1.4.5	Präsentation	10
1.4.6	Abschlussarbeit	12
1.5	**Fazit**	13
	Literatur	13
2	**Persönlichkeit und Schreibprobleme**	15
2.1	**Schreiben ist persönlich**	16
2.1.1	Eine positive Haltung ist wichtig	16
2.1.2	Die Identifikation mit der Thematik	17
2.1.3	Manche packt es für immer	17
2.2	**Schreiben heißt Entscheidungen treffen**	19
2.2.1	Entscheidung über Thema und Betreuer	19
2.2.2	Entscheidung über die Literatur	19
2.2.3	Entscheidung über die Inhalte	20
2.3	**Schreiben erfordert Durchhaltevermögen**	20
2.3.1	Schreiben ist langwierig	20
2.3.2	Höhen und Tiefen	21
2.3.3	Alte Tugenden sind gefragt	21
2.4	**Beim Schreiben ist man allein**	22
2.4.1	Schreiben ist keine Gruppenaufgabe	22
2.4.2	Nur wenige können dir raten	22
2.4.3	Allein sein heißt nicht, einsam sein	22
	Literatur	23

3 Schreiben unter der Flagge des Self-Handicappings ... 25
- 3.1 Was versteht man unter Self-Handicapping? ... 26
- 3.2 Motive für Self-Handicapping ... 26
- 3.3 Studentische Self-Handicapping-Strategien ... 27
- 3.3.1 »Aufschieberitis« ... 27
- 3.3.2 Konzentrationsprobleme ... 28
- 3.3.3 Körperliche Beschwerden ... 28
- 3.4 Auswirkungen ... 29
- 3.5 Einschätzung des Schweregrades ... 29
- 3.6 Was tun? ... 29
- Literatur ... 31

II Anforderungen, Probleme, Lösungen

4 Bachelor- und Masterarbeiten: Grundsätzliches ... 35
- 4.1 Anforderungen an das Thema ... 36
- 4.1.1 Wahlfreiheit oder Vorgabe ... 36
- 4.1.2 Wissenschaftlichkeit der Fragestellung ... 36
- 4.1.3 Eingrenzung der Fragestellung ... 37
- 4.2 Formale und stilistische Anforderungen ... 38
- 4.2.1 Styleguide ... 38
- 4.2.2 Allgemein gültige Kriterien ... 38
- 4.2.3 Sprache und Stil ... 38
- 4.2.4 Schöne neue Welt ... 42
- 4.3 Aufbau und Gliederung ... 42
- 4.3.1 Unverzichtbare Elemente ... 43
- 4.3.2 Erläuterungen ... 43
- 4.4 Beurteilungskriterien für wissenschaftliche Arbeiten ... 45
- 4.4.1 Allgemeine Kriterien ... 45
- 4.4.2 Kriterienkatalog ... 45
- Literatur ... 46

5 Der Wissenschaftswald – das Schreibumfeld optimieren ... 47
- 5.1 Anforderung: Rahmenbedingungen klären ... 48
- 5.1.1 Stellenwert der Arbeit ... 48
- 5.1.2 Arbeitsplan erstellen ... 49
- 5.1.3 Planungsbeispiele ... 49
- 5.1.4 Arbeitszeiten festlegen ... 53
- 5.1.5 Arbeitsort festlegen ... 54
- 5.1.6 Gestaltung des Arbeitsplatzes ... 55
- 5.1.7 Allein oder Tandem? ... 56
- 5.1.8 Belohnungen ... 57
- 5.2 Probleme und Lösungen ... 61
- 5.2.1 Unvorhergesehene Lebensereignisse ... 61
- 5.2.2 Flexibilität und Gelassenheit ... 62
- 5.2.3 Unrealisierbare Planungen ... 63
- 5.2.4 Aktive Problemlösung ... 66
- Literatur ... 68

6	**Brich einen Zweig ab – Thema und Betreuung abklären**	69
6.1	Anforderung: Thema und Betreuer finden	70
6.1.1	Anforderung: Thema finden	70
6.1.2	Anforderung: Betreuer finden	73
6.2	Probleme und Lösungen	75
6.2.1	Entscheidungsprobleme	75
6.2.2	Entscheidungsstrategien	76
6.2.3	Überforderung und »höhere Gewalt«	77
6.2.4	Thema abändern oder zurückgeben	78
6.2.5	Der Betreuer hat andere Vorstellungen	78
6.2.6	Die hohe Kunst der Diplomatie	79
6.2.7	Der Betreuer fällt aus	79
6.2.8	Neuen Betreuer finden	79
6.3	Belohnung	80
	Literatur	81
7	**Lass den Zweig Wurzeln treiben – Literatur suchen und auswerten**	83
7.1	Anforderung: Die vier großen S – Sondieren, Suchen, Sortieren, Skribieren	84
7.1.1	Literatursondierung	84
7.1.2	Literatursuche	84
7.1.3	Literaturbearbeitung	86
7.1.4	Literatureinfügung	88
7.2	Probleme und Lösungen	91
7.2.1	Sekundärliteratur fehlt bzw. überfordert	91
7.2.2	Springen oder aufgeben	91
7.2.3	Lesen ohne Ende	91
7.2.4	Begrenzung von Werk- und Seitenzahl	92
7.2.5	Was ist wichtig, was ist unwichtig?	93
7.2.6	Beurteilungskriterien finden	93
7.2.7	Ausufernde Zusammenfassungen schreiben	93
7.2.8	Effiziente Bearbeitungsstrategien einsetzen	94
7.2.9	Wer sagt was?	95
7.2.10	Mein ist mein, und dein ist dein	96
7.2.11	Belohnung	97
	Literatur	98
8	**Lass den Zweig wachsen – Inhalte strukturieren**	99
8.1	Anforderung: Map entwerfen	100
8.1.1	Inhaltsverzeichnis erstellen	100
8.1.2	Zentrale Versatzstücke umreißen	101
8.1.3	Den Roten Faden spinnen	107
8.2	Probleme und Lösungen	108
8.2.1	Was wie gewichten?	108
8.2.2	Gewichtungshinweise	108
8.2.3	Was ist zentral?	110
8.2.4	Herzstücke der Arbeit definieren	110
8.2.5	Chaos statt Struktur	112
8.2.6	Strukturierungshilfen	113

8.2.7	Belohnung	114
	Literatur	114
9	**Lass den Zweig grünen – Rohfassung erstellen**	**115**
9.1	**Anforderung: Mutation zum Schriftsteller**	117
9.1.1	Erster Schritt	117
9.1.2	Zweiter Schritt	117
9.1.3	Dritter Schritt	117
9.1.4	Vierter Schritt	117
9.1.5	Fünfter Schritt	117
9.1.6	Belege nicht vergessen	118
9.1.7	Wissenschaftssprache verwenden	118
9.1.8	Fachtermini	118
9.1.9	Beispiel: Wissenschaftssprache Veterinärmedizin	119
9.1.10	Objektivität	119
9.1.11	Präzision	119
9.1.12	Sachlicher Stil	119
9.2	**Probleme und Lösungen**	119
9.2.1	Mangelndes Know-how	119
9.2.2	Zum Wissenden werden	120
9.2.3	Erster Schritt	120
9.2.4	Zweiter Schritt	120
9.2.5	Dritter Schritt	120
9.2.6	Sprachliche Defizite	120
9.2.7	Expertenhilfe und Nachteilsausgleich	121
9.2.8	Schreibblockaden	121
9.2.9	Der Kardinalfehler	121
9.2.10	Five-step- und Worst-text-Methode	122
9.2.11	Angst vor dem leeren Blatt	123
9.2.12	Clustering und linkshändiges Schreiben	123
9.2.13	Schreiben und Gefühl	124
9.2.14	Mit »heißer Nadel« schreiben	125
9.2.15	Die heilige Zahl Sieben	125
9.2.16	»Aufschieberitis«	126
9.2.17	Planung und »Kerkerhaft«	127
9.3	**Psychische Blockaden**	129
9.3.1	Angst	129
9.3.2	Die Angst an die Kette legen	130
9.3.3	Einsamkeit	131
9.3.4	Austausch und Geselligkeit	131
9.4	**Hilfsangebot Schreibwerkstatt**	131
9.4.1	Kreative Schreibwerkstatt	132
9.4.2	Wissenschaftliche Schreibwerkstatt	132
9.4.3	Belohnung	133
	Literatur	133
10	**Lass den Zweig blühen – kreativ schreiben**	**135**
10.1	**Anforderung: Ineinandergreifende Zahnräder**	136
10.1.1	Lernforschung: Abwechslung tut not	136

10.1.2	Kreativitätsforschung: Vielfalt ist wichtig.	136
10.1.3	Der Humus wechselnder Arbeitsschritte	137
10.1.4	Lebe mit der Arbeit	139
10.1.5	Stelle die Weichen für die Zukunft	140
10.2	**Probleme und Lösungen**	142
10.2.1	Mangelnde Flexibilität des Verhaltens	142
10.2.2	Abwechslungsreiche Tagespläne erstellen	142
10.2.3	Mangelnde Flexibilität des Denkens	142
10.2.4	Kreativitätsübungen einfügen	143
10.2.5	Angst und Unsicherheit	144
10.2.6	Angstbewältigungsstrategien einsetzen	144
10.2.7	Belohnung	145
	Literatur	145
11	**Gib den Zweig aus der Hand – Endfassung erstellen**	147
11.1	**Anforderung: Puppenspielertalente entwickeln**	148
11.1.1	Rote Fäden	148
11.1.2	Sprachliche Korrektheit	148
11.1.3	Sprache klingt	149
11.1.4	Die Augen essen mit	149
11.1.5	Das Sahnehäubchen	150
11.1.6	Die Arbeit im »Sonntagskleid«	151
11.2	**Probleme und Lösungen**	153
11.2.1	Selbstzweifel	153
11.2.2	Sei streng mit dir	153
11.2.3	Das innere Loslassen der Arbeit	154
11.2.4	Knüpfe ein Band	154
11.2.5	Alles geht schief	155
11.2.6	Puffer einplanen und Helfer sichern	155
11.3	**Der Vorhang fällt**	157
11.3.1	Deine Thesis ist wichtig	157
11.3.2	Lass die Thesis Kreise ziehen	157
11.3.3	Pflanze deinen Zweig im Wissenschaftswald ein	159
11.3.4	Belohnung	159
	Literatur	160

III Die Zeit danach

12	**Der Tag nach der Abgabe**	163
12.1	**Wie sieht's im Inneren aus?**	164
12.1.1	Hochstimmung	164
12.1.2	Kreise ziehen lassen	164
12.1.3	Herunterspielen	165
12.1.4	Ein Fest nur für dich	166
12.1.5	Beispieltag	166
12.1.6	Leere	167
12.1.7	Aktive Zukunftsplanung	167
12.2	**Risse im Beziehungsnetz?**	169

12.2.1	Abschiede	169
12.2.2	Balanceprobleme	169
12.2.3	Neid	171
12.3	**Einstieg in das Erwachsenenleben**	172
12.3.1	Jugend ade – mit Ritual	172
12.3.2	Setze eine Zäsur	173
12.3.3	Lerne dich kennen	174
12.3.4	Werte-Fragebogen	174
	Literatur	176
13	**Alles war umsonst: was nun?**	**177**
13.1	**Das Scheitern**	178
13.1.1	Tiefes Loch	178
13.1.2	Trauerarbeit	178
13.1.3	Umgang mit elterlichen Vorwürfen	179
13.1.4	Der Neuanfang	179
13.1.5	Expertenrat	180
13.1.6	Was ist ein Härtefallantrag?	180
13.1.7	Was ist Prozesskostenhilfe?	180
13.1.8	Abstand gewinnen	181
13.1.9	Fach oder Studiengang wechseln	182
13.1.10	Ausbildung anvisieren	182
13.1.11	»Aussteigen«	182
13.2	**Wer weiß, wozu es gut war?**	183
13.2.1	Die Weisheit des Unbewussten	183
13.2.2	Gewissensfragen	184
13.2.3	Erfolgsgeschichten ohne Uni-Abschluss	186
	Literatur	190

IV Vom Schreibmuffel zum Schreibfan

14	**Schrift und Schreiben**	**193**
14.1	**Der weite Weg zur Schrift**	194
14.1.1	Mal- und Handwerkskunst	194
14.1.2	Die ersten Schriftzeugnisse	194
14.1.3	Das Vermächtnis der Gene	196
14.1.4	Die Weltgemeinschaft	198
14.2	**Schreiben schützt vor Vergessen**	199
14.2.1	Unser Gedächtnis ist begrenzt	199
14.2.2	Reale Zeit und gefühlte Zeit	200
14.3	**Führe Tagebuch**	201
14.3.1	Du bist nie allein	201
14.3.2	Du kannst »Dampf ablassen«	201
14.3.3	Du nimmst dich wichtig	202
14.3.4	Du lebst bewusster	202
14.3.5	Du wirst aktiver	202
14.4	**Manuell oder virtuell?**	203

14.4.1	Manuelle Medien	203
14.4.2	Virtuelle Medien	203
14.4.3	Übung macht den Meister	205
	Literatur	206
15	**Die Macht des geschriebenen Wortes**	207
15.1	Bücher verändern die Welt	208
15.1.1	Harriet Beecher Stowe: Onkel Toms Hütte	208
15.1.2	Charles Darwin: Vom Ursprung der Arten	209
15.1.3	Das Kommunistische Manifest	209
15.2	Tagebücher verändern die Person	210
15.2.1	Schreiben gegen die Einsamkeit: Anne Frank	211
15.2.2	Schreiben als Befreiung: Anaïs Nin	212
15.2.3	Schreiben zur Veränderung: »Freedom Writers«	213
15.3	Die verändernde Kraft des Schreibens	215
15.3.1	Die Bibliotherapie	215
15.3.2	Die Poesietherapie	216
15.3.3	Länger leben durch Schreiben	216
	Literatur	217
	Nachwort	219
	Stichwortverzeichnis	221

Schreibprobleme hausgemacht?

Kapitel 1 Textformen und Schreibprobleme – 3

Kapitel 2 Persönlichkeit und Schreibprobleme – 15

Kapitel 3 Schreiben unter der Flagge des Self-Handicappings – 25

Textformen und Schreibprobleme

1.1	**Private Texte – 4**	
1.1.1	Notiz – 4	
1.1.2	Elektronische Kurzmitteilung – 4	
1.1.3	Brief – 4	
1.1.4	Tagebuch – 5	
1.2	**Amtliche Texte oder »Von der Wiege bis zur Bahre Formulare, Formulare!« – 6**	
1.2.1	Behördenkorrespondenz – 6	
1.2.2	Antrag – 7	
1.2.3	Erklärung – 8	
1.3	**Studienrelevante Textformen – 8**	
1.3.1	Vorlesungsmitschrift – 8	
1.3.2	Exzerpt – 8	
1.3.3	Protokoll – 9	
1.4	**Prüfungsrelevante Textformen – 9**	
1.4.1	Handout – 9	
1.4.2	Essay – 9	
1.4.3	Interpretation – 10	
1.4.4	Seminararbeit und Referat – 10	
1.4.5	Präsentation – 10	
1.4.6	Abschlussarbeit – 12	
1.5	**Fazit – 13**	
	Literatur – 13	

> Hol der Teufel das Briefeschreiben! Wenn wir nur beisammen wären! (Katherine Mansfield) «

1.1 Private Texte

Wenn jemand sagt, er könne nicht schreiben, ist ihm meist nicht klar, dass diese Einschätzung zu einem hohen Prozentsatz von der Art des zu verfassenden Textes abhängt. Zwar gibt es Analphabeten bzw. Menschen, die ein derart gebrochenes Verhältnis zu Schriftzeichen haben, dass sie sich nur in der allergrößten Not einige Buchstaben abquälen, beispielsweise um eine lebensnotwendige Unterschrift zu leisten, typisch für Studierende ist dieses Phänomen aber nicht. Gerade bei studentischen Schreibproblemen spielt die Textart eine wesentliche Rolle.

Grundsätzlich kann man zwischen privaten Texten und solchen, die eher formell sind oder im Hinblick auf den Inhalt und Ausdruck bewertet werden, unterscheiden. Auch der erforderliche Umfang eines Textes ist mit möglicherweise auftretenden Problemen beim Schreiben verquickt.

1.1.1 Notiz

Die meisten von euch geben problemlos Telefonnummern ihr Handy ein, notieren in der Vorlesung eine wichtige Literaturangabe oder schreiben mühelos auf, was beim Einkauf an Lebensmitteln für die nächste WG-Fete besorgt werden soll.

1.1.2 Elektronische Kurzmitteilung

Für elektronische Kurzmitteilungen ist typisch, dass es kurze Botschaften sind, die man in der Mehrzahl nicht groß überdenkt und meist an Bekannte und/oder Freunde versendet. Das Simsen, Chatten, Mailen, Twittern sowie die Kontaktpflege per Facebook geht fast allen Studentinnen und Studenten flott von der Hand, und sie fühlen sich dabei nicht im Geringsten blockiert. Im Gegenteil, manche verbringen ganze Stunden mit Beschäftigungen dieser Art. In fast jeder Lebenslage wird das Handy gezückt, um kleinere Botschaften auszusenden oder zu empfangen. Selbst Mails, die formellerer Natur sind, indem sie sich beispielsweise an den Seminarleiter mit einer inhaltlichen Frage richten, bereiten selten Schwierigkeiten.

Großer Beliebtheit erfreuen sich mittlerweile auch die zahlreichen, im Internet angebotenen Flirtlines. Hier erfolgen Einträge anscheinend ebenfalls ganz zwanglos, ohne dass sich ihre Verfasser um so lästige Dinge wie Rechtschreibung oder Zeichensetzung kümmern.

Kontaktanzeige einer Flirtline

> Weiblich, Single, w
Sternzeichen: Jungfrau
Deutschland
Ich suche: Ich suche einen Mann der weis was er will und mit eigenen beinen im Leben steht!!!! «

Auch Foren, die dazu dienen, sich über Lehrer und Dozenten auszutauschen, können sich über mangelnde Kommentare nicht beklagen.

Bewertung einer Marketing-Vorlesung durch einen Studenten

> **Positiv:** interessante Themen und zum Teil sehr unterhaltsamer Vorlesungsstil. Der Prof fügt viele praktische Beispiele ein und stellt den Stoff schon verständlich dar.
Negativ: die Klausur ist krass schwer, es wird viel Auswendiglernen verlangt, Definitionen und Fachausdrücke sind stupide zu pauken, weil sie wortwörtlich abgefragt werden. Außerdem finde ich Massenveranstaltungen von mehr als 600 Studierenden nicht so prickelnd. «

1.1.3 Brief

Persönliche Briefe hingegen werden zunehmend seltener geschrieben. Ein gelungener Brief (früher auch wohlklingend Epistel genannt) setzt voraus, dass man sich mit der Person des anderen beschäftigt und sich Gedanken über Inhalt und Aufbau des Schreibens macht. Im Unterschied zu überwiegend kurzen Mails, die früher oder später gelöscht werden, sind Briefe meist länger und zeitlich beständiger. Einige haben Jahrzehnte, Jahrhunderte und sogar Jahrtausende überdauert (▶ Beispiel). Diese beiden Bedingungen, die Länge bzw. Lebensdauer des Mediums einerseits und der gewisse Zwang zu vertieftem Nachdenken andererseits, wirken anscheinend auf immer mehr Menschen abschreckend. Obwohl Briefe daher in der Gegenwart zu einem etwas exotischen Phänomen mutiert sind, ist es andererseits so, dass sich die meisten Menschen freuen, wenn sie einen solchen erhalten. Ein Brief vermittelt nämlich, dass der Empfänger dem Absender etwas wert ist, da dieser einen weit höheren Aufwand betrieben hat, als es für eine Mail oder SMS erforderlich gewesen wäre. Er oder sie hat vielleicht schönes Papier gekauft, den Inhalt handschriftlich verfasst und noch eine besondere Briefmarke ausgewählt.

Heloise und Abälard: »Verbotene Liebe« vor 900 Jahren

》 Was mich betrifft, so waren mir die Entzückungen der Liebe, denen wir uns gemeinsam hingaben, so süß, daß ich sie nicht verabscheuen oder aus meinen Gedanken entfernen könnte. Wohin ich mich auch wende, sie stehen mir vor Augen und erwecken meine Begehrlichkeit; ihre Gaukelbilder verschonen nicht einmal meinen Schlaf. Mitten in den Feierlichkeiten der Messe, wenn das Gebet am reinsten sein sollte, bemächtigen sich meines elenden Herzens die obszönen Trugbilder jener Wollust, und ich bin mehr mit ihrer Schimpflichkeit als mit dem Gebet beschäftigt. Wenn ich stöhnen sollte über die Sünden, die ich begangen habe, schluchze ich über jene, die ich nicht mehr begehen kann (aus einem Brief der Heloise an ihren ehemaligen Geliebten; Beck, 1995, S. 209) 《

Heloise lebte im 12. Jahrhundert und war die Schülerin des berühmten Theologen und Gelehrten Abälard. Beide gingen eine verbotene Liebesbeziehung ein, die mit der Entmannung Abälards und der Unterbringung der jungen Heloise in einem Kloster endete, nachdem sie einen Sohn zur Welt gebracht hatte. Auch Abälard zog sich in ein Kloster zurück. Die beiden sollten einander nicht mehr wiedersehen, unterhielten aber über viele Jahre hinweg einen intensiven Briefwechsel.

1.1.4 Tagebuch

Auf wenig Gegenliebe stößt zurzeit meist auch das Führen eines Tagebuchs. Tagebücher sind – leider völlig zu Unrecht – aus der Mode gekommen und waren schon in früheren Zeiten eher eine Domäne des weiblichen Geschlechts. Tagebucheintragungen sind in der Regel sehr privater Natur. Sie handeln von Ereignissen im Leben oder auch im gesellschaftlichen Umfeld des Schreibenden und beschäftigen sich überwiegend mit seinen persönlichen Wünschen, Bedürfnissen, Enttäuschungen, Kümmernissen usw. Aber auch heute gibt es sie noch, die leidenschaftlichen Tagebuchschreiber/innen.

Die meisten Menschen aber wissen mit dieser Art Selbstanalyse und chronikhaften Berichterstattung über das eigene Leben nichts (mehr) anzufangen, wofür mehrere Gründe verantwortlich sind: Zum einen handelt es sich um eine unmoderne Ausdrucksform, und man gerät leicht in den Verdacht, uncool zu sein, wenn man sich zu ihr bekennt. Außerdem setzen regelmäßige Einträge in ein Tagebuch voraus, dass man in einen Dialog mit sich selbst eintritt und das eigene Fühlen, Denken und Handeln reflektiert. Das ist eigentlich auch der tiefere Sinn von Tagebuchnotizen, aber genau davor schrecken viele zurück, da diese Beschäftigung mit der eigenen Person auch unangenehme Tatsachen zu Tage fördern kann. Andererseits hatten Tagebücher schon früher eine außerordentlich stützende Funktion und ersetzten manchmal nicht vorhandene Freunde. So richtete Anne Frank ihre Tagebucheintragungen in Form von Briefen an eine erfundene Freundin namens Kitty (▶ Abschn. 15.2).

Heute sind virtuelle soziale Netzwerke Verbündete im Kampf gegen Einsamkeit und Langeweile, und man kann sich bei ihrer Nutzung mit »Freunden« aus aller Welt verlinken. Aber es gibt Unterschiede. Während nichtexistente Freunde, an die sich klassische Tagebucheintragungen richten, der eigenen Phantasie entspringen, und man die Beziehung daher in der Vorstellung sehr intensiv gestalten kann, sind die Kontakte innerhalb eines Social Networks zwar real, aber in der Regel äußerst oberflächlich.

Auch ein Web-Log, selbst wenn man regelmäßig Eintragungen vornimmt, ist mit dem herkömmlichen Tagebuch, das ein Zwiegespräch mit der eigenen Person einleitet, nicht zu vergleichen, da hier ein öffentlicher Raum hergestellt wird und die Leser die eigenen Gedanken meist kommentieren dürfen oder sogar sollen.

Aus einem Online-Tagebuch

» Wahrscheinlich bin ich nur ungeduldig. D. meldet sich nicht. Im Prinzip ist es so gut, da genau das immer mein Interesse weckt. Als er sich letzte Woche ständig meldete, zog ich mich etwas zurück. Vielleicht hat er das bemerkt. Vielleicht sind wirs aber auch einfach zu stürmisch angegangen. Da bin ich mir sogar ziemlich sicher. Er hat sich bis jetzt jedes Mal DIREKT ‚danach' gemeldet. Nicht diese nervige 3-Tage-Wartezeit, keine Spielchen, kein garnix. Einfach nur eine nette Nachricht. Der Kerl ist Gold wert. Nach unserem letzten, ersten ‚richtigen' Date, nachdem ich allerdings auch bei ihm geschlafen hatte, hat er sich auch kurz nachdem ich zur Haustür raus war per SMS gemeldet. Gentlemanlike. Am Freitag schrieb er mir, wir könnten das mit dem Date gerne bald wiederholen. Bald … Seitdem habe ich nichts von ihm gehört, … Doch irgendwie traue ich mich nicht, einfach zu fragen, ob wir uns diese Woche sehen. Da hilft selbst stundenlanges im FB on sein nichts, wenn der Kerl sich nicht an seinen Laptop bewegt. «

Wenn du selbst auch eine ablehnende Haltung gegenüber Tagebüchern hast, solltest du jetzt zu ▶ Kap. 15 springen und erst einmal in ▶ Abschn. 15.2 weiterlesen!

1.2 Amtliche Texte oder »Von der Wiege bis zur Bahre Formulare, Formulare!«

Offizielle Schriftstücke unterscheiden sich von privaten Texten dahingehend, dass sie mit einem »Muss« verbunden sind: Ich muss bestimmte Formulare ausfüllen, um in den Genuss bestimmter Leistungen zu kommen oder bestimmte negative Konsequenzen abzuwenden. Amtliche Texte haben daher immer einen gewissen Zwangscharakter. Der Zeitpunkt, zu dem diese Schriftstücke abgegeben werden sollen, sowie weitere formale Kriterien sind vorgegeben. Die Abfassungssprache ist meist wenig eingängig, wofür es den schönen Ausdruck »Amtsdeutsch« (▶ Beispiel) gibt. Mittlerweile ist es bei vielen offiziellen Schriftstücken möglich, zwischen manueller und elektronischer Bearbeitung zu wählen.

Der Anfang des Rotkäppchen-Märchens auf Amtsdeutsch

» Im Kinderanfall unserer Stadtgemeinde ist eine hierorts wohnhafte, noch unbeschuhte Minderjährige aktenkundig, welche durch ihre unübliche Kopfbedeckung gewohnheitsmäßig Rotkäppchen genannt zu werden pflegt. Der Mutter besagter R. wurde seitens ihrer Mutter ein Schreiben zustellig gemacht, in welchem diese Mitteilung ihrer Krankheit und Pflegebedürftigkeit machte, worauf die Mutter der R. dieser die Auflage machte, der Großmutter eine Sendung von Nahrungs- und Genussmitteln zu Genesungszwecken zuzustellen (Auszug aus: Thaddäus Troll: Rotkäppchen, in amtlichem Sprachgut beinhaltet. In: Das große Thaddäus Troll-Lesebuch, Hamburg 1981. © Silberburg-Verlag, Tübingen, mit freundlicher Genehmigung). «

1.2.1 Behördenkorrespondenz

Jeder Mensch erhält irgendwann zum ersten Mal in seinem Leben ein amtliches Schreiben, und mit absoluter Sicherheit wird es nicht bei diesem einen bleiben. Bei solchen Schreiben handelt es sich u. a. um Bescheide, z. B. den Lohnsteuerbescheid, Rechnungen, Mahnungen, Strafzettel usw. Bei den meisten Menschen erzeugt Post dieser Art ein mehr oder weniger ausgeprägtes Unbehagen, das von einer gewissen Anspannung bis hin zur Angst reicht. Einige entscheiden sich daher, derartige Briefe einfach zu ignorieren. Sie werfen sie in den

Müll, lassen sie von ihrem Hund zerfetzen oder befeuern im Winter damit den Kamin. Das solltest du aber nur nachahmen, wenn du auch bereit bist, die Konsequenzen dieses Tuns mit stoischer Gelassenheit zu ertragen. Sei gewiss, der Arm des Gesetzes reicht weit, und daher umfassen die Folgen einer Nichtbeachtung amtlicher Korrespondenz Mahngebühren, am Ende sogar Besuche von Herren mit Kuckuck sowie Vorladungen und vielleicht sogar das zweifelhafte Vergnügen, einmal einen Knast von innen zu erleben.

Wenn dir danach nicht unbedingt der Sinn steht, solltest du dir eine bestimmte Vorgehensweise beim Umgang mit amtlichen Schreiben zu eigen machen. Zunächst sind diese Briefe so aufzubewahren, dass sie nicht verloren gehen können. Es empfiehlt sich also, einen besonderen Ordner anzulegen. Außerdem sollte man sie sofort öffnen, um zu überprüfen, ob überhaupt und ggf. in welchem Zeitraum reagiert werden muss. Es kann sinnvoll sein, vor der Beantwortung eine persönliche Beratung, etwa durch einen Rechtsanwalt oder eine amtliche Stelle, in Anspruch zu nehmen, auf die man sich entsprechend vorbereiten sollte. Wenn diese Fragen geklärt sind, setzt man das Antwortschreiben auf. Wer sich über Stil und formale Kriterien unsicher ist, kann sog. Briefsteller zu Rate ziehen, die anhand praktischer Beispiele demonstrieren, wie derartige Schreiben abzufassen sind.

1.2.2 Antrag

Antragsformulare sind meist äußerst umfangreich und mit unverständlichen Passagen und Begriffen gespickt. Daher werden sie manchmal durch ebenso umfangreiche Anlagen ergänzt, in denen erklärt wird, wie die einzelnen Abschnitte zu verstehen und zu bearbeiten sind. Nette Gesten, die aber leider nicht in jedem Fall die Verständlichkeit des Formulars erhöhen!

Wer füllt schon solche Antragsformulare gerne und/oder mit leichter Hand aus, ohne über irgendwelche Paragrafen zu stolpern. Das Ausfüllen wird daher gerne aufgeschoben oder sogar völlig »vergessen«, was auch damit zu tun hat, dass falsche Angaben, und seien sie auch nur versehentlich zu Papier gebracht, äußerst unangenehme Folgen nach sich ziehen können.

Für Studierende stellt vor allem das Ausfüllen von BAföG-Anträgen eine echte Herausforderung dar. Während man als naiver Bürger davon ausgeht, dass diese Anträge überwiegend von bedürftigen Schülern und Studenten gestellt werden, sehen das die offiziellen Verantwortlichen offensichtlich anders, denn es finden sich viele Spalten, in denen man Angaben zu seinem Einkommen oder Vermögen bzw. sonstigen wiederkehrenden Leistungen machen muss. Sollte also BAföG eigentlich etwas für Reiche sein, oder sind diese Pflichtfelder aus einer gewissen Paranoia heraus entstanden, die hinter jedem Schüler oder Studenten den geborenen Betrüger wittert?

Auch für BAföG-Anträge ist die ungewöhnliche Begrifflichkeit typisch (▶ Beispiel), oder kannst du auf Anhieb erklären, was unter dem Wortungetüm »Aufstiegsfortbildungsförderungsgesetz« (AFBG; umgangssprachlich: »Meister-BAföG«) zu verstehen ist?

Beispiel BAföG-Erstantrag, Formblatt 1

Dein Einkommen und dein Vermögen müssen Zeile für Zeile jeweils in Euro offengelegt werden.
Zitat aus dem Antragsformular:

» Angaben zu meinem Vermögen im Zeitpunkt der Antragstellung (bitte Belege beifügen)
– Land- und forstwirtschaftliche Grundstücke (auch Miteigentumsanteile; Zeitwert)
– Sonstige unbebaute Grundstücke (auch Miteigentumsanteile, Zeitwert)
– Sonstige bebaute Grundstücke (auch Miteigentumswert, Zeitwert)
– Betriebsvermögen (auch Miteigentumsanteile; Zeitwert)
– Wertpapiere, insbesondere Aktien, Pfandbriefe, Schatzanweisungen, Wechsel
– Lebensversicherungen (Rückkaufwert)
– Forderungen und sonstige Rechte
– Sonstige Vermögensgegenstände, z. B. Personenkraftfahrzeuge (Zeitwert) «

Ist dir klar, was »sonstige unbebaute Grundstücke« sind? Darunter versteht man z. B. die Wiese, die nicht als Bauplatz freigegeben wird, weil der unter strengem Naturschutz stehende Gemeine Feldhamster dort seine Heimat gefunden und ein unterirdisches Höhlensystem angelegt hat.

Was »Schatzanweisungen« sind, weißt du nicht? Damit sind Schuldverschreibungen mit entweder kurzer, mittlerer oder langer Laufzeit gemeint und nicht etwa Anweisungen deines Schatzes wie »Du sollst nicht immer anderen Frauen nachstarren!«

Und »Forderungen«? Nein, hier ist nicht an ein Duell zwischen zwei Spielern in *World of Warcraft* gedacht, sondern an finanzielle Vermögenswerte.

Und »Sonstige Vermögensgegenstände«? Du musst nicht, wie du vielleicht befürchtest, erst die von deiner Großmutter ererbten Rubinohrringe zum Pfandleiher bringen, bevor Du BAföG erhältst. Bei einem Auto sieht die Sachlage schon anders aus. Solltest du beispielsweise stolzer Besitzer eines Rolls Royce mit einer schönen Emily auf der Kühlerhaube sein – oder auch einen nicht ganz so exklusiven Edelschlitten fahren, fragst du am besten bei dem für dich zuständigen BAföG-Amt nach.

1.2.3 Erklärung

Zu den amtlichen Texten, die sich unter dem Oberbegriff »Erklärung« subsumieren lassen, gehören u. a. die Lohn- oder Einkommensteuererklärung. Letztere muss man, wenn man eine bestimmte Verdienstgrenze überschreitet, zwingend erstellen. Auch für diese Formulare trifft zu, dass sie umständlich formuliert und schwer verständlich sind, weswegen die Finanzämter eine umfangreiche Broschüre erstellt haben, in der mit Beispielen veranschaulicht wird, was unter den einzelnen Punkten wie einzutragen ist. Diese Anleitung ist 19 Seiten lang und wird ergänzt durch ein Merkblatt, auf dem noch zusätzlich die Art des Kugelschreibers und das Muster der Blockschrift für die handschriftliche Ausstellung des Antrags abgebildet sind. Diese Vorgaben sind notwendig, weil die Anträge mittlerweile maschinell ausgewertet werden. Natürlich gibt es auch längst eine elektronische Lohnsteuerkarte mit Namen ELStAM, auf die aber nicht jeder zurückgreifen möchte, z. B. aus Scheu, trotz aller Sicherungen sensible Daten ins Netz zu stellen.

1.3 Studienrelevante Textformen

Hier handelt es sich um Texte, die fast alle Studierenden während ihres Studiums verfassen. Sie unterliegen keiner Bewertung, sondern sind nur für den Eigengebrauch bestimmt.

1.3.1 Vorlesungsmitschrift

Vorlesungsmitschriften werden zwar in absehbarer Zeit wahrscheinlich der Vergangenheit angehören, weil PowerPoint-Folien meist vollständig ins Netz gestellt werden. Dies gilt zunehmend auch für komplette Lehrveranstaltungen, ist allerdings noch nicht allgemein gängige Praxis. Es gibt auch Dozenten, die sich weigern, ihre Vorlesungen online zu präsentieren, weil sie der Auffassung sind, dass Studierende mehr lernen, wenn sie während der Veranstaltung entscheiden müssen, was wichtig oder unwichtig ist.

Bei Vorlesungsmitschriften sind normalerweise keine Schreibblockaden beobachtbar, wenngleich ihre Qualität sehr unterschiedlich ist. Manche erscheinen wirr und ungeordnet, andere sind sehr gut strukturiert und deutlich gegliedert, sodass sie sich als Lernvorlage eignen. Wer nicht in der Lage ist, in einer Vorlesung gleichzeitig zuzuhören und brauchbare Notizen zu verfassen, sollte seine Aufzeichnungen anschließend noch einmal überarbeiten oder auf den Smart-Pen zurückgreifen. Der Smart-Pen ist ein digitaler Stift, mit dem man gleichzeitig schreiben und Audiodateien aufnehmen kann, die sich auf den PC übertragen lassen. Tippt man mit dem Stift auf ein notiertes Stichwort, wird sogleich der zugehörige Audiomitschnitt abgespielt (Bensberg u. Messer, 2010, Survivalguide Bachelor, Abschnitt 23.11).

1.3.2 Exzerpt

Exzerpt kommt vom lateinischen »*excerptus*« (Herausgepflücktes), und demzufolge heißt exzerpieren wörtlich übersetzt: etwas herausziehen. Exzerpte fertigt man gewöhnlich von wissenschaftlicher Literatur an, die man der eigenen Arbeit zugrundelegen will. Man filtert das für seine Arbeit Wichtige heraus, fasst die Ergebnisse, Argumente usw. zusammen und fügt ggf. eigene Gedanken hinzu.

Exzerpte kann man in ein Heft eintragen oder auf großen Karteikarten notieren, man kann sie aber auch direkt im PC als Fließtext erstellen. Die letzte Variante ist auf jeden Fall die ökonomischste, denn sie ermöglicht es, Textabschnitte aus den Exzerpten herauszukopieren und in die eigene Arbeit einzufügen.

In manchen Ratgebern wird vermittelt, Exzerpte seien sozusagen der Weisheit letzter Schluss, will heißen, dass sie es dir angeblich ersparen, dich noch einmal mit den Originalschriften auseinanderzusetzen. Hier ist Vorsicht geboten. Es empfiehlt sich in jedem Fall, die wichtigsten Texte zu kopieren bzw. auszuleihen oder auch zu kaufen, um sie wiederholt lesen und auf diese Weise eventuell relevantes Randwissen speichern zu können. Oft macht man dabei neue Entdeckungen im Textkorpus und stößt z. B. auf eine Stelle, die sich als Zitat eignet, was man zum Zeitpunkt des Exzerpierens nicht wissen konnte, da man sich noch in der Planungsphase der Thesis befand. Verlasse dich daher nie allein auf deine Exzerpte! Denn sie dienen ausschließlich dazu, die Struktur eines Textes zu erfassen und die wichtigsten Aussagen festzuhalten.

1.3.3 Protokoll

Protokolle beschreiben Sachverhalte, Ereignisse usw., die sich in einem bestimmten Zeitraum zugetragen haben. Bei einem Protokoll kommt es vor allem auf Genauigkeit an, es muss alle wichtigen Fakten nicht nur enthalten, sondern auch korrekt beschreiben. Die Ästhetik der Sprache spielt bei der Abfassung von Protokollen nur eine untergeordnete Rolle. Protokolle sind in der Regel keine prüfungsrelevanten Leistungen, begegnen Studierenden aber, wenn sie Praktika ablegen oder sich einer studentischen Gruppierung anschließen. In solchen Kontexten ist es oft erforderlich, Inhalte zu protokollieren.

1.4 Prüfungsrelevante Textformen

Prüfungsrelevante Texte sind schriftliche Abfassungen, die man erstellen und abliefern muss, um »Credits« nach dem *European Credit Transfer Accumulation System* (ECTS) zu erhalten, wobei ein Kreditpunkt einen Arbeitsaufwand von 25–30 Stunden voraussetzt. Bei diesen Texten müssen Vorgaben beachtet werden, was die Abfassungszeit, die Form, die Seitenzahl usw. betrifft. Sie sind also nicht für den Eigengebrauch bestimmt, sondern werden in einem Seminar zur Diskussion gestellt und/oder Dozenten zur Bewertung ausgehändigt.

1.4.1 Handout

Ein Handout (Thesenpapier) fasst die wichtigsten Aussagen und Thesen eines Referats kurz und prägnant zusammen. Es sollte nicht mehr als eine Seite umfassen und wird an die Mitstudenten und Dozenten ausgeteilt bzw. ins Netz gestellt.

Handouts kommen auch bei mündlichen Abschlussprüfungen zum Einsatz, indem der Prüfling zu jedem Spezialgebiet seine eigenen Ideen und Erkenntnisse in einem Paper, das er den Prüfern zur Verfügung stellt, schriftlich zusammenfasst. Oft orientieren sich die Prüfer bei ihren Fragen an den Punkten des Thesenpapiers, einen Anspruch darauf hast du aber nicht.

1.4.2 Essay

Ein Essay stellt eine mehr oder minder geistvolle Erörterung eines Themas dar, das den Bereichen Gesellschaft, Kunst oder Wissenschaft angehört. Hier geht es nicht um wissenschaftlich eindeutige Nachweise und Begründungen, sondern um eine intellektuell anspruchsvolle persönliche Auseinandersetzung mit dem jeweiligen Gegenstand. Art und Stil der Abhandlung werden bei der Bewertung berücksichtigt. Daher sind Essays eher mit journalistischen Schreibformen als mit wissenschaftlichen Beiträgen verwandt.

Essays sollen subjektiv sein, allerdings ohne (wie dies z. B. bei Gedichten oder Romanen keine Seltenheit ist) die Gesetze der Logik und das vorhandene Basiswissen außer Acht zu lassen. Sie werden in geisteswissenschaftlichen Disziplinen gerne als Prüfungsleistung eingesetzt. Der Bewertungsmaßstab ist nicht eindeutig, da es kein absolutes »Richtig« oder »Falsch« gibt. Dozenten setzen je nach persönlichem Gusto unterschiedliche Schwerpunkte, die im Einzelnen nicht unbedingt offen gelegt werden oder nachvollziehbar sind.

- **Guter und schlechter Stil**

» Wer nachlässig schreibt, legt dadurch zunächst das Bekenntnis ab, daß er selbst seinen Gedanken keinen großen Wert beilegt. Denn nur aus der Überzeugung von der Wahrheit und Wichtigkeit unserer Gedanken entspringt die Begeisterung, welche erfordert ist, um mit unermüdlicher Ausdauer überall auf den deutlichsten, schönsten und kräftigsten Ausdruck derselben bedacht zu sein; – wie man sie nur an Heiligtümer oder unschätzbare Kunstwerke, silberne oder goldene Behältnisse wendet. Daher haben die Alten, deren Gedanken, in ihren eigenen Worten, schon Jahrtausende fortleben und die deswegen den Ehrentitel Klassiker tragen, mit durchgängiger Sorgfalt geschrieben; soll doch Platon den Eingang seiner Republik sieben Mal, verschieden modifiziert, abgefaßt haben (Schopenhauer, 2003, S. 84, § 285). «

1.4.3 Interpretation

Interpretieren heißt, die sich nicht unmittelbar während des Lesens erschließende tiefere Bedeutung eines Textes – z. B. Gedicht oder Roman – herauszuarbeiten, welche sich subjektiv sehr unterschiedlich darstellen kann. Daher existieren auch keine objektiven Bewertungskriterien für derartige Arbeiten, sondern die Stringenz und Überzeugungskraft der Argumentation sowie die verbale Kompetenz sind für die Qualität und nachfolgende Benotung ausschlaggebend.

Vor allem in geisteswissenschaftlichen Fächern wie etwa Germanistik, Romanistik und Anglistik sind Interpretationen literarischer Texte als Prüfungsleistungen verbreitet. Interpretiert werden aber auch Rechts- und Bibeltexte bzw. geistliche Schriften. In der Theologie werden entsprechende Interpretationen unter dem Begriff »Exegese« subsumiert.

Das bei Interpretationen häufig angewandte wissenschaftliche Verfahren ist die Hermeneutik, ein auf Nachfühlen und Verstehen basierender Interpretationsansatz (▶ Abschn. 8.1.2, hermeneutisches Vorgehen).

» Beim Interpretieren geht es im engeren Sinne darum, die Aussage (Wirkung, Bedeutung, Sinn, Struktur usw.) eines Werkes zu verstehen. Damit kann das Nachvollziehen oder Ergründen dessen gemeint sein, was die Schöpferin oder der Schöpfer mit einem Werk (einer Dichtung, einem philosophischen Text, einem Bild, einem Musikstück, einer Skulptur usw. aussagen wollte « (Kruse, 1994, S. 98).

1.4.4 Seminararbeit und Referat

Seminar- oder Hausarbeiten sind schriftliche wissenschaftliche Arbeiten begrenzten Umfangs – im Durchschnitt umfassen sie zwischen 10 und 30 Seiten –, die in jedem Studiengang erbracht werden müssen. Der Student soll im Rahmen einer Seminararbeit demonstrieren, dass er das methodische Instrumentarium und die Anforderungen seines Fachs beherrscht. Für Seminararbeiten existieren Richtlinien, was die äußere Gestaltung und den Inhalt anbelangt, die je nach Fach sehr unterschiedlich sein können.

Referate stellen meist verkürzte Seminararbeiten dar, die im Seminar (d. h. vor Kommilitonen und Dozenten) vorgetragen werden, meist mit anschließender Diskussion. Um einen Schein zu erwerben, muss man sein Referat oft noch zu einer Seminar- bzw. Hausarbeit erweitern, die später – in der Regel zu Semesterende – abgegeben wird.

1.4.5 Präsentation

Präsentationen dienen dazu, die Inhalte eines Vortrags zu verdeutlichen und das Gesagte visuell zu unterstützen. Ein Referat oder einen Vortrag mittels einer PC-Präsentation zu halten, ist mittlerweile fast schon ein Muss. Es soll Kindergärten geben, in denen sogar schon die Kids darin unterrichtet werden, wie man eine Präsentation erstellt. Präsentationen sind vor allem im Berufsleben und an

1.4 · Prüfungsrelevante Textformen

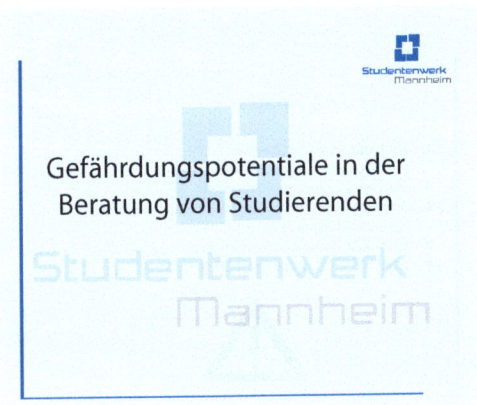

Abb. 1.1 Folie »Gefährdungspotenziale«

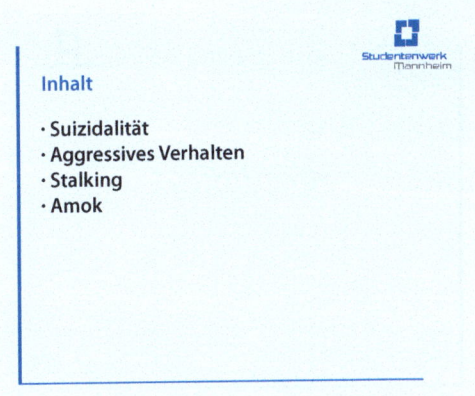

Abb. 1.2 Folie »Inhalt«

Hochschulen ein gängiges Medium; kaum ein Student wird sein Studium absolvieren können, ohne je eine Präsentation gemacht zu haben.

Am verbreitetsten sind Präsentationen mit dem Programm PowerPoint von Microsoft, das jedem von euch bekannt sein dürfte, sodass sich detailliertere Hinweise zu der technischen Handhabung des Programms an dieser Stelle erübrigen sollten. Die Rechenzentren der meisten Hochschulen bieten Einführungen in PowerPoint bzw. Kurse zum Erstellen und zur optimalen Gestaltung von Präsentationen an. Solltest du diesbezüglich noch einige Unsicherheiten aufweisen, ist die Teilnahme an einer solchen Veranstaltung empfehlenswert.

Die Tatsache, dass es gute und schlechte Präsentationen gibt und für erstere bestimmte Kriterien anzulegen sind, hat sich allerdings noch nicht bis zu jedem Studierenden durchgesprochen.

> **Zentrale Kriterien einer guten Präsentation**
> — **Eyecatcher am Anfang:** Stelle eine Frage, ein Bild oder einen Sinnspruch vorweg, um das Interesse zu wecken und/oder den Blick zu fesseln.
> — **Fazit am Ende:** Fasse die Ergebnisse kurz zusammen und füge eventuell einen Ausblick auf noch ungelöste Probleme oder nicht beantwortete Fragen an.
> — **Klare Gliederung:** Der Aufbau des Vortrags muss nachvollziehbar sein und die Abfolge der Folien den Gesetzen der Logik gehorchen. Das gilt auch für den Aufbau jeder einzelnen Folie.
> — **Gestaltung der Folien:** Gestalte Folien nicht zu bunt, und überfrachte sie nicht mit Bildern. Hier gilt das Prinzip der Abstinenz, d. h., so wenig wie möglich, so viel wie nötig! Verwende die Farbe Rot äußerst sparsam.
> — **Sprache:** Bilde kurze Sätze und beschränke dich, wenn möglich, auf Stichwörter. Beschrifte insgesamt höchstens 6–8 Zeilen pro Seite.
> — **Schrift:** Die Schriftgröße sollte mindestens 14 pt betragen. Die Verwendung von mehr als drei unterschiedlichen Schriftgrößen innerhalb einer Präsentation ist verpönt.
> — **Animationen und sonstige Effekte:** Auch hier ist das Gesetz der Sparsamkeit zu beachten, da die Seriosität eines Vortrags bei Übertreibungen leicht Schaden nehmen kann.

Bei einer Präsentation empfiehlt es sich, ein Inhaltsverzeichnis voranzustellen und Zwischenüberschriften einzufügen, um den Zuhörern den Überblick zu erleichtern (wo befinden wir uns gerade?), der durch die Vielzahl gestalterischer Elemente ansonsten leicht verloren geht.

Die ◘ Abb. 1.1, ◘ Abb. 1.2, ◘ Abb. 1.3 und ◘ Abb. 1.4 zeigen Beispiele für Präsentationsfolien.

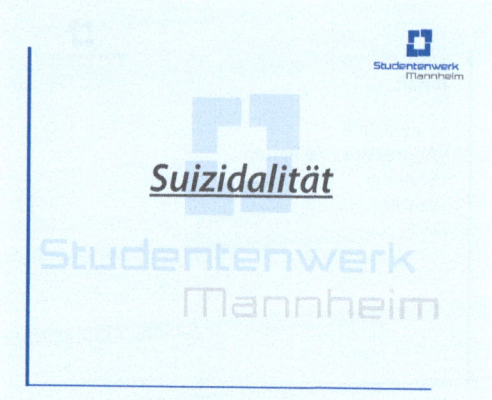
Abb. 1.3 Folie »Suizidalität«

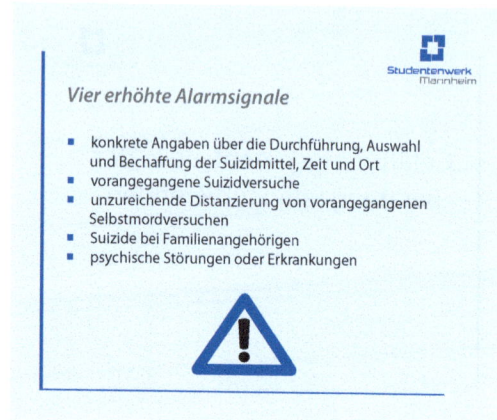
Abb. 1.4 Folie »Vier erhöhte Alarmsignale«

Nicht jedem fällt das Präsentieren leicht. Daher suchen nicht nur Studierende mit Schreibproblemen, sondern auch solche, die über Sprechängste klagen, die studentischen Beratungsstellen auf. Mit dem Sprechen ist es ähnlich bestellt wie mit dem Schreiben: Auch Redehemmungen sind in den meisten Fällen situationsabhängig. Oft ist es so, dass sich dieselbe Person stundenlang mit vertrauten Personen austauschen kann, ohne ins Stocken zu geraten, aber im Seminar keine Worte findet, wenn der Professor eine Frage stellt (Abb. 1.5). Auch hier ist das eigentliche Problem nicht das Sprechen, sondern die Angst vor negativer Kritik und möglicher Abwertung.

1.4.6 Abschlussarbeit

Bei der Studienabschlussarbeit kann es sich derzeit noch um eine Magister-, Diplom- oder Staatsexamensarbeit handeln, in der Mehrzahl der Fälle aber besteht sie mittlerweile in einer Bachelor-, Master- bzw. Doktorarbeit.

Abschlussarbeiten müssen bestimmten wissenschaftlichen Standards genügen, die bei Bachelorarbeiten etwas reduziert sind. Eine Thesis kann prinzipiell theoretisch oder empirisch ausgerichtet sein und – je nach Fach – in Zusammenarbeit mit einem Unternehmen geschrieben werden.

Was den Umfang betrifft, so sind Bachelor- im Vergleich zu Diplom- und Magisterarbeiten deutlich entschlackt und kaum breiter angelegt als eine Seminar- bzw. Hausarbeit, denn sie umfassen in der Regel nur 20–40 Seiten. Das macht ihre Abfassung aber nicht unbedingt leichter, denn man muss wichtige Aussagen auf relativ wenigen Seiten zusammendrängen und sehr gut überlegen, was in den Text aufzunehmen ist und worauf verzichtet werden kann. Abschlussarbeiten bilden meist die letzte oder vorletzte Prüfungsleistung. Nur Staatsexamensarbeiten müssen schon vor der Anmeldung zu den Examina eingereicht werden, weswegen sie auch unter der Bezeichnung »Zulassungsarbeit« (kurz »Zula«) bekannt sind.

Allgemeine Regelungen für alle Studienbereiche

A 1. Studienstruktur und Studiendauer
1.4 Zur Qualitätssicherung sehen Bachelor- ebenso wie Masterstudiengänge obligatorisch eine Abschlussarbeit (Bachelor-/Masterarbeit) vor, mit der die Fähigkeit nachgewiesen wird, innerhalb einer vorgegebenen Frist ein Problem aus dem jeweiligen Fach selbständig nach wissenschaftlichen Methoden zu bearbeiten. Der Bearbeitungsumfang für die Bachelorarbeit beträgt mindestens 6 ECTS-Punkte und darf 12 ECTS-Punkte nicht überschreiten; für die Masterarbeit ist ein Bearbeitungsumfang von 15–30 ECTS-Punkten vorzusehen (Ländergemeinsame Strukturvorgaben für die Akkreditierung von Bachelor- und Masterstudiengängen. Beschluss der Kultusministerkonferenz vom 10.10.2003 i.d.F. vom 04.02.2010).

Literatur

Abb. 1.5 Zwei Seelen wohnen ach in einer Brust!

1.5 Fazit

Warum also gibt es so viele Blockaden und Vermeidungstaktiken, wenn es um das wissenschaftliche Schreiben geht? Hier sind an erster Stelle die Bewertung eines Textes durch eine höhere, mächtige Instanz und die damit verbundenen Folgen für die eigene Person zu nennen. Beides kann mit einer gedanklichen Vorwegnahme von Misserfolg und Demütigung und damit einer Gefährdung des Selbstwerts einhergehen.

Das Kriterium der Bewertung steigert sich in seiner Bedeutsamkeit und Bedrohlichkeit noch, wenn das Erreichen einer wichtigen Lebensstation, also z. B. der Abschluss des Studiums, mit der Abfassung eines Textes verbunden ist. Eine weitere Rolle bei der Herausbildung von Schreibproblemen spielen Umfang und inhaltlicher Anspruch eines Textes. Je mehr Seiten das zu erstellende Schriftstück umfasst, je weiter seine Sprache vom Umgangsdeutsch entfernt und je abstrakter der Gehalt sein soll, desto intensiver ist meist auch der beim Schreiben erlebte Stress.

Merke!
— Jeder Studierende beherrscht die Grundprinzipien des Schreibens!
— Wissenschaftliches Schreiben ist nur eine Abart des Schreibens an sich, eine Art gehobenes Handwerk, sozusagen die Kür nach der Pflicht!
— Wissenschaftliches Schreiben ist erlernbar!

Literatur

Beck R (Hrsg) (1995) Streifzüge durch das Mittelalter. Ein historisches Lesebuch. Beck, München
Bensberg G, Messer J (2010) Survivalguide Bachelor. Springer, Berlin Heidelberg New York
Kruse O (1994) Keine Angst vor dem leeren Blatt. Ohne Schreibblockaden durchs Studium, 3. Aufl. Campus, Frankfurt
Lührssen H (2010) Raumübergreifendes Großgrün: Der kleine Übersetzungshelfer für Beamtendeutsch. rororo, Reinbek
Moesslang M (2008) Besser präsentieren – mehr erreichen: 52 Tipps für wirkungsvolle Präsentationen. Books on demand, Norderstedt
Müller P, Wieland R (Hrsg) (2010) Liebesbriefe berühmter Frauen, 2. Aufl. Piper, München
Schopenhauer A (2003) Über Schriftstellerei und Stil (Hrsg. v. L. Lütkehaus). Alexander Verlag, Berlin
Troll T (1981) Das große Thaddäus Troll-Lesebuch. Hoffmann und Campe, Hamburg

Persönlichkeit und Schreibprobleme

2.1 **Schreiben ist persönlich – 16**
2.1.1 Eine positive Haltung ist wichtig – 16
2.1.2 Die Identifikation mit der Thematik – 17
2.1.3 Manche packt es für immer – 17

2.2 **Schreiben heißt Entscheidungen treffen – 19**
2.2.1 Entscheidung über Thema und Betreuer – 19
2.2.2 Entscheidung über die Literatur – 19
2.2.3 Entscheidung über die Inhalte – 20

2.3 **Schreiben erfordert Durchhaltevermögen – 20**
2.3.1 Schreiben ist langwierig – 20
2.3.2 Höhen und Tiefen – 21
2.3.3 Alte Tugenden sind gefragt – 21

2.4 **Beim Schreiben ist man allein – 22**
2.4.1 Schreiben ist keine Gruppenaufgabe – 22
2.4.2 Nur wenige können dir raten – 22
2.4.3 Allein sein heißt nicht, einsam sein – 22

Literatur – 23

> Allein sein zu müssen ist das Schwerste, allein sein zu können das Schönste. (Hans Krailsheimer) «

2.1 Schreiben ist persönlich

Es ist ein großer Unterschied, ob man sich einer schriftlichen Prüfung unterzieht oder eine Abschlussarbeit schreibt. Klausuren werden häufig von den Dozenten, welche die entsprechende Veranstaltung abgehalten haben, weder selbst zusammengestellt noch korrigiert. Gerade verbeamtete Professoren delegieren diese Aufgaben gerne an ihre Mitarbeiter. Zum Teil sind den Klausuren Lösungslisten beigegeben, auf denen du deine Antworten einträgst und die anschließend per Computer ausgewertet werden. Das Ergebnis wird unter Angabe der Matrikelnummer ausgehängt oder ins Internet gestellt.

Bei Abschlussarbeiten ist das Procedere anders: Hier ist es üblich, in der Sprechstunde oder während eines gesondert vereinbarten Termins das Thema, die Literatur und die eigenen Ideen persönlich mit dem verantwortlichen Dozenten zu erörtern. Bei der Übernahme einer schriftlichen Arbeit trittst du für den Betreuer aus der Masse der Studierenden heraus, was durchaus positiv sein kann, weil sich durch den intensiveren Kontakt bzw. die Gesprächstermine neue Lern- und Entwicklungsmöglichkeiten eröffnen. Vielleicht ist schon dein Exposé derart hervorragend, dass man dir gleich eine Hiwi-Stelle anbietet. Andererseits kann diese Ausgangssituation aber auch den Druck, dem sich ein Student ausgesetzt sieht, erhöhen und den individuellen Angstpegel ansteigen lassen.

2.1.1 Eine positive Haltung ist wichtig

Wenn man für eine schriftliche Prüfung lernt, ist es prinzipiell möglich, sich den Stoff, obwohl man ihn hasst, in den Kopf zu hauen und während der Klausur wieder auszuspucken. Zumindest bei Klausuren, die in erster Linie reines Faktenwissen abfragen, ist dies keine allzu große Kunst, und leider sind viele schriftliche Prüfungen in den Bachelorstudiengängen so und ähnlich konzipiert. In diesen Fällen kann man eine innere Trennlinie zwischen sich und dem Lernstoff ziehen und trotzdem ganze Skripte pauken, mit dem Vorsatz, die Inhalte möglichst rasch wieder zu vergessen, nachdem man seine Credits eingesammelt hat.

Wenn in einer Klausur Transferfragen gestellt werden, ist die innere Distanz zu einem Fach bereits problematisch, denn um Verständnisfragen beantworten zu können, muss man sich mit dem jeweiligen Gegenstand vertiefter auseinandergesetzt haben. Es ist förderlich, sich Beispiele zu überlegen sowie Alternativen und Abweichungen hinsichtlich des Normalfalls zu überdenken, die sich nicht unbedingt im Lernskript oder auf den Vorlesungsfolien finden. Unter anspruchsvollen Klausurbedingungen haben jene Studierenden die besten Chancen, überhaupt und/oder mit guten Noten zu bestehen, die sich für den Stoff ernsthaft interessieren und sich auch außerhalb der eigentlichen Lernzeiten wenigstens ab und an damit gedanklich beschäftigen.

So sind praktische Rechercheanstrengungen notwendig, um die Literatur zu beschaffen, und kognitive, um sie anschließend zu sondieren. Man muss eine Gliederung erstellen, die Inhalte der Arbeit strukturieren und eventuell einen eigenen Ansatz finden. Zudem ist das Werk auf vielen Seiten schriftlich niederzulegen – Kreuzchen setzen auf einer Lösungsliste: Fehlanzeige!

Ein weiterer Unterschied ist ebenfalls zu beachten: Während du in der Klausursituation symbolisch den »Stinkefinger« zeigen und mit angewidertem Gesichtsausdruck die Fragen beantworten kannst, solltest du dir im Gespräch mit deinem Betreuer gut überlegen, welche verbalen, aber auch nonverbalen Hinweisreize du aussendest (◉ Abb. 2.1). Manche Hochschullehrer nehmen es persönlich, wenn man sie merken lässt, dass man die Thesis als eine unangenehme Pflichtübung betrachtet, der man sich nur widerwillig unterzieht, was sich dann wieder in der Bewertung niederschlagen kann.

> Du solltest dir gut überlegen, welches Thema dich anspricht und welcher Betreuer dir sympathisch ist, um von vornherein mit einem positiven Grundgefühl an die Aufgabe heranzugehen.

Abb. 2.1 Stinkefinger!

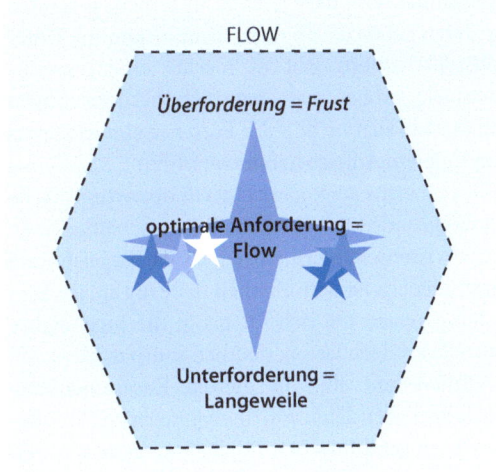

Abb. 2.2 Flow. (Aus Bensberg u. Messer, 2010)

2.1.2 Die Identifikation mit der Thematik

Aus einer bejahenden Haltung gegenüber einer Arbeit kann auch eine tiefgehende Identifikation mit den Inhalten erwachsen, denn es besteht die Möglichkeit, dass man während der Bearbeitung eines Themas zugleich etwas über sich selbst erfährt und einen wichtigen Input für sein weiteres Leben erhält.

Wenn du beispielsweise aus einer Zuwandererfamilie stammst und dich als Student der Sozialwissenschaften im Rahmen deiner Abschlussarbeit mit dem Thema Migration beschäftigst, können folgende Prozesse einsetzen: Je mehr du dich in die Literatur einliest, desto häufiger werden vielleicht eigene Erfahrungen bestätigt. Du fühlst dich verstanden und wendest die theoretischen Erkenntnisse und praktischen Beispiele auf dich und deine Familie an. Andererseits kann es natürlich sein, dass du den Eindruck gewinnst, in bisherigen Publikationen sei einiges falsch, vereinfachend oder verzerrt dargestellt bzw. ein bestimmter Aspekt gar nicht bearbeitet. In dem einen wie in dem anderen Fall erhältst du Anstöße, das Thema weiterzuverfolgen und eigene Überlegungen anzustellen. Dabei wächst dein persönliches Interesse an der Thematik vielleicht derart an, dass du gar nicht mehr aufhören kannst mit Lesen, Denken und Schreiben und den berühmten »Flow« erlebst (◘ Abb. 2.2).

Es muss aber nicht unbedingt persönliche Betroffenheit sein, die eine Identifikation mit einer bestimmten Fragestellung einleitet, sondern auch eigene, unerwartete wissenschaftliche Entdeckungen, die sich als bahnend für eine derartige Entwicklung erweisen, können dazu führen (► Fallbeispiel).

Fallbeispiel
Ein Klient kam aufgrund von Problemen mit der Bachelor-Thesis in die Beratungsstelle. Er sollte einen Roman des Freiherrn von Eichendorff analysieren. Bei seinen Bibliotheksrecherchen stieß er zufällig auf eine Quelle, die von einer bis dato nicht bekannten Begebenheit aus Eichendorffs Leben berichtete, die ein neues Licht auf das Werk warf, das er bearbeitete. Der junge Student war davon so begeistert, dass er die ganze Nacht durcharbeitete, ohne müde zu werden. Er erlebte das, was man einen »Flow« nennt. Die Thematik sollte ihn in der Folgezeit nicht mehr loslassen. Er blieb Eichendorff treu und beschäftigte sich auch in seiner Master- und Doktorarbeit mit diesem bekannten Dichter der Romantik.

2.1.3 Manche packt es für immer

Wenn Identifikationsprozesse während der Beschäftigung mit einer Thematik einsetzen, kann es manchmal sein, dass jemand in seinem gesamten späteren Leben davon nicht mehr loskommt. Unter Wissenschaftlern gibt es hierfür eindrucksvolle Beispiele, wobei man natürlich berücksichtigen muss, dass sich nicht jeder Forscher einem Thema aus innerem Antrieb heraus verschreibt. Manchmal gibt es hierfür auch ganz einfach opportunistische Beweggründe. Bei einigen Wissenschaftlerinnen und Wissenschaftlern ist jedoch die Begeisterung und/oder eigene Betroffenheit in Bezug auf ihr Forschungsgebiet, die sich oft bis in die Jugendjahre zurückverfolgen lassen, deutlich spürbar.

Interessant sind in diesem Zusammenhang auch die Lebensläufe von Teilnehmern des Wettbewerbs »Jugend forscht«. Etliche interessierten sich schon als Kinder für ihre Spezialgebiete, blieben ihnen verbunden und machten darin Karriere.

Jugend forscht
1976 bewarb sich Klaus Rüdiger Goebel, damals 20 Jahre alt, mit einem Superstrahlungslaser bei »Jugend forscht«. Er erhielt den ersten Preis im Fachgebiet Physik und einen Sonderpreis des Bundeskanzlers, um die ungewöhnliche Originalität seiner Arbeit zu würdigen. Das Thema Laser packte Goebel schon in früher Jugend und ließ ihn zeitlebens nicht mehr los. Er studierte zunächst Physik und im Zweitstudium Elektrotechnik. 1987 gründete er das Ingenieurbüro Goebel-Laser, das zu einem erfolgreichen Familienunternehmen wurde. Daneben ist Goebel als Dozent tätig, er verfasst Fachartikel und ist in der Forschung aktiv. In einem Interview bemerkte er einmal zum Thema Laser: »Einmal Laser, immer Laser.«

2007 und 2009 wurde Raphael Errani mit seinen Arbeiten zur Astrophysik Bundessieger bei »Jugend forscht« und zusätzlich noch mit Sonderpreisen ausgezeichnet. Sein erstes Forschungsprojekt befasste sich mit der Wahrscheinlichkeit eines Einschlags von Asteroiden auf der Erde, das zweite mit der dunklen Materie in der Milchstraße. Seit Errani als Sechsjähriger sein erstes Fernrohr geschenkt bekam, faszinierte ihn die »Sternenkunde«, und während seiner Schulzeit nahm er begeistert am Astronomiekurs teil. Das Abitur bestand er mit der Traumnote 1,0. Trotz seiner herausragenden Leistungen ist Raphael Errani weder ein Nerd noch ein Mof, denn er geht auch verschiedenen Freizeitbeschäftigungen nach (z. B. Rudern) und trifft sich gerne mit Freunden.

Andere erliegen lebenslang der Faszination, sich mithilfe des Schreibens eigene Welten zu erschaffen. Einige gelangen auf diesem Weg zu Ansehen und Ruhm und verarbeiten auf diese Weise niederschmetternde Erfahrungen in Kindheit und Jugend, wie das Beispiel des französischen Schriftstellers Honoré de Balzac zeigt.

Ein Besessener
Es ist bekanntlich eher ein frommer Wunsch als Realität, dass alle Eltern ihre Kinder bedingungslos lieben. Zu allen Zeiten hat es Väter und Mütter gegeben, die sich gegenüber ihren Söhnen und Töchtern gleichgültig verhielten oder sie sogar psychisch und physisch quälten.

Honoré de Balzac (1799–1850) war ein solches von der Mutter verstoßenes und zumindest psychisch misshandeltes Kind. Er hatte nach eigenen Worten »die grauenhafteste Kindheit erlitten, die je einem Menschen auf Erden beschieden war«.

Dass es sich hier nicht um die Übertreibungen eines hypersensiblen Literaten handelt, bezeugen die nüchternen Fakten aus Balzacs Biografie. Seine Mutter Anne Charlotte gab Honoré unmittelbar nach der Geburt zu einer Amme in Pflege und holte ihn nicht wieder ab. 1807 wurde Honoré in einer Klosterschule, dem Internat der Oratorianer in Vendôme, untergebracht. Von dort wechselte er später an zwei weitere Schulen bzw. Internate über. Seine Eltern traf er in dieser Zeit nur anlässlich einiger seltener Besuche, bei denen er sich wie ein entfernter Verwandter behandelt fühlte.

Balzac hatte durchgängig schlechte Schulnoten, was das Verhältnis zu seinen Eltern, insbesondere zu seiner Mutter, zusätzlich belastete. Vor allem Anne Charlotte war entsetzt, als ihr Sohn mit 20 Jahren erklärte, Schriftsteller werden zu wollen. Nach vielen Diskussionen fand sich sein Vater schließlich bereit, ihm eine zweijährige Probezeit zu finanzieren.

Wie aber schaffte es ein unter derart deprivierenden Bedingungen aufgewachsenes Kind, später in die höchsten Kreise der Gesellschaft vorzustoßen, vermögende Frauen aus dem Adel an sich zu binden, die ihn in jeder Weise unterstützten, und zum literarischen Dreigestirn der französischen Hochliteratur aufzusteigen?

Wir wissen, dass Honoré de Balzac vor allem mithilfe von Büchern, die er als Kind und Jugendlicher zunächst regelrecht »verschlang« und später selbst wie besessen schrieb, psychisch überlebte. In seiner Jugend gelang es ihm auf diese Weise, in andere Welten zu flüchten, in ihnen zu leben, sich von ihnen zu nähren. Zugute kamen ihm dabei eine außerordentliche Fantasiebegabung und ein ungewöhnlich gutes Gedächtnis. Dabei las er sich zugleich ein exorbitant breites Wissen an, mit dem er beeindruckte und das ihm auf seinem weiteren Lebensweg von Vorteil war.

Seiner Mutter verzieh Balzac übrigens nie, er vermochte es aber auch nicht, mit ihr zu brechen. Stattdessen blieb er lebenslang ihr Schuldner und nahm sie später sogar bei sich auf. Das Verhältnis zu Anne Charlotte war einerseits eine Quelle beständigen Unglücks in Balzacs Leben, andererseits aber auch eine Schatzkiste, der er literarische Themen und dichterische Inspirationen entnahm.

Honoré de Balzac wurde einer der produktivsten Schriftsteller, die Frankreich aufzuweisen hat. Er schrieb wie manisch, und seine Arbeitstage umfassten phasenweise bis zu 17 Stunden. Während dieser extremen Schaffensperioden konnte er auf Essen und Trinken fast völlig verzichten und hielt sich mit Unmengen von Kaffee, den er unkontrolliert in sich hineinschüttete, wach und leistungsfähig.

Letztlich schrieb Balzac wohl gegen die überaus kränkende Erfahrung an, dass man ihn als Kind bei der Amme »vergessen« hatte und seine Eltern kaum Interesse an ihm zeigten. Sein eindrucksvolles Werk macht ihn für alle Zeiten unvergessen.

2.2 Schreiben heißt Entscheidungen treffen

Anders als beim Lernen für Klausuren, bei dem meist bestimmte Skripte oder Bücher zugrunde gelegt werden, die der jeweilige Dozent vorgibt, musst du beim Erstellen schriftlicher Arbeiten deutlich mehr Eigenständigkeit unter Beweis stellen. Diese Eigenständigkeit setzt schon bei der Suche nach Thema, Betreuer und Literatur ein.

2.2.1 Entscheidung über Thema und Betreuer

In manchen Studiengängen sind die Themen für eine Bachelor-Thesis nicht frei wählbar, sondern werden zugeteilt. Manchmal wird sogar gelost, wer welches Thema bei welchem Betreuer bearbeiten darf. Es ist mittlerweile auch gar nicht so selten, die Themen nach dem Leistungsstand (d. h. Notendurchschnitt) der Studierenden zu vergeben. Somit haben gute Studenten eine größere Chance, ein interessantes und beliebtes Thema zu ergattern als ihre weniger erfolgreichen Kommilitonen.

Derartige Erscheinungen sind aber glücklicherweise noch nicht allzu verbreitet. In der Regel suchen sich Studierende das Thema ihrer Thesis und den betreuenden Dozenten selbst aus. Das bedeutet für dich: Du musst zunächst einmal Entscheidungen treffen hinsichtlich deiner Interessen, deiner Stärken und Schwächen, des Aufwands, den du zu betreiben gedenkst usw. Bist du z. B. jemand, der gut mit SPSS (einer Statistik-Software) umgehen, aber schlecht formulieren kann? Bist du jemand, der von seinem Betreuer eher in Ruhe gelassen werden möchte, oder brauchst du einen Prof, der dir auch beim kleinsten Problem sogleich einen Gesprächstermin anbietet und ein wenig in die »Mama- oder Paparolle« schlüpft?

Das Schreiben einer Abschlussarbeit impliziert manchmal auch die Notwendigkeit, unangenehme Entscheidungen zu treffen und sich z. B. einzugestehen, dass einen ein Thema überfordert, um dann zu beschließen, die Arbeit abzubrechen und mit einer anderen Aufgabenstellung noch einmal ganz neu durchzustarten.

2.2.2 Entscheidung über die Literatur

Wenn die Wahl von Thema und Betreuer geklärt ist, stehen weitere Entscheidungen an. Zwar erhältst du von dem verantwortlichen Hochschullehrer wahrscheinlich Literaturtipps, oder er verlangt sogar, dass du bestimmte Bücher schwerpunktmäßig berücksichtigen sollst, aber darüber hinaus bleibt es deine Aufgabe, die weitere Literatur nach Gutdünken zusammenzustellen. Das bedeutet, dass du dich auf Literatursuche begeben, das Gelesene selbst gewichten und dir folgende Fragen beantworten musst: Was ist »Schrott«, was eignet sich zum »Querlesen«, aus welchem Buch benötigst du einzelne Kapitel, welche Schriften müssen sorgfältig Wort für Wort gelesen werden, aus welchen Werken willst du zitieren usw.?

Mit diesen Arbeitsvorgängen sind auch ganz praktische Anforderungen verbunden, nämlich Wege zu Bibliotheken und ggf. lange Aufenthalte in Lesesälen. Darüber hinaus kann es vorkommen, dass eine Quelle weder ausleihbar noch kopierbar ist, weil es sich beispielsweise um ein sehr altes und kostbares Buch handelt, das man nur in der Bibliothek einsehen darf.

Diese Art Engagement fällt natürlich sehr viel leichter, wenn einen das Thema ernsthaft interessiert und/oder man den Ehrgeiz hat, eine gute Note zu erhalten.

2.2.3 Entscheidung über die Inhalte

Naturwissenschaftliche und empirische Arbeiten werden in der Regel mit einem theoretischen Teil eingeleitet, den man konzipieren und formulieren muss. Liegen die Ergebnisse dann vor, bestimmen die Daten mehr oder weniger, wie man sie zu erläutern hat. Allerdings können auch empirische Befunde statistisch variantenreich weiterbearbeitet werden, was die erzielten Resultate deutlich verändern kann. Es heißt also wieder: Entscheidungen treffen!

In den geisteswissenschaftlichen Disziplinen ist die Sachlage eine andere. Hier sollst du zu individuellen Interpretationen gelangen, die vorhandene Literatur reflektiert in die eigene Arbeit einarbeiten und auf dem bestehenden Forschungshintergrund zu einem möglichst originellen und überzeugenden Ansatz gelangen. Alle diese Kriterien gelten prinzipiell auch für die Abfassung von Hausarbeiten.

Hinweise zur Abfassung wissenschaftlicher Arbeiten
Auszug aus »Schreiben von Hausarbeiten«

» Mit **Hausarbeiten** wird das wissenschaftliche Schreiben geübt. Eine Hausarbeit folgt der klassischen Form der Verortung und Erörterung eines Themas als Beantwortung einer Frage, Kritik einer These oder Lösung eines Problems. Als Umfang sind im Grundstudium (erstes und zweites Studienjahr) **zehn bis 15 Seiten**, im Hauptstudium (drittes Studienjahr und Master-Studium) **20 bis 25 Seiten** gefordert (Universität Stuttgart, Institut für Philosophie, 2010; www.uni-stuttgart.de/philo/index.php?id=792; Stand 24.11.2012). «

Auszug aus »Zum Schreiben einer Seminararbeit«

» Eine Seminararbeit ist eine kleinere wissenschaftliche Arbeit und dient üblicherweise dem Zweck, ein eng begrenztes Thema, das in einem Seminar präsentiert wurde, schriftlich zu fixieren und damit das Schreiben wissenschaftlicher Texte zu üben (Freie Universität Berlin, Fachbereich Mathematik und Informatik, 2004; www.inf.fu-berlin.de/inst/ag-bg/src/methoden/seminararbeit.html; Stand 24.11.2012). «

2.3 Schreiben erfordert Durchhaltevermögen

Schreiben ist auch für jene, die es gerne oder sogar mit Begeisterung tun, anstrengend, denn Schreiben ist gleichbedeutend mit Arbeit.

2.3.1 Schreiben ist langwierig

Die Abfassung einer wissenschaftlichen Abhandlung erstreckt sich über einen längeren Zeitraum. Für ein Referat sollte man durchschnittlich einige Wochen bis zur Fertigstellung veranschlagen, für eine Hausarbeit manchmal ein ganzes Semester oder die gesamten Ferien. Dieser Einsatz steigert sich natürlich noch bei Bachelor- und Masterarbeiten.

Beim Lernen für Klausuren ist das anders. Idealerweise sollten sich die Lernsequenzen auch hier über eine längere Zeitperiode hinweg erstrecken, um sich gründlich mit dem Stoff zu befassen und ihn ins Langzeitgedächtnis aufzunehmen. Aber jedem – dir sicher auch – sind Kommilitonen bekannt, die stets erst in letzter Minute lernen und sich die Inhalte mehr oder weniger erfolgreich in nur wenigen Tagen einzuprägen versuchen. Es soll hier nicht über Sinn und Unsinn dieser Methode

2.3 · Schreiben erfordert Durchhaltevermögen

Abb. 2.3 Wie war zu Köln es doch vordem mit Heinzelmännchen so bequem!

diskutiert, sondern nur festgehalten werden, dass diese Strategie bei schriftlichen Arbeiten untauglich ist – es sei denn, du glaubst noch an die Heinzelmännchen (◘ Abb. 2.3).

Ein weiterer Unterschied zu schriftlichen Prüfungen sei ebenfalls erwähnt. Bei Klausuren stehen die Termine fest, sie werden von Prüfungsämtern bestimmt und können nicht durch individuelle Absprachen beeinflusst werden. Was Haus- und Abschlussarbeiten betrifft, so ist eine Einflussnahme hingegen durchaus möglich. Manche Dozenten befürworten beispielsweise, dass der Studierende erst umfangreiche Vorarbeiten leistet, bevor er das Thema seiner Bachelor- oder Master-Thesis offiziell bekannt gibt, obgleich dies eigentlich nicht im Sinne der Prüfungsordnungen ist.

Diese zum Teil verhandelbaren Voraussetzungen erschweren aber manchen Studenten das Schreiben, denn es fällt allgemein leichter, etwas Unangenehmes durchzustehen, bei dem das Ende absehbar ist und nicht eine zeitlich dehnbare Durststrecke vor einem liegt.

2.3.2 Höhen und Tiefen

Wohl niemand, auch nicht der passionierteste Autor, schreibt ein Werk in gleichbleibend gehobener Stimmung. So sind unvorhersehbare Lebensereignisse geeignet, den Schreibfluss zu stören, z. B. die ernsthafte Erkrankung eines Elternteils, Krach mit der besten Freundin oder dem besten Freund oder ein Unfall, der einem zustößt (▶ Abschn. 5.2.1 und ▶ Abschn. 5.2.2).

Davon unabhängig erlebt fast jeder, der schreibt, irgendwann einmal eine Blockade und das Gefühl, an einer bestimmten Stelle nicht mehr weiterzukommen und beispielsweise null Ahnung zu haben, wie Kapitel X aufgebaut werden soll.

Eine verbreitete Erfahrung besteht auch darin, dass man dringend benötigte Bücher aus den verschiedensten Gründen nicht erhält. Außerdem kann es zu Meinungsverschiedenheiten mit dem Betreuer kommen, die einen, was den Fortgang der Arbeit betrifft, um mehrere Wochen zurückwerfen können (▶ Abschn. 6.2.6).

Daneben gibt es glücklicherweise die euphorischen Phasen: Man hat eine Idee, die man begeistert ausformuliert, sodass die Finger nur so über die Tasten fliegen. Man stößt auf eine bislang unbekannte Quelle und fühlt sich eine Zeitlang wie ein zweiter Mommsen (weltbrühmter Historiker und Literaturnobelpreisträger). Man erhält ein dickes Lob von dem betreuenden Prof, das den restlichen Tag versüßt.

2.3.3 Alte Tugenden sind gefragt

Um ein Projekt, das auf einen längeren Zeitraum angelegt ist und von erheblichen Ups und Downs begleitet wird, erfolgreich abzuschließen, braucht man Geduld und einen langen Atem. Man sollte sich nicht nur schreibend, sondern auch gedanklich immer wieder mit dem Thema beschäftigen und es von den unterschiedlichsten Seiten betrachten, denn nur so kann man wirklich gute Ideen entwickeln (▶ Abschn. 10.1). Ganz wichtig ist die Fähigkeit, sich auch in Frustphasen stets von Neuem aufzuraffen und im Hinblick auf die Arbeit am Ball zu bleiben.

Diese Eigenschaften – Frustrationstoleranz und eine gewisse Härte sich selbst gegenüber – werden heute aber immer seltener. Dafür sind z. B. veränderte Einstellungen von Eltern und die Errungenschaften des informationstechnologischen Zeitalters verantwortlich.

Man kann bequem vom Sessel aus durch alle möglichen Fernsehkanäle zappen, durch bunte Internetwelten surfen und virtuelle Action- und Phantasmo-Spiele spielen. Dies trägt dazu bei, dass Tätigkeiten, die keine raschen Erfolge zeitigen und auch (scheinbar!) nicht so abwechslungsreich sind, auf immer weniger Toleranz stoßen und dabei sehr leicht Gefühle der Langeweile auftreten, begleitet von dem Bedürfnis, aktiv nach neuen Reizen zu suchen.

- **Etwas Selbstverliebtheit bzw. ein Touch Narzissmus können hilfreich sein, um Durststrecken zu überstehen**

Rainer Sachse (2010), ein bekannter Psychologieprofessor, charakterisiert den Typus des erfolgreichen Narzissten wie folgt:

» Er will ‚etwas werden', strebt eine besondere Position an. Dafür ist er bereit, außerordentlich viel zu leisten: Er verzichtet auf Freizeit und Urlaub, arbeitet 70 Stunden die Woche und verlangt sich das Letzte ab. Er ist auch eine ganze Zeit lang bereit, sich anderen zu unterwerfen, weil er weiß, daß das zum Spiel dazugehört (Sachse, 2010, S. 114–115). «

2.4 Beim Schreiben ist man allein

Viele Studierende leiden darunter, beim Schreiben ihrer Abschlussarbeit viele Stunden allein in der Bibliothek oder in ihrem Zimmer vor dem PC verbringen und dabei auf die Gesellschaft anderer verzichten zu müssen. Manche vergraben sich aus Angst, durch Treffen mit Freunden und Kommilitonen wertvolle Arbeitszeit zu verlieren, in ihren Wohnungen und versuchen, jede Form von Geselligkeit bis zur Fertigstellung der Arbeit zu reduzieren oder gar völlig zu vermeiden. Erfahrungsgemäß verzögern sie damit aber eher den Abschluss der Arbeit, weil diese selbstauferlegte Kasteiung mit sehr viel Frustration einhergeht, die für das Schreiben alles andere als förderlich ist (▶ Abschn. 9.3.3 und ▶ Abschn. 9.3.4).

2.4.1 Schreiben ist keine Gruppenaufgabe

Während es bei der Vorbereitung von Klausuren vor allem in Fächern, die viel Einübung und Verständnis erfordern, sinnvoll ist, eine Lerngruppe zu bilden und ein- bis zweimal pro Woche gemeinsam den Stoff durchzugehen, ist das Schreiben eine Einzelleistung. Dies gilt auch für wissenschaftliche Gruppenarbeiten, die je nach Fachbereich möglich, aber nicht sehr verbreitet sind. Denn auch bei einer Gruppenarbeit müssen die einzelnen Teile getrennt erstellt werden, damit die individuelle Leistung erkennbar bleibt. Das heißt, auch in diesem Fall bleibt es dir nicht erspart, viele Stunden allein mit deiner Arbeit zu verbringen.

2.4.2 Nur wenige können dir raten

Während der Vorbereitung auf eine Klausur brüten viele Studierende über dem selben Stoff, sie »beackern« dieselben Skripte. Du sitzt also mit anderen gemeinsam in einem Boot. Es gibt Menschen, die sich durch diese Situation getröstet fühlen, während andere es begrüßen, im Rahmen einer schriftlichen Arbeit auch einmal selbstständig forschen zu können.

Bei schriftlichen Arbeiten, deren Thema individuell vereinbart wird, gibt es jedoch – anders als bei Klausuren – nicht viele, die man um Rat fragen kann, wenn sich inhaltliche Probleme auftun.

2.4.3 Allein sein heißt nicht, einsam sein

Alleinsein geht keineswegs zwangsläufig mit Gefühlen von Einsamkeit und Verlassenheit einher, was vielfach aber als selbstverständlich vorausgesetzt wird. So gab und gibt es Menschen, die sich bewusst aus der Gemeinschaft zurückziehen, in Abgeschiedenheit leben und sich dennoch keineswegs einsam fühlen. Meist sind es religiöse Gründe, die jemanden dazu bewegen, die profane Alltagswelt zu verlassen, manchmal ist es ein wissenschaftliches Interesse und/oder die Liebe zu unseren Mitgeschöpfen, den Tieren. Zur letzten Gruppe gehören die berühmten Primatenforscherinnen Dian Fossey, Biruté Galdikas und Jane Goodall.

Jane Goodall (Abb. 2.4) lebte seit Beginn der 1960er Jahre als junge Frau mehre Jahre lang am Ostufer des Tanganjikasees und beobachtete im Gobe-Stream-Nationalpark Schimpansen. Sie betrieb ihre Forschungen weitab von Freunden und Verwandten, die in Großbritannien ansässig waren. Jane Goodall verharrte stundenlang im tropfnassen Regenwald, um das Verhalten der Schimpansen zu studieren, von denen sie schließlich fast wie eine Artgenossin behandelt wurde. Ebenso wie Dian Fossey, die eine Hütte in Ruanda bezog, damit sie den Berggorillas nahe sein konnte, faszinierten sie Menschenaffen. Jane Goodall setzte sich auch, nachdem sie Afrika verlassen hatte, weiterhin für diese ein. Sie gründete das *Jane Goodall Institute for Wildlife Research, Education and Conservation*, kämpft u. a. gegen Tierversuche und darum, Grundrechte für große Menschenaffen durchzusetzen (*Great Ape Project*) unter dem Motto »Die Würde des Menschenaffen ist unantastbar«.

Nun wirst du vielleicht einwenden, dass du weder auf Gottsuche bist noch großartige wissenschaftliche Forschungsprojekte zu realisieren gedenkst und lieber deine Freundin bzw. deinen Freund als einen Affen im Arm halten möchtest. Das ist ja auch völlig o.k., aber selbst wenn Gott und Tiere als mögliche Gesellschafter entfallen, bleibt immer noch eine Person, die dir beim Schreiben Gesellschaft leistet, und das bist du selbst. Schreiben ist eine sehr gute Möglichkeit, mehr über sich selbst zu erfahren.

Merke!
- Das Thema der Abschlussarbeit sollte einen wirklich interessieren!
- Für die Abfassung einer umfangreichen schriftlichen Arbeit braucht man einen langen Atem!
- Während der Anfertigung einer Thesis muss man eigenständige Entscheidungen treffen!
- Schriftliche Arbeiten gehen mit Phasen des Alleinseins einher!

Abb. 2.4 Jane Goodall. (© Imago, mit freundlicher Genehmigung)

Literatur

Bensberg G, Messer J (2010) Survivalguide Bachelor. Springer, Berlin Heidelberg New York

Bueb B (2008) Lob der Disziplin: Eine Streitschrift. Ullstein, Berlin

Goodall J (2010) Mein Leben für Tiere und Natur: 50 Jahre in Gombe. Bassermann, München

Sachse R (2010) Selbstverliebt – aber richtig. Paradoxe Ratschläge für das Leben mit Narzissten. Klett-Cotta, Stuttgart

Zittlau J (2010) Sie meinten's herzlich gut. Berühmte Leute und ihre schrecklichen Eltern. List, Berlin

Zweig S (1979) Balzac. Eine Biographie (Friedenthal R, Hrsg). Fischer, Frankfurt/M

Schreiben unter der Flagge des Self-Handicappings

3.1 Was versteht man unter Self-Handicapping? – 26

3.2 Motive für Self-Handicapping – 26

3.3 Studentische Self-Handicapping-Strategien – 27
3.3.1 »Aufschieberitis« – 27
3.3.2 Konzentrationsprobleme – 28
3.3.3 Körperliche Beschwerden – 28

3.4 Auswirkungen – 29

3.5 Einschätzung des Schweregrades – 29

3.6 Was tun? – 29

Literatur – 31

> Keine Grenze ist schwerer zu überwinden als die, die man selbst errichtet hat. (Chinesisches Sprichwort) «

3.1 Was versteht man unter Self-Handicapping?

Der Begriff bezeichnet knapp zusammengefasst ein Verhalten, das geeignet ist, sich selbst gezielt daran zu hindern, erfolgreich zu sein.

Mit dem Phänomen Self-Handicapping beschäftigen sich verschiedene psychologische Disziplinen, u. a. die Sozial- und Persönlichkeitspsychologie, aber auch Klinische und Pädagogische Psychologen, wobei vor allem die dahinter stehenden Motive sowie die unterschiedlichen Strategien das Interesse der Forschung erregen.

Menschen, die diese Störung aufweisen, errichten aktiv Barrieren, um sich von möglichen Erfolgen abzuschneiden. Dass die Betroffenen selbst dafür sorgen, real auf der Verliererseite zu stehen, bedeutet nicht, dass ihnen der Mechanismus und die dahinter stehenden Ängste bewusst wären. Im Gegenteil: in der Beratung und der Psychotherapie bedarf es oft mehrerer Sitzungen, um den Klienten bzw. Patienten einen Zugang zu den Hintergründen und Wirkfaktoren zu vermitteln. Das heißt, die Betroffenen sind ohne professionelle Hilfe in der Regel von der scheinbaren Realität ihrer Handicaps überzeugt und definieren sich als hilflose Opfer, nicht aber als Akteure.

Fallbeispiel
Eine Klientin, die schon 34 Jahre alt war, meldete sich zum Schreibcoaching an. Sie hatte mehrere abgebrochene Ausbildungen und Studiengänge hinter sich und befand sich aktuell in der Abschlussphase ihres Bachelorstudiums, die sie mit Attesten bis zum letztmöglichen Termin hinausgeschoben hatte. In Bezug auf die Bachelorarbeit setzte sie den destruktiven Umgang mit der eigenen Person fort, indem sie sich nicht mit ihrem Thema beschäftigte und erst um einen Termin in der PBS (Psychologische Beratungsstelle für Studierende) bat, als die Abgabefrist schon zur Hälfte verstrichen war.

Als Erklärung für ihr wenig erfolgreiches Leben gab sie Depressionen und als deren Folge Motivations- und Konzentrationsprobleme an, die sie angeblich blockierten, obwohl sie eigentlich lernen und akademisch erfolgreich sein wolle. Die Depressionen wiederum erklärte sie mit dem lieblosen Erziehungsstil ihrer Eltern, die ihr nie etwas zugetraut und sie ständig im Vergleich zu den Geschwistern benachteiligt hätten. Einen eigenen, selbstverantwortlichen Anteil an ihren Schwierigkeiten vermochte sie nicht zu erkennen.

Das Schreibcoaching hatte bei dieser Klientin mit ihrer chronifizierten, breit gefächerten Self-Handicapping-Symptomatik nur bedingt Erfolg. Sie verzögerte die Fertigstellung der Arbeit derart, dass sie diese am Ende halbfertig abgeben musste und gerade noch (die Prüfer waren »gnädig«) bestand.

3.2 Motive für Self-Handicapping

Warum verhalten sich Menschen so? Warum torpedieren sie sich selbst, wenn es um Leistungserfolge geht? Was auf den ersten Blick unverständlich erscheinen mag, ergibt auf den zweiten Blick durchaus einen Sinn und erweist sich als ein effizientes, zweckgerichtetes Instrumentarium.

Im weitesten Sinne dient diese Strategie dem Schutz, der Erhaltung und womöglich der Steigerung des Selbstwerts. Der individuelle Selbstwert, d. h. die Summe der Bewertungen, die man in Bezug auf die eigene Person vornimmt, ist im Hinblick auf den Leistungssektor in hohem Maße von überdauernden Fähigkeiten abhängig, zu denen vor allem Intelligenz und spezifische Begabungen gehören. Wenn man sich nun irgendein Handicap zulegt – am besten eines, für das man augenscheinlich nichts kann –, ist man in der Lage, Prüfungsversagen auf dieses Handicap zurückzuführen, ohne die eigenen Fähigkeiten anzweifeln zu müssen. Und falls jemand – im entgegengesetzten Fall – trotz seines Handicaps durchgängig erfolgreich ist, erstrahlen die dahinter stehenden Fähigkeiten in einem umso helleren Licht.

Bei dieser Art von funktionalem Selbstschutz geht es sowohl um die Erhaltung des Ansehens vor anderen als auch um die Stabilisierung des Bildes von der eigenen Person – des sog. Idealselbst –, dem man entsprechen möchte.

Für die Reaktionen des sozialen Umfelds ist bedeutsam, ob die Handicaps als eher selbst verschuldet angesehen werden, etwa bei vorsätzlichem gesundheitsschädigendem Verhalten, oder ob sie jemanden vermeintlich ohne eigenes Verschulden treffen, wie z. B. ein Unfall oder eine schwere Virusinfektion. Unter der letztgenannten Bedingung fallen die Reaktionen anderer eher verständnisvoll aus, unter der ersten hingegen vergleichsweise ablehnend. Bei Substanzabhängigkeit gibt es zumindest eine Mitverantwortung. Zwar gelten diese Störungen zurzeit als krankheitswertig, aber man zieht sie sich i. A. aktiv zu, indem man den ersten Joint raucht oder Stress mit Alkohol bekämpft.

Self-Handicapping kann also als Immunisierungsstrategie angesichts potenzieller Misserfolge aufgefasst werden. Wer greift nun vorzugsweise zu derartigen Strategien oder ist diesbezüglich besonders vulnerabel (d. h. verwundbar)? Die empirischen Befunde sind hier uneindeutig. Es scheinen zunächst vor allem Personen zu sein, die sich hinsichtlich ihres realen Leistungsvermögens unsicher sind und zu Selbstzweifeln neigen. Es gibt aber Hinweise dafür, dass auch Menschen mit einem hohen Selbstwertgefühl diese Methoden einsetzen. Hier handelt es sich um eine Gruppe, die vordringlich daran interessiert ist, den Selbstwert zu steigern, während Erstere primär bestrebt sind, den Selbstwert zu verteidigen. Self-Handicapping-Strategien eröffnen prinzipiell beide Möglichkeiten.

3.3 Studentische Self-Handicapping-Strategien

Die im einzelnen eingesetzten Verhaltensweisen können sehr unterschiedlich sein und von gesundheitsschädigendem Suchtverhalten über ständige Unaufmerksamkeit in den Vorlesungen bis zum scheinbar zufälligen Versäumen wichtiger Termine reichen. Es gibt einige studententypische Self-Handicapping-Strategien, nämlich »Aufschieberitis« (im Fachjargon »Prokrastination«), Konzentrationsprobleme und psychophysiologische Probleme, auf die man in der Beratungspraxis häufig trifft.

3.3.1 »Aufschieberitis«

Ständig mit Freizeitaktivitäten beschäftigt sein, sich wie ein Schneekönig über jede Ablenkung vom Studium freuen, schlecht oder gar nicht vorbereitet zu einer Prüfung antreten, schriftliche Arbeiten erst in letzter Minute oder gar nicht abgeben – alle diese Verhaltensweisen deuten auf das verbreitete Studentenproblem »Aufschieberitits« hin.

Der wichtigste Beweggrund für »Aufschieberitis« ist bei einem Teil der Betroffenen innere Unsicherheit. Ihnen geht es primär um den Schutz eines recht fragilen, angreifbaren Selbst (▶ Abschn. 9.2.16).

Fallbeispiel
Ein Student schaffte es, die Abgabe seiner Diplomarbeit sage und schreibe zwei Jahre lang hinauszuzögern. Alles, was er schrieb, schien ihm am Ende nicht anspruchsvoll genug zu sein, um endgültig abgespeichert zu werden. Das eigentliche Schreiben fiel ihm leicht, aber er überarbeitete und löschte immer wieder Seiten, die er »zu PC« gebracht hatte. Damit wandte er eine sehr effiziente und in dieser Radikalität seltene Self-Handicapping-Strategie an, die geeignet war, ihn um den gesamten Studienerfolg zu bringen. Die Krönung dieses Verhaltens bestand darin, dass er seine fast fertiggestellte Diplomarbeit, da er deren wissenschaftliche Qualität anzweifelte, nicht einreichte und damit als durchgefallen galt.

Familiär stand er im Schatten zweier älterer Brüder, die schon während der Schulzeit durch besondere Leistungen aufgefallen waren und mittlerweile beruflich weit überdurchschnittliche Erfolge zu verzeichnen hatten. Der Klient stammte darüber hinaus aus einer wohlhabenden Akademikerfamilie, in der es nicht genügte, ein Studium erfolgreich abzuschließen, sondern wenigstens implizit der Anspruch erhoben wurde, dabei auch exzellente Ergebnisse zu erzielen. Damit er vor diesem familiären Background bestehen und seinen Selbstwert erhalten konnte, musste der Klient seiner Einschätzung nach eine exorbitant gute Arbeit abgeben. Aus Furcht, diesen Erwartungen nicht genügen zu können und damit familiär gewissermaßen »vernichtet« zu sein, »entschied« er sich, die Diplomstudie überhaupt nicht abzuschließen. Diese Lösung war für ihn zunächst akzeptabler, als ein eventuell zweitklassiges Schriftstück einzureichen.

3.3.2 Konzentrationsprobleme

Eine äußerst beliebte Self-Handicapping-Strategie ist in Studentenkreisen die angebliche Unfähigkeit, sich angemessen auf die Inhalte des Studiums zu konzentrieren. Typischerweise berichten solche Ratsuchenden, sie hätten zwar den guten Willen zu lernen, würden sich auch täglich mit dem Stoff beschäftigen, aber die Gedanken irrten ohne ihr Zutun ständig ab, und es sei ihnen daher einfach nicht möglich, effizient zu arbeiten. Da Aufmerksamkeitsdefizit-/Hyperaktivitätsstörungen bei Kindern zu einer Art »Modediagnose« zu werden scheinen, halten es immer mehr Studierende für wahrscheinlich, selbst von diesem Handicap betroffen zu sein, also unter einer Aufmerksamkeitsdefizit-/Hyperaktivitätsstörung bei Erwachsenen (ADHS-E) zu leiden.

Sie bitten daher im Rahmen ihrer Gesprächskontakte an einer Beratungsstelle oft darum, getestet oder an geeignete Stellen weitervermittelt zu werden. Selbst wenn die eingesetzten Screening-Verfahren keine Hinweise auf das Vorhandensein dieser Störung liefern, akzeptieren sie das Ergebnis häufig nicht, sondern beharren darauf, ausgewiesene Experten zu konsultieren.

Die hier unbewusst wirkenden Motive sind leicht rekonstruierbar: Jemand, der an einer angeborenen Störung der Informationsverarbeitung und -speicherung leidet, ist scheinbar entschuldigt, wenn er bei Prüfungen versagt! ADHS-E eignet sich als Handicap im Leistungsbereich besonders gut, da diese Problematik ebenso wie eine angeborene Lese- und Rechtschreibschwäche unabhängig von dem eigentlichen IQ besteht, aber die Lernleistungen trotzdem erheblich zu beeinträchtigen vermag. Versagen muss auf diese Weise nicht mit mangelnden Fähigkeiten begründet, sondern kann auf eine isolierte Störung zurückgeführt werden.

3.3.3 Körperliche Beschwerden

Auch sog. psychophysiologische Beschwerden ohne organischen Hintergrund werden gerne vorgetragen, um zu begründen, warum man so lange braucht, um sein Studium abzuschließen, warum man dabei ist, schon den zweiten Studiengang abzubrechen bzw. einen Ghostwriter für die Bachelort-Thesis sucht usw. Dabei stehen Schlafstörungen, vor allem Einschlafprobleme, Magenbeschwerden bis hin zu Übelkeit und Erbrechen, Durchfall oder Verstopfung sowie Kopfschmerzen und Herzbeschwerden (Stolperrhythmus, Herzjagen) ganz oben in der Rangreihe.

Um nicht missverstanden zu werden: Selbstverständlich kommen derartige Beeinträchtigungen oft gehäuft in Stresszeiten vor und können die Lebensqualität erheblich vermindern. Ihr Auftreten ist auch keinesfalls nur durch Self-Handicapping-Strategien zu erklären, so tragen u. a. die gesteigerte Produktion von Stresshormonen sowie die genetische Disposition ebenfalls dazu bei, dass jemand in Anspannungsphasen beispielsweise mit Kopfschmerzen oder Übelkeit reagiert.

Das entscheidende Kriterium ist hier, welche Haltung man gegenüber diesen »Krankheiten« einnimmt, d. h., ob man sich hinter ihnen versteckt und sie als willkommene Entschuldigung für ausbleibende Leistungen begreift oder ihnen konstruktiv und offensiv begegnet. Selbst eine schlaflose Nacht hindert niemanden wirklich daran, am anderen Morgen aufzustehen und so gut es geht zu lernen oder sich mit seiner Thesis zu befassen (bzw. zur Arbeit zu fahren, seinen Dienst anzutreten usw.). Um Kopfschmerzen zu bekämpfen, hilft manchmal schon ein Spaziergang an der frischen Luft oder eine leichte Schmerztablette, um anschließend weiter lernen oder schreiben zu können. Die meisten Studierenden verhalten sich auch in dieser Weise, aber eben nicht die »Self-Handicapper«.

> **Achtung!**
> Um keine Fehldiagnose zu stellen und wirklich auszuschließen, dass sich hinter psychophysiologischen Beschwerden eine ernsthafte körperliche Erkrankung verbirgt, sollten sich Betroffene zunächst ärztlich untersuchen lassen, und zwar nicht nur durch einen Arzt für Allgemeinmedizin, sondern ggf. auch durch entsprechende Fachärzte (Internist, Kardiologe, Neurologe usw.).

3.4 Auswirkungen

Bei den Konsequenzen, die aus einer ausgeprägten Self-Handicapping-Problematik erwachsen, muss man wieder – wie meist im Leben – zwischen kurz- und langfristigen Folgen unterscheiden. Die unmittelbaren und mittelfristigen Auswirkungen sind eher positiv, denn wer Self-Handicapping-Strategien einsetzt, befindet sich zunächst auf der Gewinnerseite, da er seinen Selbstwert erfolgreich schützt oder sogar noch erhöht, indem er einer Labilisierung überdauernder positiver Eigenschaften, auch »Traits« genannt, vorbeugt.

Auf diese Weise steigt jedoch auch die Wahrscheinlichkeit, diese Strategien wiederholt in ähnlichen Situationen einzusetzen. Daraus können schließlich selbstdestruktive Teufelskreise erwachsen, indem einer aktiven Leistungsbewältigung immer entschlossener ausgewichen und am Ende jede Anstrengung vermieden wird. Dieses Verhalten läutet langfristig unter Umständen derart nachhaltige Misserfolge ein, dass die positiven Effekte des Self-Handicappings – die Reduktion von Angst und der Schutz des Konzepts der persönlichen Fähigkeiten – schließlich verpuffen.

3.5 Einschätzung des Schweregrades

Um einzuschätzen, inwieweit du selbst von dieser Problematik betroffen bist, kannst du den nachfolgenden Fragebogen, der verbreitete studentische Self-Handicapping-Strategien zusammenstellt, bearbeiten (Abb. 3.1). Je mehr Items du eindeutig bejahst, desto gefährdeter bist du.

Manchmal kann sich hinter »Self-Handicapping« auch eine Borderline-Persönlichkeitsstörung mit einem überdauernden Muster destruktiver Verhaltensweisen, das sich schon in früher Jugend herausgebildet hat, verbergen. Prüfe kritisch, ob Kriterien, die im Folgenden genannt sind, auf dich zutreffen!

> **Fünf von insgesamt neun diagnostischen Kriterien einer Borderline-Persönlichkeitsstörung im amerikanischen Diagnosesystem »*Diagnostic und Statistical Manual of Mental Disorders*« (DSM-IV, 1996)**
> 1. Verzweifeltes Bemühen, tatsächliches oder vermutetes Verlassenwerden zu vermeiden.
> 2. Ein Muster instabiler, aber intensiver zwischenmenschlicher Beziehungen, das durch einen Wechsel zwischen den Extremen der Idealisierung und Entwertung gekennzeichnet ist.
> 3. Identitätsstörung: ausgeprägte und andauernde Instabilität des Selbstbildes oder der Selbstwahrnehmung.
> 4. Impulsivität in mindestens zwei potenziell selbstschädigenden Bereichen (Geldausgaben, Sexualität, Substanzmissbrauch, rücksichtsloses Fahren, »Fressanfälle«).
> 5. Wiederholte suizidale Handlungen, Selbstmordandeutungen oder -drohungen oder Selbstverletzungsverhalten.

3.6 Was tun?

Was aber ist zu tun, wenn jemand von dieser Problematik betroffen ist? Die Antwort fällt je nach Schweregrad unterschiedlich aus:

Bei geringer Ausprägung – jemand hat diese Strategien in seinem bisherigen Studentenleben vielleicht ein- bis höchstens dreimal eingesetzt und muss jetzt seine Abschlussarbeit schreiben – genügt es wahrscheinlich, den »*Survivalguide Bachelor*« (Bensberg u. Messer, 2010) zu lesen, sich die Gefahren dieser Taktik zu verdeutlichen und das eigene Verhalten gezielt zu kontrollieren. Hier sei als Beispiel ein Student genannt, der nicht schreiben konnte, weil er seine Mutter nach einem Schlaganfall wochenlang pflegte und daher per ärztlichem Attest eine Fristverlängerung für die Abgabe seiner Thesis beantragte.

	gar nicht		teilweise		sehr
1. Manche Studierende gehen am Abend vor einer Klausur noch lange aus. Das können sie dann als Grund angeben, wenn sie in der Klausur nicht gut abschneiden. Wie sehr trifft das auf Sie zu?	☐	☐	☐	☐	☐
2. Manche Studierende verbringen absichtlich sehr viel Zeit mit Freizeitaktivitäten. Falls sie in einer Klausur nicht gut abschneiden, können sie als Grund angeben, dass sie zu sehr mit anderen Dingen beschäftigt waren. Wie sehr trifft das auf Sie zu?	☐	☐	☐	☐	☐
3. Manche Studierende suchen nach Gründen, die sie vom Lernen abhalten (z.B. man fühlt sich nicht gut, muss den Eltern helfen, auf Geschwister aufpassen etc.). Das können Sie dann als Grund angeben, wenn Sie in einer Klausur nicht gut abschneiden. Wie sehr trifft das auf Sie zu?	☐	☐	☐	☐	☐
4. Manche Studierende lassen sich von ihren Kommilitonen in Vorlesungen ablenken und vom Lernen abhalten. Falls Sie keine guten Leistungen erbringen, können sie diese Ablenkung als Grund angeben. Wie sehr trifft das auf Sie zu?	☐	☐	☐	☐	☐
5. Manche Studierende strengen sich absichtlich nicht an. Falls sie keine guten Leistungen erbringen, können sie als Grund angeben, dass sie sich nicht angestrengt haben. Wie sehr trifft das auf Sie zu?	☐	☐	☐	☐	☐
6. Manche Studierende schieben das Lernen für die Uni bis zur letzten Minute auf. Das können sie dann als Grund angeben, falls sie keine guten Leistungen erbringen. Wie sehr trifft das auf Sie zu?	☐	☐	☐	☐	☐

Abb. 3.1 Self-Handicapping-Scale, deutsche Fassung. (Aus Schwinger, 2008, mit freundlicher Genehmigung)

Bei mittlerer Ausprägung – jemand greift im Unterschied zu früher immer häufiger zu diesen Strategien – sollte man eine Beratungsstelle für Studierende aufsuchen, um gezielt an einer Verhaltensänderung zu arbeiten, bevor ernste Konsequenzen eingetreten sind.

Wenn das Self-Handicapping-Verhalten jedoch schon seit der Schulzeit als durchgängiges Muster in Leistungssituationen eingesetzt wurde bzw. mehrere Kriterien einer Borderline-Persönlichkeitsstruktur erfüllt sind, hilft nur eine intensive Langzeittherapie. In einem solchen Fall sind auch die Psychologen einer Beratungsstelle, die keine langjährige psychotherapeutische Begleitung anbieten können, überfordert, aber sie sind als Experten in der Lage, solche Studentinnen und

Studenten an qualifizierte Kollegen weiterzuvermitteln.

Sollte bei dir also ein Schreibprojekt anstehen, und solltest du zugleich ein extremer »Self-Handicapper« sein, so studiere einerseits gründlich dieses Buch und bemühe dich andererseits zeitnah um professionelle Hilfe. Bitte nimm diesen Rat ernst und schiebe die Therapeutensuche nicht so lange auf, bis das Kind in den Brunnen gefallen ist und du die Thesis in den Sand gesetzt hast! Bedenke auch, dass für ambulante Therapien oft lange Wartezeiten existieren.

Merke!
- Die langfristigen Folgen von Self-Handicapping sind in der Regel negativ!
- Self-Handicapping ist ein Verhalten, das sich verändern lässt!

Literatur

Bensberg G, Messer J (2010) Survivalguide Bachelor. Springer, Berlin Heidelberg New York

DSM-IV (1996) Diagnostisches und Statistisches Manual Psychischer Störungen. Deutsche Bearbeitung und Einleitung von Saß H, Wittchen H-U, Zaudig M. Hogrefe, Göttingen, S 739

Fröde R (2011) Von der Kunst, sich selbst Steine in den Weg zu legen: Self-handicapping und Self-affirmation. VDM Verlag Dr. Müller, Saarbrücken

Schwinger M (2008) Selbstwertregulation im Lernprozess – Determinanten und Auswirkungen von Self-Handicapping. Dissertation, Justus-Liebig-Universität Gießen

II

Anforderungen, Probleme, Lösungen

Kapitel 4   Bachelor- und Masterarbeiten: Grundsätzliches – 35

Kapitel 5   Der Wissenschaftswald – das Schreibumfeld optimieren – 47

Kapitel 6   Brich einen Zweig ab – Thema und Betreuung abklären – 69

Kapitel 7   Lass den Zweig Wurzeln treiben – Literatur suchen und auswerten – 83

Kapitel 8   Lass den Zweig wachsen – Inhalte strukturieren – 99

Kapitel 9   Lass den Zweig grünen – Rohfassung erstellen – 115

Kapitel 10 Lass den Zweig blühen –

Bachelor- und Masterarbeiten: Grundsätzliches

4.1	**Anforderungen an das Thema – 36**
4.1.1	Wahlfreiheit oder Vorgabe – 36
4.1.2	Wissenschaftlichkeit der Fragestellung – 36
4.1.3	Eingrenzung der Fragestellung – 37
4.2	**Formale und stilistische Anforderungen – 38**
4.2.1	Styleguide – 38
4.2.2	Allgemein gültige Kriterien – 38
4.2.3	Sprache und Stil – 38
4.2.4	Schöne neue Welt – 42
4.3	**Aufbau und Gliederung – 42**
4.3.1	Unverzichtbare Elemente – 43
4.3.2	Erläuterungen – 43
4.4	**Beurteilungskriterien für wissenschaftliche Arbeiten – 45**
4.4.1	Allgemeine Kriterien – 45
4.4.2	Kriterienkatalog – 45
	Literatur – 46

》 Das Ziel des Schreibens ist es, andere sehen zu machen. (Joseph Conrad) 《

》 If you would be a writer, first be a reader. Only through the assimilation of ideas, thoughts and philosophies can one begin to focus his own ideas, thoughts and philosophies. (Allan W. Eckert) 《

4.1 Anforderungen an das Thema

Themen können sehr unterschiedlich gestaltet sein und aus sämtlichen wissenschaftlicher Forschung zugänglichen Bereichen stammen. Dennoch lassen sich einige Gemeinsamkeiten finden, die vorgestellt werden sollen.

4.1.1 Wahlfreiheit oder Vorgabe

In manchen Studiengängen wird Absolventen das Thema der Abschlussarbeit zugeteilt, es gibt also keine Wahlfreiheit, was Vor- und Nachteile hat. Ein Vorteil kann darin gesehen werden, dass einem die manchmal mühsame Suche nach einem geeigneten Thema erspart bleibt, nachteilig ist sicher, dass persönliche Forschungsinteressen nicht realisiert werden können.

Beispiel für eine Vorgabe der Themen
Universität Würzburg
　　Institut für Mathematik
　　Forschungsbereich: Lineare Algebra und ihre Anwendungen:
　　Themen für Bachelorarbeiten:
- »Der Page-Rank-Algorithmus von Google«
- »Stochastische Matrizen und der Satz von Perron-Frobenius«
- »Meinungsdynamik und Konsensusbildung«
- Usw.

In der Mehrzahl der Studiengänge wird jedoch erwartet, dass sich Absolventen zunächst in Eigenleistung für ein Thema entscheiden und dann mit dem potenziellen Betreuer weitere Absprachen treffen.

Je nach Fachbereich können Arbeiten theoretisch oder empirisch ausgerichtet sein. Theoretische Arbeiten sind reine Literaturstudien, empirische Arbeiten basieren entweder auf der Verarbeitung gegebener Datensätze oder auf eigenen Untersuchungen.

Beispiele für Themenstellungen
Beispiel für eine theoretische Themenstellung: Die Eheauffassung im »Tristan« Gottfrieds von Straßburg
　　Beispiel für eine empirische Themenstellung mit Rückgriff auf vorhandene Datensätze: Vergleich der Entwicklung der Arbeitslosenquoten in Deutschland und den Niederlanden von 2000 bis 2010
　　Beispiel für eine empirische Themenstellung mit eigener Untersuchung: Die Wertschätzung von sozialer Unterstützung bei hospitalisierten Depressiven und Nichtdepressiven auf der Basis eines halbstrukturierten Interviews
　　In dem letztgenannten Fall erstellt du selbst den Interview-Leitfaden, du führst die Interviews durch und wertest sie anschließend aus.

4.1.2 Wissenschaftlichkeit der Fragestellung

Die Grundforderung, die an jede Bachelor- oder Master-Thesis gestellt wird, besteht darin, dass ein gewähltes Thema als »wissenschaftlich« klassifiziert werden kann. Was aber versteht man unter »wissenschaftlich«? Hier einige Antworten aus berufenem Munde:

》 Wissenschaftlich arbeiten heißt, einen auch für andere erkennbaren Gegenstand im Hinblick auf eine bestimmte Fragestellung nachvollziehbar zu behandeln, Methoden nachprüfbar anzuwenden, die Quellen offenzulegen, die Erkenntnisse systematisch zu ordnen und sie öffentlich mitzuteilen (Duden, 2006, S. 6). 《

》 Wissenschaftliche Arbeitsweise heißt: auf eine gestellte Frage oder Hypothese eine durch Fakten abgesicherte und durch Quellen belegte neue Antwort zu finden, die du zur allgemeinen Begutachtung freigeben musst (Bröning, 2005, S. 47). 《

In unterschiedlichen Fachbereichen stellt sich Wissenschaftlichkeit zwar naturgemäß sehr unterschiedlich dar, aber es gibt auch einige übereinstimmende Kriterien, die in den Naturwissenschaften ebenso wie in den Geisteswissenschaften zu beachten sind.

> **Allgemeine Anforderungen an eine wissenschaftliche Studie**
> - Logischer, systematischer Aufbau, d. h., sämtliche Untersuchungsschritte und deren Abfolge sollen für Dritte nachvollziehbar sein
> - Aufarbeitung des aktuellen Forschungsstandes, d. h., Offenlegen der bisherigen Analysen, auf denen die eigene Arbeit basiert
> - Nachweisbarer Nutzen der Ergebnisse, d. h., die Resultate sollen die Forschung vorantreiben, den Erkenntnisstand vergrößern oder doch wenigstens den Blickwinkel verändern
> - Objektivität, d. h., es müssen Angaben enthalten sein, die es Dritten ermöglichen, die Annahmen und Resultate einer Arbeit zu überprüfen

Ein wissenschaftliches Thema zielt immer darauf ab, eine »Forschungsfrage« zu beantworten. Forschungsfragen sind dadurch charakterisiert, dass sie W-Fragen stellen und zu klären versuchen.

> **Forschungsfragen**
> - **Was-Frage:** Diese Frage zielt auf die Beschreibung eines Zustands bzw. seiner Veränderung ab.
>   Beispiel: Was sind charakteristische Merkmale der Sprachkompetenz von Erstklässlern in der Gegenwart?
> - **Warum-Frage:** Mit dieser Frage will man Ursachenquellen für ein Phänomen finden.
>   Beispiel: Warum hat sich die durchschnittliche Sprachkompetenz von Erstklässlern über die letzten Jahrzehnte in der Bundesrepublik Deutschland verändert?
> - **Wie-Frage 1:** Hier sollen Prognosen gegeben werden.
>   Beispiel: Wie wird sich die durchschnittliche Sprachkompetenz von Erstklässlern entwickeln?
> - **Wie-Frage 2:** Eine andere Form der Wie-Frage zielt auf Bewertungen ab.
>   Beispiel: Wie sind die Integrationsmaßnahmen der Bundesrepublik hinsichtlich der Sprachförderung zu beurteilen?
> - **Wie-Frage 3:** Eine dritte Form der Wie-Frage geht auf Gestaltungsprozesse ein.
>   Beispiel: Wie kann die Sprachkompetenz von Erstklässlern gefördert werden?

Der **Leitsatz** bei der Formulierung von wissenschaftlichen Fragestellungen lautet nach Matthias Karmasin und Rainer Ribing (2009, S. 24):

> Warum war, ist oder wird etwas so (und nicht anders)? «

4.1.3 Eingrenzung der Fragestellung

Bei der Festlegung des Themas ist der vorgegebene Umfang der wissenschaftlichen Arbeit zu berücksichtigen. Das Thema für eine Dissertation muss breiter angelegt sein als für eine Master-Thesis, und die einer Bachelorarbeit zugrunde liegende Fragestellung ist vergleichsweise noch begrenzter. Gegebenenfalls sind also hinsichtlich der interessierenden Thematik Beschneidungen vorzunehmen, damit die Bearbeitung nicht den Rahmen der Bachelorarbeit sprengt.

Beispiel
Themenkreis: Die Eheauffassung in mittelhochdeutschen Epen
  Doktorarbeit: Die Eheauffassung in Gottfrieds »Tristan« und Wolframs »Parzival«. Eine vergleichende Studie.
    Masterarbeit: Die Eheauffassung im »Parzival«.
    Bachelorarbeit: Die Eheauffassung im »Parzival« am Beispiel von Kondwiramur und Parzival.

4.2 Formale und stilistische Anforderungen

4.2.1 Styleguide

Zu den formalen Anforderungen einer wissenschaftlichen Arbeit gehören neben Zitierweise und Gestaltung des Literaturverzeichnisses bestimmte Formatierungsvorgaben wie etwa Schriftart und -größe, Breite des Seitenrandes, Ausrichtung der Seitenzahlen (z. B. mittig oder rechts) usw.

In manchen Fachbereichen sind Fußnoten durchaus üblich, in anderen sind sie verpönt. Diese Vorgaben schwanken aber nicht nur von Studiengang zu Studiengang, sondern manchmal auch von Hochschule zu Hochschule. Daher ist nicht ein allgemeiner Ratgeber zugrunde zu legen, sondern die entsprechenden Verlautbarungen des jeweiligen Fachbereichs.

> **Achtung!**
> In den meisten Fachbereichen liegen konkrete Hinweise zur schriftlichen Abfassung wissenschaftlicher Arbeiten vor – eine Art Styleguide –, die man als Broschüre erwerben oder aus dem Netz downloaden kann.

Diese Anleitungen sind meist sehr ausführlich, wie das nachfolgende Beispiel zur Abfassung des Literaturverzeichnisses zeigt (http://psycho3.uni-mannheim.de/uploads/lehre/Richtlinien.pdf), sodass keine Fragen offen bleiben dürften (▶ Abb. 4.1). Sollten dennoch Unsicherheiten bestehen, wendet man sich zur Klärung am besten an seinen Betreuer.

Die Hinweise von Professor Knut Hildebrand, Hochschule Weihenstephan, (▶ Abb. 4.2) gehen über die Anforderungen an einen Styleguide insofern hinaus, als sie eine Kompilation aller wichtigen Aspekte rund um die Abschlussarbeit darstellen.

4.2.2 Allgemein gültige Kriterien

Es existieren Kriterien, die unabhängig von einzelnen Styleguides verpflichtend sind und daher beachtet werden müssen.

> **Pflicht-Kriterien**
> 1. Alle benutzten Quellen sowie sinngemäße oder wörtliche Übernahmen von anderen Autoren müssen als solche kenntlich gemacht werden, damit deine Arbeit nicht als Plagiat gilt und schlimmstenfalls als Betrugsversuch gewertet wird.
> 2. Ein einmal gewähltes formales Gestaltungsprinzip ist durchgängig zu realisieren. Es ist also beispielsweise nicht möglich, bei Literaturangaben die Vornamen zum Teil auszuschreiben und zum Teil abzukürzen.

4.2.3 Sprache und Stil

Dass Rechtschreibung, Zeichensetzung und Grammatik innerhalb einer wissenschaftlichen Arbeit fehlerfrei sein müssen, versteht sich von selbst. Solltest du dir diesbezüglich unsicher sein, benötigst du jemanden, der die Arbeit auf sprachliche Korrektheit hin überprüft. Das kann ein Freund oder eine Freundin, ein Familienmitglied oder ein anderer Student sein (z. B. Doktorand im Fach Germanistik), der für diese Dienstleistung ein kleines Honorar verdient (▶ Abschn. 9.2.4 und ▶ Abschn. 11.1.2). Auch wenn du schlimmstenfalls einen Teil deiner Ersparnisse ausgeben müsstest, die Arbeit sollte es dir wert sein.

Der Stil einer Abschussarbeit ist gehoben und muss wissenschaftlichen Ansprüchen genügen. Grundsätzlich sind Umgangsdeutsch und allzu saloppe Wendungen zu vermeiden.

Beispiele für wissenschaftlichen und umgangssprachlichen Stil
Wissenschaftlicher Stil

» **1 Physische Attraktivität**
  1.2 Die Einschätzung physischer Attraktivität
  Es ist keinesfalls so, wie gerne zitiert wird, dass Attraktivität nur ‚im Auge des Betrachters' liegt und es keine verbindlichen Maßstäbe gibt. Das Gegenteil ist der Fall. Allerdings nehmen bestimmte Merkmale der Urteilenden – u. a. Alter, Geschlecht, kognitiver Bezugsrahmen –, wenngleich begrenzt, Einfluss auf Attraktivitätsurteile.

Universität Mannheim, Lehrstuhl Psychologie III

Richtlinien zur Gestaltung von schriftlichen Referaten, Hausarbeiten und Praktikumsberichten

Edgar Erdfelder, Jochen Musch & Lutz Cüpper

8 Das Literaturverzeichnis

Im Literaturverzeichnis tauchen alle im Text erwähnte Autoren auf und nur diese. Ein Literaturverzeichnis entspricht also eigentlich eher einem Quellenverzeichnis als einer Auflistung der faktisch gelesenen Literatur, wenngleich die Schnittmenge oft sehr groß sein wird. Wenn auf ein gelesenes Buch im Text nicht verwiesen wird, gehört es jedenfalls nicht in das Literaturverzeichnis. Hauptfunktion des Literaturverzeichnisses ist es, Leserinnen und Lesern die Überprüfung aller Angaben ganz leicht zu machen. Deshalb muss ein Literaturverzeichnis vollständig sein, darf keine Abkürzungen (bis auf Vornamen) benutzen und sollte sich unbedingt an die DGPs-Richtlinien von 1997 halten.

Ungenügende, unvollständige oder gar fehlende Literaturverzeichnisse sind ein gravierender Mangel. Wissenschaftlich arbeiten heißt in erster Linie, sich kritisierbar zu machen. Wer seine Quellen nicht ganz klar und eindeutig angibt, entzieht sich der möglichen Kritik und arbeitet somit nicht wissenschaftlich. Deshalb kann es keine wissenschaftliche Arbeit ohne Literaturverzeichnis geben. Zu sortieren sind die Referenzen im Literaturverzeichnis alphabetisch. Jede Literaturangabe enthält folgende Angaben: Autorin(nen) und Autor(en), Erscheinungsjahr, Titel, Erscheinungsangaben (bei Zeitschriften: Name der Zeitschrift, Band, Seitenangaben; bei Büchern: Verlagsort, Verleger). Die folgenden Beispiele sind in Manuskriptschreibweise dargestellt, sie zeigen die am häufigsten verwendeten Beitragsarten: Zeitschriftenbeiträge, Buchbeiträge in herausgegebenen Werken und Monographien. Die Referenzierung anderer Beitragsarten ist in den DGPs-Richtlinien (1997) zu finden.

Zeitschriftenbeitrag:
Ausubel, D. P. (1960). The use of advance organizers in the learning and retention of meaningful verbal material. Journal of Educational Psychology,51, 267-272.

Buchbeitrag in einem herausgegebenen Werk:
Lilli, W. (1978). Die Hypothesentheorie der sozialen Wahrnehmung. In D. Frey (Hrsg.), Kognitive Theorien der Sozialpsychologie (S. 19-46). Bern: Huber.

Bücher:
Bredenkamp, J. (1980). Theorie und Planung psychologischer Experimente. Darmstadt: Steinkopff.

[...]

Einige Hinweise zum Zitieren von Internet-Dokumenten (ausführlich in Ott, Krüger & Funke, 2000): Mit dem zunehmenden Aufkommen derartiger Dokumente sind verschiedene Vorschläge gemacht worden, wie man diese Internet-Quellen angemessen zitiert. Einen brauchbaren Vorschlag finden Sie bspw. auf den WWW-Seiten der American Psychological Association: Nach diesem Vorschlag wären bspw. je nach Art des zitierten Dokuments folgende Zitierweisen korrekt:

VandenBos, G., Knapp, S. & Doe, J. (2001). Role of reference elements in the selection of resources by psychology undergraduates. Journal of Bibliographic Research, 5, 117-123. Retrieved October 13, 2001, from http://jbr.org/articles.html

GVU's 8th WWW user survey. (n.d.). Retrieved August 8, 2000, from http://www.cc.gatech.edu/gvu/usersurveys/survey1997-10/

[...]

◘ **Abb. 4.1** Richtlinien für schriftliche Arbeiten (mit freundlicher Genehmigung von Professor E. Erdfelder, Mannheim)

HOCHSCHULE WEIHENSTEPHAN
Fakultät Wald und Forstwirtschaft
Prof. Dr. Knut Hildebrand

HOCHSCHULE
WEIHENSTEPHAN-TRIESDORF
UNIVERSITY OF APPLIED SCIENCES

Richtlinien für die Erstellung von Bachelor-, Master- und Diplomarbeiten

Version 1.0
März 2011

Inhaltsverzeichnis

1. REGULARIEN (AUSZUG)	2
2. AUFBAU	2
3. ÄUßERE FORM	2
3. 1 Format	2
3. 2 Inhaltsverzeichnis (Gliederung)	2
3. 3 Text	2
3. 4 Fußnoten	3
4. INHALTLICHE GESTALTUNG	3
4. 1 Aufgabe der Abschlussarbeit	3
4. 2 Eigenständigkeit	3
4. 3 Formulierung	3
4. 4 Umfang	3
4. 5 Arbeiten in der Praxis	3
4. 6 Hinweise zu einzelnen Abschnitten	4
5. ZITIERWEISE	6
5. 1 Wörtliche Zitate	6
5. 2 Sinngemäße Zitate und Anlehnungen	7
5. 3 Interviews	7
5. 4 Nutzung von firmeninternem Material	7
6. ORGANISATORISCHE RATSCHLÄGE	7
7. DIE HÄUFIGSTEN FEHLER UND IHRE VERMEIDUNG	8
8. BEURTEILUNGSKRITERIEN	8
9. LITERATUR	9
ANHANG	9

http://www.hildebrand.info/richtldma.pdf

◘ **Abb. 4.2** Richtlinien für Abschlussarbeiten (mit freundlicher Genehmigung von Professor K. Hildebrand, Freising)

1.2.1 Merkmale der Beurteiler und Attraktivitätseinschätzungen

Junge Menschen beispielsweise beurteilen Ältere durchgehend als weniger attraktiv, als diese von Gleichaltrigen eingeschätzt werden. Die Ratings Älterer spiegeln vergleichsweise seltener die vor allem Frauen betreffende negative Korrelation zwischen Alter und Attraktivität wider, was mit einem auf das Alter bezogenen ‚Eigengruppenbonus' erklärt werden kann. Außerdem vergeben ältere Beurteiler höhere Attraktivitätsurteile als jüngere. Junge Frauen erscheinen älteren männlichen Beurteilern besonders attraktiv, auch ältere Frauen finden junge Männer physisch anziehend. Jungsein stellt also bei beiden Geschlechtern einen positiven Faktor hinsichtlich der Einschätzung der physischen Attraktivität dar (Henss, 1998, S. 294). **«**

Umgangssprachlicher Stil
Der gleiche Abschnitt in Alltagsdeutsch:

Es ist nicht so, dass jeder so seine eigenen Vorstellungen hat, wenn es um gutes Aussehen geht. Das ist so nicht wahr. Aber Unterschiede gibt es schon, je nachdem, ob man Männer oder Frauen oder Ältere oder Jüngere befragt. Man muss auch sehen, woran sie festmachen, was schön und was nicht so schön ist.

Junge Leute finden Ältere weniger sexy, als sie von Gleichaltrigen gesehen werden. Die Älteren gehen von sich selbst aus und meinen nicht, dass Altsein heißt, weniger gut auszusehen, obwohl gerade ältere Frauen normalerweise nicht mehr so gut ankommen. Ältere sind auch weniger anspruchsvoll, was das Aussehen betrifft. Die älteren Männer finden junge Frauen besonders attraktiv, und älteren Frauen gefallen junge Männer richtig gut. Jungsein heißt also, auf der Gewinnerseite zu sein, wenn das Aussehen beurteilt werden soll.

Das jeweilige fachspezifische Vokabular ist in der Arbeit zu verwenden, was aber nicht bedeutet, dass du dich für einen unverständlichen Stil, gespickt mit unzähligen Fremdwörtern, entscheiden solltest. Eine Bachelor-Thesis hat nicht den Zweck zu demonstrieren, wie viele Fremdwörter der Verfasser kennt.

> **Der erste Leitsatz lautet daher: Schreibe so verständlich wie möglich und so unverständlich wie nötig!**

In einigen Fachbereichen existiert allerdings eine derart umfangreiche, besondere Begrifflichkeit, dass man beim besten Willen nicht allgemeinverständlich schreiben kann. Ein Beispiel hierfür ist die Linguistik, ein Teilgebiet der Germanistik.

Zitat aus einem Lehrbuch für Linguistik

» Die semantische Komponente sollte zwei Arten von >Projektionsregeln< enthalten. Durch den Regeltyp 212 werden den Kategorien der Basis-P-Marker semantische Interpretationen (>Lesarten< (readings)) zugeordnet. Dies geschieht mithilfe der zuvor den Elementen, die von diesen Kategorien dominiert werden (die zu ihnen gehören), zugeordneten Lesarten, wobei mit den intrinsischen Lesarten der lexikalischen Einheiten begonnen wird und die grammatischen Funktionen, die durch die Konfigurationen der Basis-P-Marker definiert sind, verwendet werden, um zu bestimmen, wie die Lesarten der höheren Ebene zugeordnet werden – und um schließlich der dominierenden Kategorie S eine Lesart zuzuordnen (Chomsky, 1995, S. 61). **«**

So what? Alles verstanden???

> **Zweiter Leitsatz: Die Ich-Form ist bei der Abfassung wissenschaftlicher Arbeiten verpönt und wird nur im Ausnahmefall zur Betonung persönlicher Positionen verwandt.**

Ich- bzw. Wir-Form in wissenschaftlichen Texten
»In Absetzung von der geltenden Forschungsmeinung bin ich zu dem Schluss gekommen, dass …«
»Dieser Argumentation möchte ich nachdrücklich widersprechen, weil …«

Wie die Ich- ist auch die früher übliche Wir-Form, der Pluralis auctorialis, der den Leser scheinbar direkt in eigene Überlegungen einbezieht, unüblich geworden. Mittlerweile wird meist auf das anonyme »man« oder Passivformulierungen zurückgegriffen. Eine dritte Möglichkeit besteht darin, von sich selbst in der dritten Person zu schreiben.

Beispiele:
»Es wird oft übersehen, dass sich aus dieser Prämisse weiterführende Hypothesen ableiten lassen.«
»Anhand zahlreicher Studien wurde bereits nachgewiesen, dass ...«
»Der Verfasser schließt sich der Position von X an, der ...«

4.2.4 Schöne neue Welt

Vielfach wird innerhalb der aktuellen Ratgeberliteratur nahegelegt, kurze, eindeutige Sätze zu bilden und auf neben- und untergeordnete Satzteile sowie einschränkende Adverbien zu verzichten. Vor allem in den empirischen Wissenschaften und den Ingenieurwissenschaften, weniger in den Geisteswissenschaften, bevorzugt man einen knappen, nüchternen Stil.

> **Die mittlerweile um sich greifende moderne Simplifizierung der deutschen Sprache sollte man nicht unkritisch akzeptieren!**

Phänomene, die in wissenschaftlichen Arbeiten behandelt werden, sind meist sehr komplex und erfahren durch aneinandergereihte knappe Hauptsätze eine Pseudovereinfachung. Ein Schreibstil, der auf relativierende schmückende Beiwörter fast völlig verzichtet, suggeriert dem Leser, man habe es bei wissenschaftlicher Forschung mit hundertprozentig wahren Fakten zu tun, was real nie der Fall ist. Immer, auch in den exaktesten Wissenschaften, haftet den Ergebnissen eine Restunsicherheit an. Nicht einmal der absolut sichere Vaterschaftstest mittels DNA-Analyse bestätigt oder widerlegt eine Vaterschaft zu 100 Prozent, sondern stets nur zu > 99,9 Prozent.

Da Schreiben und Denken eng miteinander verzahnt sind, bedeutet ein komplexer Stil auch, dass sich der Schreibende der Komplexität der Welt bewusst ist.

Allerdings wird häufig u. a. Folgendes geraten:
- klare, einfache Wortwahl,
- pro Satz nur eine inhaltliche Aussage,
- auf Fremdwörter verzichten,
- Schachtelsätze vermeiden,
- im Schnitt 15 Wörter pro Satz verwenden,
- keine Füllwörter einfügen.

Was lernen wir daraus? Geschrieben werden soll offensichtlich nur noch für gegenwärtige und kommende Generationen, die nicht mehr imstande sind, einen Hauptsatz mit zwei oder mehr Nebensätzen oder eine Nominalgruppe, also einen u. a. durch Eigenschaftswörter oder Partizipien erweiterten Hauptsatz mit mehr als drei Gliedern, zu entschlüsseln. Wichtige sinngebende Nuancen gehen bei einer solchen künstlichen Sprachverkürzung verloren. »Ziel« ist eben nicht genau dasselbe wie »Zielsetzung«. Bei »Zielsetzung« schwingen anders als bei »Ziel« Konkretisierungs- und Verpflichtungsmomente mit.

Die Empfehlung, auf Substantivierungen zu verzichten und stattdessen Verben zu bevorzugen, wie sie in Ratgebern zur Abfassung wissenschaftlicher Arbeiten häufig zu lesen steht, kann man auch als typisch deutsche Marotte interpretieren.

Es gibt Sprachen, die über viele »Bandwurmsubstantive« verfügen, ohne dass irgend jemand auf die Idee käme, diese Wörter eliminieren zu wollen. So sind die Isländer z. B. so stolz auf ihre Sprache, die einzige noch lebende mittelalterliche germanische Sprache in Europa, dass sie sogar Fremdwörter ins Isländische übersetzen, obwohl diese Umschreibungen oft viel länger und komplizierter ausfallen als die Ursprungswörter. Niemanden stört es! Im Gegenteil: Im Hoch-Isländischen ist die Verwendung von Fremdwörtern tabu.

> »Umständliche« Übersetzungen ins Isländische
> - Homöopath: *smáskammtalæknir*
> - Homöopathie: *smáskammtalækningar*
> - Archäologe: *fornminjafræðingur*
> - Budget: *fjárhagsáætlun*

4.3 Aufbau und Gliederung

Der Aufbau und die Gliederung von Bachelor- und Masterarbeiten differieren selbstverständlich je nach Fachbereich und Thema. Es existieren aber auch Aufbauelemente, die den meisten wissenschaftlichen Abschlussarbeiten eigen sind.

4.3.1 Unverzichtbare Elemente

Folgende Bestandteile gehören zu den Grundpfeilern einer Bachelor- oder Master-Thesis:

> **Aufbau einer Bachelor- oder Master-Thesis**
> - Titelblatt
> - Vorwort (fakultativ)
> - Inhaltsverzeichnis
> - Einleitung
> - Hauptteil
> - Zusammenfassung (fakultativ)
> - Schluss
> - Literaturverzeichnis
> - Quellenverzeichnis (fakultativ)
> - Ehrenwörtliche Erklärung
> - Anhang (fakultativ)
> - Abkürzungsverzeichnis (fakultativ)
> - Abbildungsverzeichnis (fakultativ)
> - Tabellenverzeichnis (fakultativ)

4.3.2 Erläuterungen

Titelblatt

Es enthält Angaben zu deiner Person, nennt das Thema, den Fachbereich sowie Namen und Funktion des Betreuers.

Beispiel: Titelblatt
Das Netzwerkmerkmal Multiplexität bei Depressiven und Nichtdepressiven
    BACHELORARBEIT
    Zur Erlangung des akademischen Grades eines Bachelors of Science (BaSc)
    Universität Wolkenstein
    Fachbereich Psychologie
    Vorgelegt von Lotta Musterfrau
    Matrikelnummer: 000000000000
    Anschrift:
    Datum:
    Betreuer: Prof. Dr. Dr. Mustermann

Vorwort

Ein Vorwort zu verfassen, ist bei Bachelorarbeiten kaum üblich. Umfangreicheren Master- und Doktorarbeiten wird es aber oft vorangestellt. Es beinhaltet u. a. Danksagungen an die Gutachter und sonstige unterstützende Personen, begründet die individuelle Motivation für die Auseinandersetzung mit der jeweiligen Thematik usw.

Inhaltsverzeichnis

Das Inhaltsverzeichnis spiegelt die Gliederung der Arbeit wider und besteht hauptsächlich aus den einzelnen Kapiteln. Der Umfang der Kapitel sollte dabei nicht allzu sehr variieren.

> ❯ Bitte beachte, dass Unterpunkte nur gebildet werden, wenn es sich um mindestens zwei handelt.

Beispiel: Inhaltsverzeichnis einer Bachelorarbeit aus dem Bereich Forstwirtschaft
Kapitel 1: Baumkrankheiten in Deutschland
    1.1 Laubwald
        1.1.1 Buchen
        1.1.2 Eichen
    …
    1.2 Nadelwald
        1.2.1 Tannen
        1.2.2 Kiefern

Hinter die letzte Ziffer wird nie ein Punkt gesetzt!

Einleitung

Sie leitet, wie der Name schon sagt, zu dem jeweiligen Thema hin. Man kann an dieser Stelle z. B. auf das eigene erkenntnisleitende Interesse eingehen, die Fragestellung in den aktuellen Forschungsstand einbetten oder einen Überblick über die Arbeit geben. Es empfiehlt sich die Anwendung des Trichterprinzips, also das Voranschreiten vom Allgemeinen zum Spezifischen.

Hauptteil

Bei allen studiengang- und fachspezifischen Besonderheiten gibt es auch hier einige übergeordnete Versatzstücke.

    So verfügen fast alle Arbeiten über mindestens ein Kapitel, das den aktuellen Forschungsstand zusammenfasst und demonstriert, dass du dir einen Überblick über die bisherigen Resultate, Theorien usw. verschafft hast.

    Es folgen Ausführungen zu dem Ansatz der Arbeit bzw. deinen Hypothesen und Annahmen.

Detailliert beschrieben wird auch das eingesetzte Instrumentarium. Der letzte Teil stellt deine Ergebnisse vor, die noch erläutert und diskutiert werden können.

> **❶ Achtung!**
> Der »rote Faden« muss für den Leser deutlich sein. Deshalb ist es notwendig, eine wissenschaftliche Arbeit wiederholt von Anfang bis Ende zu lesen und auch gegenlesen zu lassen (▶ Abschn. 8.1.3, ▶ Abschn. 8.2.5 und ▶ Abschn. 8.2.6).

Zusammenfassung
Die Zusammenfassung oder das Fazit subsumiert die wichtigsten Resultate der Studie und erörtert, ob und ggf. in welcher Weise die eingangs formulierte Forschungsfrage beantwortet wurde.

Schluss
Zwischen Zusammenfassung und Schluss wird nicht immer unterschieden, was vor allem auf kürzere Arbeiten zutrifft. Sofern aber eine Zusammenfassung und ein Schluss verfasst werden, dient Letzterer oft dazu, auf wünschenswerte, weiterführende Forschungsarbeiten bzw. sog. Desiderata, also Forschungslücken, zu verweisen.

Ehrenwörtliche Erklärung
Diese darf bei keiner Abschlussarbeit fehlen. Man versichert ehrenwörtlich oder eidesstattlich, dass man die Arbeit nur mit den offiziell erlaubten Hilfsmitteln angefertigt und alle Quellen und Entlehnungen kenntlich gemacht hat. Zum Teil bieten die Hochschulen auch ein einheitliches Formular an, das man sich aus dem Netz herunterladen kann.

Literaturverzeichnis
Hier erscheinen meist nur sämtliche Titel, auf die in der Arbeit direkt Bezug genommen bzw. aus denen zitiert wird. Diese Quellen müssen auf jeden Fall angegeben werden. Des Weiteren sind die Vorgaben jedoch unterschiedlich. Zum Teil sollen auch Werke aufgeführt werden, die zur Grundlagenliteratur gehören.

Die formale Gestaltung des Literaturverzeichnisses kann unterschiedlich sein, man sollte sich daher vorher informieren und den für das eigene Fach geltenden Styleguide befragen. Partiell findet man beispielsweise ausgeschriebene Vornamen, um die Beteiligung von Frauen an der wissenschaftlichen Forschung kenntlich zu machen, meist aber werden die Vornamen abgekürzt.

Beispiel: Literaturangabe
Perrig-Chiello, P. (2003). Mitten im Leben: Das mittlere Erwachsenenalter – Stiefkind der Entwicklungspsychologie. Psychoscope, 1, 10–13.

Quellenverzeichnis
Während das Literaturverzeichnis die Sekundärliteratur auflistet, umfasst das Quellenverzeichnis die Primärliteratur. Diese Unterscheidung fällt hauptsächlich bei Arbeiten aus dem geisteswissenschaftlichen Bereich ins Gewicht. Wenn ein Theologiestudent z. B. im Rahmen seiner Bachelorarbeit die Todsündenlehre von Alkuin und Cassian vergleicht, zählen die lateinischen Ausführungen der beiden mittelalterlichen Autoren als Primärliteratur zu den Quellen, alle bereits vorhandenen Deutungen und Auslegungen der Texte aber als Sekundärliteratur zum Literaturverzeichnis.

Beispiel: Quellenangabe
Cassian: De institutis coenobiorum et de octo principalium vitiorum remediis libri duodecim. Hrsg. v. M. Petschenig. Corpus scriptorum ecclesiasticorum Latinorum Academiae Vindobonensis (CSEL) 17. Prag, Wien & Leipzig 1888.

Anhang
Nicht jede Abschluss-Thesis verfügt zwangsläufig über einen Anhang. Der Anhang kann aus Verzeichnissen der integrierten Tabellen und Abbildungen bzw. dem Forschungsinstrumentarium wie z. B. Interviews, Tests, Fragebogen usw. bestehen.

Abkürzungsverzeichnis
Es ist üblich, alle nicht sogleich verständlichen Abkürzungen aufzulisten und aufzulösen. Bei »u. a.« und »bspw.« handelt es sich um allgemein bekannte Abkürzungen, die man nicht in das Verzeichnis aufnimmt. Die Abkürzung U.K. (United Kingdom) ist hingegen schon weniger verbreitet und sollte daher im Verzeichnis aufgeführt werden.

Abbildungsverzeichnis

Abbildungen werden chronologisch durchnummeriert und erhalten einen Titel, der zusammen mit der zugehörigen Seite im Abbildungsverzeichnis erscheint:

Beispiel: Abbildungsverzeichnis
Abb. 1: Maslowsche Pyramide S. 13
  Abb. 2: Flow S. 33
  Usw.

Tabellenverzeichnis

Tabellen sind ein integraler Bestandteil vieler Arbeiten. Man ordnet sie den jeweiligen Kapiteln zu und gibt die entsprechende Seitenzahl an.

Beispiel: Tabellenverzeichnis
Tabelle 7.3.8: Stichprobenbeschreibung »Kinder« S. 129
  Tabelle 7.3.9: Stichprobenbeschreibung »Wohnort« S. 140
  Usw.

4.4 Beurteilungskriterien für wissenschaftliche Arbeiten

Die Kriterien für die Benotung einer Abschlussarbeit werden in den Prüfungsordnungen mehr oder weniger ausführlich erläutert, wobei in der Realität unweigerlich subjektive Gewichtungen der betreuenden Hochschullehrer einfließen.

4.4.1 Allgemeine Kriterien

Einige Kriterien sind aber von übergeordneter Bedeutung. So ist die Beantwortung folgender Fragen maßgeblich:
- Sind die formalen Anforderungen erfüllt? (Zitierweise, Zeilenabstand, Schriftgröße usw.)
- Entsprechen Stil und Sprache den Anforderungen einer wissenschaftlichen Arbeit? (Korrekte Rechtschreibung, Grammatik, Zeichensetzung, kein Umgangsdeutsch, sichere Handhabung des wissenschaftlichen Vokabulars)
- Sind alle Hilfsmittel und Quellen korrekt angegeben?
- Wurde die relevante Literatur ausreichend berücksichtigt?
- Erscheinen Aufbau und Gliederung der Arbeit logisch und stringent?
- Wurden alle Aspekte der Forschungsfrage bearbeitet?
- Ist die Argumentation nachvollziehbar?
- Wurde die Forschungsfrage am Ende schlüssig beantwortet; sind die Ergebnisse klar formuliert?
- Welcher Aufwand war für die Arbeit notwendig?
- Enthält die Arbeit innovative Ergebnisse bzw. Überlegungen?

Um genau zu wissen, welche Kriterien an deiner Hochschule und in deinem Fach für die Bewertung schriftlicher Arbeiten gelten, solltest du dir – wenn nicht schon längst geschehen – die entsprechenden Informationen entweder in Schriftform besorgen oder aus dem Netz downloaden.

4.4.2 Kriterienkatalog

Der von einer Dozentin erstellte Kriterienkatalog am Institut für Translation und Mehrsprachige Kommunikation an der Fachhochschule Köln (*Cologne University of Applied Sciences*) beinhaltet folgende Punkte, die für die Beurteilung einer Arbeit herangezogen werden.
- Gesamteindruck,
- Textlayout,
- Klarheit der Gliederung,
- Ausgewogenheit der Teile,
- Logik der Argumentation,
- Wissenschaftlichkeit,
- sprachliche Realisierung.

Merke!
- Die Thesis muss eine wissenschaftliche Fragestellung beinhalten!
- Bestimmte Aufbauelemente gelten für alle Abschlussarbeiten!
- Es existieren keine einheitlichen Regelungen für die formale Gestaltung wissenschaftlicher Arbeiten!

– Es gibt übergeordnete und fachspezifische Beurteilungskriterien für eine Bachelor-oder Master-Thesis!

Literatur

Bröning T (2005) Dein Weg zum Bachelor. Vom Studienwunsch zur Abschlussarbeit. uni-edition, Berlin

Chomsky N (1995) Thesen zur Theorie der generativen Grammatik. Studienbuch Linguistik, 2. Aufl. Beltz Athenäum, Weinheim

Duden (2006) Die schriftliche Arbeit kurz gefasst. Eine Anleitung zum Schreiben von Arbeiten in Schule und Studium (insbesondere 6.3. Zitate und Zitieren). Bibliographisches Institut & F.A. Brockhaus AG, Mannheim

Hahner M, Scheide W, Wilke-Thissen E (2010) Wissenschaftliche[s] Arbeiten mit Word 2010. Microsoft Press Deutschland, Unterschleißheim

Henss R (1998) Spieglein, Spieglein an der Wand ... Geschlecht, Alter und physische Attraktivität. Beltz PVU, Weinheim

Karmasin M, Ribing R (2009) Die Gestaltung wissenschaftlicher Arbeiten, 4. Aufl. Facultas, Wien

Krämer W (2009) Wie schreibe ich eine Seminar- oder Examensarbeit? (insbesondere Kap. 1: »Der Anfang: Thema, Materialsuche und Arbeitsplan«; Kap. 3: »Die äußere Form der Arbeit«), 3. Aufl. Campus, Frankfurt/M

Samac K, Prenner M, Schwetz H (2009) Die Bachelorarbeit an Universität und Fachhochschule: Ein Lehr- und Lernbuch zur Gestaltung wissenschaftlicher Arbeiten. UTB, Stuttgart

Der Wissenschaftswald – das Schreibumfeld optimieren

5.1	**Anforderung: Rahmenbedingungen klären – 48**
5.1.1	Stellenwert der Arbeit – 48
5.1.2	Arbeitsplan erstellen – 49
5.1.3	Planungsbeispiele – 49
5.1.4	Arbeitszeiten festlegen – 53
5.1.5	Arbeitsort festlegen – 54
5.1.6	Gestaltung des Arbeitsplatzes – 55
5.1.7	Allein oder Tandem? – 56
5.1.8	Belohnungen – 57

5.2	**Probleme und Lösungen – 61**
5.2.1	Unvorhergesehene Lebensereignisse – 61
5.2.2	Flexibilität und Gelassenheit – 62
5.2.3	Unrealisierbare Planungen – 63
5.2.4	Aktive Problemlösung – 66

Literatur – 68

Abschlussarbeiten erwachsen aus einer breiten, schon existierenden Forschungsbasis.

Das über viele Jahrhunderte gesammelte Wissen kann man sich auch als ein ausgedehntes Waldgebiet vorstellen, dessen Baumarten unterschiedliche Disziplinen und Fachgebiete symbolisieren.

Den Boden des Waldes stellt das menschliche Erkenntnisinteresse dar, dem die Wissenschaften ihre Entstehung verdanken. Es bildet den Humus, aus dem die zentralen Fragen innerhalb eines Wissenschaftsgebiets erwachsen. Im Studienfach Psychologie sind es u. a. die Fragen: Wie ist menschliches Verhalten zu erklären? Welchen Einfluss haben Vererbung und Erziehung? Wie und warum verändern sich Menschen?

Mächtige Bäume, die das höchste Alter haben und alle anderen überragen, stehen für Werte und Axiome, die sich der empirischen Überprüfung entziehen. Dazu gehört z. B. der auf Karl Popper zurückgehende Wissenschaftsbegriff.

Kräftige Bäume mit einer umfangreichen Krone stellen allgemein anerkannte Basisstudien dar, welche die Wissenschaft deutlich vorangebracht haben.

Einzeln stehende Bäume symbolisieren sehr spezifische, abweichende oder kontrovers diskutierte Studien.

Junge, blühende Bäume versinnbildlichen neue Forschungsansätze, die in der Zukunft vielleicht noch Kreise ziehen und sogar die Nachbardisziplinen befruchten werden.

5.1 Anforderung: Rahmenbedingungen klären

» Wissenschaft kann den Aberglauben widerlegen, nicht aber den Glauben. (Paul Mommertz) «

Bevor man die erste Zeile schreibt, ist es sinnvoll, sich über einige wichtige Rahmenbedingungen Gedanken zu machen, die mehr oder weniger unabhängig von den Inhalten der Arbeit sind, sich aber dennoch als wichtig für das erfolgreiche Management eines Schreibprojekts erwiesen haben.

5.1.1 Stellenwert der Arbeit

Wenn man daran geht, sich konkret mit seiner Abschlussarbeit zu beschäftigen, ist es sinnvoll, zuvor zu klären, welcher Stellenwert der Arbeit objektiv zukommt. Mit Stellenwert ist hier nicht das vielleicht überdurchschnittliche Interesse gemeint, das du dem Thema unter Umständen entgegenbringst, und auch nicht der Anspruch an die eigene Leistung oder Note, der vielleicht prinzipiell sehr hoch oder im Gegenteil sehr niedrig sein mag. Nein, gemeint ist vielmehr die reale Bedeutung, die sich der Arbeit für den Berufseinstieg bzw. das weitere Leben beimessen lässt. Hier können unabhängig von dem jeweiligen Fach drei Stufen unterschieden werden.

Stellenwert der Arbeit
- 1. Stufe: Stellenwert mittel
  Beispiele:
  – Die Arbeit hat nur den Sinn, ein jahrzehntelanges Magisterstudium mit geisteswissenschaftlicher Fächerkombination endlich zu beenden
  – Die Arbeit dient dazu, das erste Studium schnellstmöglich zu beenden, um das zweite zu starten
- 2. Stufe: Stellenwert hoch
  Beispiele:
  – Die Note kann den Gesamtschnitt um eine Stufe anheben
  – Die Arbeit ist eine Art Test für die berufliche Eignung
- 3. Stufe: Stellenwert sehr hoch
  Beispiele:
  – Von dem Ergebnis der Arbeit hängt die Anstellung im Wunschunternehmen ab
  – Die Note der Thesis entscheidet über die Aufnahme in einen Graduiertenstudiengang

1. Stufe: Stellenwert mittel

Wer beispielsweise mit mäßigen Noten und ohne Praktika oder vorausgegangene Berufspraxis nach vielleicht 25 Fachsemestern sein Studium der Philosophie und Religionswissenschaft nun doch einmal abzuschließen gedenkt, braucht sich um die Qualität und Benotung seiner Arbeit nicht übermäßig zu sorgen, denn die berufliche Zukunft ist bei einem derartigen Hintergrund eher düster. Allerdings bestätigen auch hier zahlreiche Ausnahmen die Regel, und Lebenserfolg ist prinzipiell nicht gleichzusetzen mit Studienerfolg (▶ Kap. 13).

Das zweite Beispiel ist auf Studierende bezogen, für die das Bachelorstudium nur ein ungeliebtes Pflichtprogramm bedeutet, das sie so schnell wie möglich durchlaufen möchten, um anschließend mit der Kür – einem spezialisierten Masterstudiengang – zu starten. Hier ist z. B. an eine Studentin zu denken, die später im Managementbereich tätig werden möchte und dem Basisstudium BWL mit seinen vielen Grundlagenfächern nichts abgewinnen kann. Ihr eigentliches Studienziel ist der Masterstudiengang »Management«, für den an ihrer Wunschuni auch ein Schnitt von 2,5 im Bachelorzeugnis als Zugangsvoraussetzung ausreicht.

2. Stufe: Stellenwert hoch

Ein recht hoher Stellenwert kommt der Arbeit zu, wenn ihre Beurteilung die Durchschnittsnote um eine ganze Notenstufe zu heben vermag, was bei Bewerbungen natürlich von Vorteil ist. Wichtig ist die Arbeit auch, wenn in diesem Rahmen die endgültige Entscheidung über das zukünftige Berufsfeld getroffen werden soll. Hier ist z. B. an eine Absolventin im Fach Psychologie zu denken, die noch zwischen den Tätigkeitsbereichen Klinik und Wirtschaft schwankt und nach einem Praktikum in der Personalabteilung eines Unternehmens ihre Masterarbeit bewusst in Anbindung an eine psychiatrische Klinik schreibt, um die Passung zwischen Arbeitsalltag und spezifischer Klientel einerseits und ihrer Person andererseits auch innerhalb dieses Settings zu überprüfen.

3. Stufe: Stellenwert sehr hoch

Hoch bedeutsam kann eine Masterarbeit sein, wenn ihre Note über den weiteren (akademischen) Berufsweg entscheidet, man beispielsweise in ein Doktorandenprogramm aufgenommen werden möchte. Ähnlich existenziell ist die Bachelor-Thesis, wenn von ihrem Ergebnis abhängt, ob einem das Wunschunternehmen, mit dem man schon zusammen gearbeitet hat, eine Stelle anbietet.

Die genannten Beispiele lassen sich natürlich beliebig erweitern und auch variierend gewichten, die Frage nach dem realen Stellenwert der eigenen Arbeit sollte man sich jedoch in jedem Fall nicht nur stellen, sondern auch beantworten, denn sie hat Auswirkungen auf die Motivation und den langen Atem, den man für den erfolgreichen Abschluss eines Schreibprojekts benötigt.

5.1.2 Arbeitsplan erstellen

Bachelor- und Masterstudiengänge zeichnen sich in der Regel durch eine hohe Belastung durch Pflichtveranstaltungen aus. Da die Thesis aber normalerweise am Ende des Studiums steht, hat das den Vorteil, dass du dich jetzt schwerpunktmäßig auf die Arbeit konzentrieren kannst. Diese erfreuliche Tatsache bedeutet aber nicht, auf eine detaillierte Planung der Thesis zu verzichten, denn sie ist das A und O für einen guten Start und eine erfolgreiche Bewältigung dieser Aufgabe.

Wichtig ist, zwischen langzeitiger, mittelfristiger und kurzzeitiger Planung zu unterscheiden. Eine langzeitige Planung umfasst bei Bachelor- und Masterarbeiten Monate (bei Doktorarbeiten zum Teil Jahre), die mittelfristige Wochen (bei Doktorarbeiten Monate), die kurzzeitige bezieht sich auf die Tagesplanung, die man entweder am Abend oder am Morgen erstellt.

In die lang- und mittelfristige Planung finden zusätzliche Verpflichtungen wie Job, Zeit für deinen Freund/deine Freundin, Hobbys usw. Eingang. Du wirst dich nicht den ganzen Tag ununterbrochen mit deiner Arbeit beschäftigen können, und das ist auch gut so, da sich sonst leicht Übersättigungsgefühle sowie Frust und Langeweile breit machen.

5.1.3 Planungsbeispiele

Die folgenden Beispiele veranschaulichen Planungsmöglichkeiten und -varianten, die eine wichtige Hilfestellung bei der Abfassung von schriftlichen Arbeiten leisten.

Beispiel 1: Planung einer Bachelorarbeit – wochenweiser Arbeitsplan

Bachelorstudentin, 6. Semester, Germanistik mit Beifach Geschichte.

Thema der Thesis: Thomas Mann: Aspekte des Zeitverständnisses im »Zauberberg«.

◘ Abb. 5.1 zeigt einen möglichen wochenweisen Arbeitsplan.

Um den Überblick über realisierte und noch nicht realisierte Arbeitsziele zu behalten, kann man die nicht »geschafften« Aufgaben rot markieren. Eine andere Möglichkeit besteht darin, von Anfang an sog. Soll-Ist-Pläne (s. unten) zu entwerfen und Aufgaben, die man planungsgemäß erfüllt oder versäumt hat, entsprechend zu markieren.

Beispiel 2: Planung einer Bachelorarbeit – Soll-Ist-Plan

Bachelorstudentin, 6. Semester, Germanistik mit Beifach Geschichte.

Thema der Thesis: Thomas Mann: Aspekte des Zeitverständnisses im «Zauberberg».

In ◘ Abb. 5.2 ist ein möglicher Soll-Ist-Plan wiedergegeben.

Mindestens ein Tag in der Woche sollte frei gehalten und mit angenehmen Aktivitäten oder einfach nur Ausruhen gefüllt werden, um den eigenen »Akku« wieder aufzuladen. Wichtig ist auch der Einbau von Pufferzeiten, denn jeder kann einmal krank werden oder sich plötzlich mit schwerwiegenden Problemen konfrontiert sehen, die ihn daran hindern, konzentriert und effizient zu arbeiten. Bei größeren Abweichungen von der eigenen Planung ergibt sich das Problem, die Pläne trotz eines immer geringer werdenden Zeitbudgets ständig erneuern zu müssen, was sich verständlicherweise zunehmend schwieriger gestaltet. Man tut sich also mit ausgeprägter »Aufschieberitis« oder einem von Anfang an zu hohen Anspruch an die eigene Arbeitskapazität, der notwendigerweise in eine Fehlplanung münden muss, wahrlich keinen Gefallen.

Neben den Wochenplänen sollte man auf jeden Fall zusätzlich Tagespläne erstellen, um eine bessere Kontrolle über den Fortgang der Arbeit zu haben.

Beispiel 3: Planung einer Masterarbeit – Tagesplan

Masterstudent, 4. Semester, Sozialwissenschaften mit Beifach Psychologie

Thema der Thesis: Self Handicapping-Strategien und impliziter Selbstwert

◘ Abb. 5.3 zeigt ein Beispiel für einen Tagesplan.

Ergänzende Planungstipps

Die Länge der einzelnen Arbeitsphasen sollte grundsätzlich analog zur vorhandenen Konzentrationsfähigkeit geplant werden und erreicht mit eineinhalb Stunden am Stück in den meisten Fällen ihr Maximum.

Wer sich jedoch beispielsweise nur 30 Minuten am Stück konzentrieren kann, sollte auch keine längere Arbeitsphase einplanen, sondern die tägliche Arbeitszeit lieber ausdehnen und dabei öfter kleine Pausen machen. Überhaupt haben sich kleine Pausen von wenigen (2–5) Minuten als leistungs- und konzentrationsförderlicher erwiesen als größere Unterbrechungen (> 15–20 Minuten) zwischen den einzelnen Arbeitsphasen.

Das Gehirn erholt sich von einer geistigen Anstrengung sehr viel schneller, als gemeinhin angenommen wird, vorausgesetzt man unterlässt in den Pausen eine größere geistige Anstrengung. Es ist daher nicht sinnvoll, die Pausen mit Schachspielen oder dem Lesen von Tages- oder Wochenzeitungen zuzubringen. Empfehlenswert sind vielmehr Beschäftigungen wie spazieren gehen, sich Tee kochen, etwas Gymnastik machen oder Musik hören. Es ist des Weiteren darauf zu achten, dass die Pausenbeschäftigungen ein sog. natürliches Ende nach 15 bis maximal 20 Minuten haben. Der Spaziergang um den Häuserblock, die vorprogrammierte CD oder das Kochen einer Tasse Tee erfüllen diese Voraussetzung im Allgemeinen – wenn man von einer japanischen Teezeremonie einmal absieht.

Andere Beschäftigungen wie etwa das Fernsehschauen sollte man hingegen eher meiden, weil man selbst aktiv werden muss, um sie zu beenden.

Wer feststellt, dass die geplanten Arbeitsphasen länger sind als die aktuelle Konzentrationsfähigkeit, sollte diese lieber zunächst kürzen und – falls das erforderlich ist – dann in kleinen Schritten von 5–10 Minuten wieder ausweiten.

5.1 · Anforderung: Rahmenbedingungen klären

Aufgabe / Woche	Organisieren	Recherchieren	Lesen und Exzerpieren	Schreiben	Überarbeiten und Fertigstellen
1	Arbeitszeiten, Ort etc. festlegen, mögliche Termine mit Betreuer notieren	Sekundärliteratur, Forschungsergebnisse sammeln und ordnen	Inhalte exzerpieren, Kritik und eigene Hypothesen formulieren		
2	Ordner anlegen, real und virtuell			Mit Schreiben anfangen	
3					
4					
5					
6	Puffer				
7					
8					
9					Ausdruck, Bindung und Abgabe

Abb. 5.1 Entwurf eines wochenweisen Arbeitsplans

Beginn und Ende der einzelnen Arbeitsphasen und Pausen sind möglichst genau einzuhalten, wobei man sich der Weckfunktion des Handys bedienen kann. Aber auch eine einfache Funkuhr, die außerhalb der eigenen Sichtweite deponiert wird, erfüllt diesen Kontrollzweck.

Da man den Schwierigkeitsgrad der einzelnen Schreibziele im Vorhinein oft nicht kennt, ist eher davon abzuraten, sich pro Arbeitsphase eine

Uhrzeit	Montag		Dienstag		Mittwoch	
	Soll	Ist	Soll	Ist	Soll	Ist
08:00 Uhr	Aufstehen, Frühstück	o.k.	Aufstehen, Frühstück	o.k.	...	...
09:00 Uhr	Zauberberg: Mind-Map erstellen	o.k.	Uni: Vorlesung	o.k.	...	...
10:00 Uhr					...	...
11:00 Uhr			Uni: Seminar	o.k.	...	...
12:00 Uhr	Sekundärliteratur recherchieren	o.k.			...	...
13:00 Uhr	Mittagspause	o.k.	Mensa	o.k.	...	...
14:00 Uhr	Spezifische »Zeit-Kapitel« vertieft lesen	o.k.	Bib: Zauberberg: Entwurf Inhaltsverzeichnis	o.k.	...	...
15:00 Uhr			Bib: Bücher einsehen	n.e.	...	...
16:00 Uhr			Kaffeepause mit Kommilitonen	o.k.	...	...
17:00 Uhr	Stadt: Besorgungen	o.k.	Haushalt	o.k.	...	...
18:00 Uhr	Abendessen	o.k.	Abendessen	o.k.	...	...
19:00 Uhr	Bib: Bücher einsehen	n.e.	Mails	o.k.	...	...
20:00 Uhr	Freizeit	o.k.	Fernsehen	o.k.	...	...

Abb. 5.2 Soll-Ist-Plan (*n.e.* nicht erreicht)

Uhrzeit	Aktivität
08:00–09:00 Uhr	Aufstehen, Bad, Frühstücken
09:00–10:00 Uhr	Vorbereitung: Termin mit dem Betreuer
10:15–11:45 Uhr	Diskussion der bisherigen statistischen Ergebnisse mit dem Betreuer
12:00–13:00 Uhr	Cafeteria, zusammen mit anderen
13:15–14:45 Uhr	Weitere statistische Auswertungen
15:00–16:30 Uhr	
16:30–16:45 Uhr	Kaffeepause
16:45–18:15 Uhr	Infos über die neuesten statistischen Verfahren per Internet einholen
18:30–20:30 Uhr	Nach Hause fahren, etwas essen, ausruhen, Mails beantworten, Musik hören
20:30–21:00 Uhr	Freundin abholen, zur Uni fahren
Ab 21:00 Uhr	Fete bei gemeinsamen Freunden

Abb. 5.3 Tageweiser Arbeitsplan – Montag

bestimmte Seitenzahl vorzunehmen, die man entweder lesen, schreiben oder überarbeiten will. Bei erkennbarem Rückstand gegenüber der zuvor geschätzten Gesamtmenge ist es sinnvoller, zusätzliche Arbeitsphasen einzuplanen.

Grundsätzlich sollte der Arbeitsplan flexibel gehandhabt, d. h. immer den gerade vorhandenen eigenen Möglichkeiten angepasst werden.

5.1.4 Arbeitszeiten festlegen

Leistungskurve

Die Konzentrationsfähigkeit der meisten Menschen ist vormittags und dann wieder nachmittags bis in den frühen Abend hinein am höchsten (Abb. 5.4).

Anhand dieser empirisch wiederholt bestätigten Kurve sollte man seine Arbeitszeiten in etwa

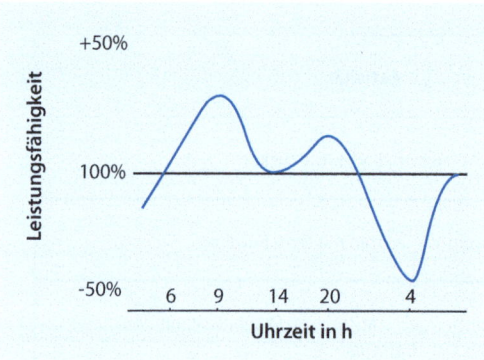

Abb. 5.4 Leistungskurve des Menschen

ausrichten. Es bietet sich also an, vormittags und nachmittags ca. 3–4 Stunden einzuplanen.

Von »Eulen« und »Lerchen«

Nur wenn jemand zu den seltenen Ausnahmen gehört, also entweder eine »Lerche« oder eine »Eule« ist – dies trifft auf etwa 15 Prozent der Menschen zu –, empfiehlt es sich, von dieser Standardterminierung abzuweichen und eine andere Zeiteinteilung vorzunehmen.

Die Biorhythmen von Morgen- und Abendtypen unterscheiden sich aufgrund einer genetischen Anlage (»Uhren-Gen«) nachweislich voneinander und lassen sich nur in Grenzen verändern. Die innere Uhr folgt bei den meisten Menschen einem 24-Stunden-Rhythmus, bei den »Eulen« hingegen sind es ca. 25 Stunden und bei den »Lerchen« nur etwa 23 Stunden. Auch die Abfolge der einzelnen Schlafphasen ist eine etwas andere. »Lerchen« sind schon bei Tagesanbruch leicht zu wecken und sofort ansprechbar, für »Eulen« trifft das Gegenteil zu.

Den Morgentypen ist zu empfehlen, zwischen 7 und 8 Uhr mit der Arbeit zu beginnen – sie haben dann ihre kreative Hochphase – und ihr Pensum in den frühen Abendstunden zu beenden. Abendtypen sollten sich hingegen nicht vor 10 oder 11 Uhr mit ihrer schriftlichen Arbeit beschäftigen – ihre kreative Hochphase beginnt erst am späten Vormittag – und die letzte Arbeitsphase ruhig bis ca. 22 Uhr ausdehnen.

Feste Arbeitszeiten einhalten

Feste Arbeitszeiten sind wichtig, um der Gefahr, in einen Schlendrian zu verfallen und kostbare Zeit zu vertrödeln, vorzubeugen.

Unmittelbar nach der Absprache und Anmeldung des Themas der Abschlussarbeit hat man z. B. leicht den Eindruck, noch über sehr viel Zeit zu verfügen und daher erst einmal dem süßen Nichtstun frönen zu können – ein Irrtum, denn die Wochen, welche insgesamt für die Abfassung solcher Arbeiten zur Verfügung stehen, sind in der Regel eher knapp als üppig bemessen. Es heißt daher, sich zu sputen.

Dabei hilft es, die Fertigstellung der Bachelor- oder Masterarbeit als normalen Job zu betrachten, dem man zu bestimmten Zeiten nachgehen muss, ohne jederzeit nach Lust und Laune »aussteigen« zu können. Auf diese Weise kann das Prinzip der sog. Habituation seine Wirkung entfalten. Es fällt uns Menschen normalerweise leichter, einer (auch ungeliebten) Tätigkeit nachzugehen, wenn wir sie zu bestimmten Zeiten gewohnheitsmäßig ausführen.

5.1.5 Arbeitsort festlegen

Bevor man in den Schreibprozess eintritt, sollte man festlegen, wo man sein Werk verfassen will.

Studentenzimmer/-wohnung

Der geeignetste Ort ist der Raum, der die wenigsten Ablenkungsmöglichkeiten bereit hält und in dem es einem am leichtesten fällt, sich mit der Arbeit auseinanderzusetzen. Erfahrungsgemäß ist es für Studierende, denen das Schreiben nicht so leicht von der Hand geht, aufgrund der vielen alternativen Beschäftigungsmöglichkeiten vergleichsweise schwierig, zu Hause zu arbeiten.

Dort wartet der Abwasch darauf, endlich erledigt zu werden. Die Fensterscheiben sind dringend zu putzen, um das Tageslicht wieder einzulassen, und die Mails sollten mindestens einmal pro Stunde abgefragt werden, damit man seine Freunde nicht vergrault. Absolventinnen und Absolventen, die in einer WG leben, sind noch ungleich mehr Verführungen ausgesetzt – gemeinsame Kochabende, eine Mitbewohnerin mit Liebeskummer, die man trösten will, ein Kommilitone mit Statistikproblemen, der einen um Nachhilfe bittet usw.

Fluchtpunkt Bibliothek
Unter alternativen Arbeitsorten sind vor allem die Bibliotheken zu nennen, die mittlerweile fast alle über Notebook-Anschlüsse und zum Teil auch abschließbare Einzelarbeitsplätze mit Internetzugang verfügen, welche man zu studentenverträglichen Preisen mieten kann. Meist befindet sich auch eine Mensa und/oder Cafeteria in der Nähe, sodass man sich das Kochen oder das Auftauen von Pizzen ersparen kann.

Vielen Studierenden gelingt das Arbeiten in Bibliotheken sehr gut, denn die dort herrschende Arbeitsatmosphäre wirkt disziplinierend und motivierend.

Einige Studierende fühlen sich in Bibliotheken jedoch nicht wohl und lassen sich auch durch fleißige Mitstudenten nicht zum Schreiben animieren. Sie träumen, blicken aus dem Fenster und entdecken plötzlich ihre Liebe zu anderen Fachbereichen, holen sich beispielsweise aus dem Nebenraum den Roman «Stolz und Vorurteil», obwohl das Thema ihrer Bachelorarbeit «Internationale Finanzmärkte und deren Krisen» lautet.

Zurück ins Kinderzimmer
Manche Studenten fassen den Entschluss, zum Schreiben ihrer Arbeit wieder zu den Eltern zu ziehen und diese zu bitten, sie ein wenig zu »überwachen«.

Ein Vorteil dieser Strategie besteht darin, dass man sich im »Hotel Mama« nicht um so lästige Dinge wie Waschen, Kochen, Putzen kümmern muss.

Nachteilig ist diese Strategie allerdings, wenn noch viele alte Freunde und Bekannte am Ort wohnen, die ständig vorbeischauen oder sich mit einem treffen wollen.

Wenn alle Stricke reißen
Sofern man sich nicht sicher ist, wo man am besten arbeiten kann, sollte man die einzelnen Alternativen in der Praxis testen. Es ist auch möglich, verschiedene Arbeitsgänge wie Literaturrecherche, Exzerpieren, Formulieren usw. an mehrere Räume zu binden. Dies hat den Vorteil, dass etwas Abwechslung den Tagesablauf anreichert, was dem Schreibprozess förderlich ist. Wenn man an einem Tag zwischen zwei Orten wechselt, kann man die Wege als erholsame kleine Auszeiten bewerten.

Sollte dir keiner dieser Tipps weiterhelfen, rate ich dir, dich an eine Beratungsstelle zu wenden. Diese Einrichtungen bieten nicht nur Counseling und Coaching bei Schreibblockaden an, sondern stellen Studierenden manchmal auch stundenweise einen Raum zur Abfassung schriftlicher Arbeiten zur Verfügung (▶ Abschn. 9.2.17).

5.1.6 Gestaltung des Arbeitsplatzes

Auch die Gestaltung des Arbeitsplatzes trägt zur Effizienz oder Ineffizienz des Schreibens bei. Grundsätzlich sollte man den Arbeitsbereich deutlich von allen übrigen Wohnbereichen trennen. Ideal ist somit ein eigenes Arbeitszimmer. Da dies nur den wenigsten Studierenden zur Verfügung steht, sollte man zumindest den Arbeitsbereich vom Wohnbereich abtrennen, z. B. durch eine leicht transportable Trennwand, die man für wenig Geld erstehen kann. Sollte das Zimmer auch für diese Variante zu klein sein, ist zumindest dafür zu sorgen, dass auf dem Arbeitsplatz – also Schreibtisch, Schreibtischstuhl, Aufbewahrungselemente, Arbeitsflächen usw. – nur Arbeitsmaterialien deponiert werden.

Der Arbeitsstuhl sollte dabei nach ergonomischen Kriterien gestaltet sein. Verspannungen kann man vorbeugen, indem man in regelmäßigen Abständen einen Haltungswechsel tätigt und sich für die Pausen einfache gymnastische Übungen vornimmt.

> **Achtung!**
> - Am Arbeitsplatz nichts tun außer arbeiten
> - Nichts außer Arbeitsmaterialien auf den Schreibtisch legen
> - Lärm und sonstige Störungen von außen vermeiden
> - Für ausreichend Licht und Belüftung sorgen
> - Den Arbeitsraum nicht überheizen

Um effizient zu arbeiten, ist es außerdem wichtig, Störeinflüsse am Arbeitsplatz zu eliminieren.

Tab. 5.1 Direkte Unterbrechung geistiger Arbeit durch Störfaktoren am Arbeitsplatz

Im Bewusstsein	Im Randbewusstsein		
	Akustische	Visuelle	Klimatische
Besuche Telefonanrufe Besorgungen Sonstige persönliche Handlungen	Musik Unterhaltung Sonstiger anderer Lärm	Beleuchtungsfehler Bewegte Personen Dinge im Umfeld (z. B. persönliche Gegenstände, Illustrierte, Fotos, Souvenirs)	Zu hohe Temperatur Zu niedrige Temperatur Zugluft

Tab. 5.1 gibt einen Überblick über die wichtigsten Störfaktoren:

Die Häufigkeit der Beeinträchtigungen sieht prozentual wie folgt aus:
- Lärm und Störungen: 60–80%,
- Wärme: 40–50%,
- Unzureichendes Licht: 40–50%,
- Sitzhaltung: 20–40%.

5.1.7 Allein oder Tandem?

Dass ein funktionierendes soziales Netzwerk in jeglicher Hinsicht heilsame Wirkungen hat, muss wohl nicht weiter erläutert werden. Vor allem in Stresszeiten sind verständnisvolle Freunde oder Eltern, die sich geduldig über einen langen Zeitraum hinweg gebetsmühlenartig wiederholte Klagen anhören, von nicht zu unterschätzender Bedeutung.

Ein Problem kann dabei allerdings sein, dass diese wichtigen Helfer meist auf einem anderen oder auch gar keinem Studienstern leben und daher – so empfindet es jedenfalls so mancher gepeinigte Student – eigentlich »keine Ahnung« haben, welche Höllenqualen er beim Abfassen der Abschlussarbeit gerade ausstehen muss.

Es ist für die Förderung der Schreibmotivation und damit auch den Fortgang einer schriftlichen Arbeit außerordentlich hilfreich, sich mit befreundeten oder doch gut bekannten Kommilitonen zusammenzuschließen, die ebenfalls mit einem Schreibprojekt befasst sind.

Man kann Frust ablassen, die Kaffeepausen gemeinsam verbringen und sich, was ein ganz wichtiges Moment ist, auch ein wenig gegenseitig kontrollieren, indem man feste Arbeitszeiten in der Bib

Abb. 5.5 Der Geist ist willig, doch das Fleisch ist schwach!

vereinbart und dabei bisweilen einen Blick über die Schulter riskiert um nachzuschauen, was der Leidensgenosse gerade so treibt (Abb. 5.5).

Besonders hilfreich ist es, wenn der Kommilitone dasselbe Fach studiert, denn dann kann man überdies ein wenig fachsimpeln und erhält vielleicht sogar manchen klugen Rat.

Das Ganze funktioniert natürlich nur, wenn der Tandem-Partner sympathisch, motiviert und einigermaßen zuverlässig ist. Um Kommilitonen, die dich morgens mit Kommentaren wie: »Was, du hast gestern nur drei Seiten geschrieben?« empfangen oder gar nicht erst erscheinen, weil sie das warme Bett dem harten Bibliotheksstuhl vorziehen, solltest du einen großen Bogen machen. Es ist nicht deine Aufgabe, Projektionsfläche für die Überlegenheitswünsche anderer zu sein oder den Animateur zu spielen.

5.1.8 Belohnungen

Alltägliche Highlights, kleinere und größere »Belohnungen«, in der Verhaltenstherapie »positive Verstärker« oder »Incentives« genannt, weil sie ein erwünschtes Verhalten – in deinem Fall das Schreiben – »verstärken«, indem sie seine Auftretenswahrscheinlichkeit erhöhen, sind wichtige Motivatoren, die dazu beitragen, Lebensqualität und Lebensfreude auch in Stressperioden aufrecht zu erhalten. Solche Incentives sind außerdem geeignet, Stress abzubauen, sodass der Akku wieder aufgeladen wird.

Kleine Belohnung

Schreiben ist ein anstrengender Prozess, der sich über einen langen Zeitraum erstreckt und dabei Ausdauer und Beharrlichkeit erfordert. Deshalb ist es sinnvoll, sich in der »heißen« Schreibphase jeden Tag eine kleine Belohnung zu gönnen – z. B. einen Capuccino im Café nebenan –, die sich problemlos in den Tagesablauf einbauen lässt und nicht mehr Zeit als höchstens 20 Minuten verschlingt.

Falls es dir schwer fällt zu entscheiden, welche »positiven Verstärker« für dich persönlich mit dem höchsten Belohnungswert verbunden sind, kann dir die folgende Liste helfen. Bitte notiere hinter jeder Aktivität, ob sie für dich »sehr angenehm«, »angenehm«, »weder noch« oder »unangenehm« ist. Das gilt auch für Aktivitäten, die du noch nicht ausgeführt hast. Lege dann eine Liste der Aktivitäten an, die du mit »sehr angenehm« bewertet hast!

> **Liste angenehmer Aktivitäten (Kurzversion) (Hautzinger u. Petermann, 2003, mit freundlicher Genehmigung)**
> 1. Ins Grüne fahren
> 2. Modische oder exklusive Kleidung tragen
> 3. Für einen guten Zweck spenden
> 4. Sich über Sport unterhalten
> 5. Eine neue Bekanntschaft machen
> 6. Zu einem Konzert gehen
> 7. Federball/Badminton/Squash spielen
> 8. Ausflüge oder Urlaubsfahrten planen
> 9. Für sich selbst Dinge einkaufen
> 10. Sich künstlerisch betätigen (Zeichnen, Filme drehen, Bildhauerei usw.)
> 11. Kletterfahrten oder Bergtouren machen
> 12. Die Bibel oder andere religiöse Schriften lesen
> 13. Golf oder Minigolf spielen
> 14. Zimmer oder Haus auf- oder umräumen
> 15. Zu einer Sportveranstaltung gehen
> 16. In ein Lokal gehen
> 17. Zu einer Rennveranstaltung gehen (Pferde-, Auto-, Bootsrennen usw.)
> 18. Tipps und Ratschläge zur Selbsthilfe lesen
> 19. Romane, Erzählungen, Theaterstücke oder Gedichte lesen
> 20. Zu Vorträgen gehen
> 21. Autofahren
> 22. Eine Sache klipp und klar sagen
> 23. Segeln, Motorboot oder Kanu fahren
> 24. Antiquitäten restaurieren, Möbel aufarbeiten
> 25. Fernsehen
> 26. Zelten
> 27. Sich politisch betätigen
> 28. An technischen Dingen arbeiten (Autos, Fahrräder, Motorräder, Hausgeräte usw.)
> 29. Positive Zukunftspläne schmieden
> 30. Karten spielen
> 31. Eine schwierige Aufgabe meistern
> 32. Puzzle, Kreuzworträtsel usw. lösen
> 33. Mit Freunden oder Bekannten zusammen essen
> 34. Tennis spielen
> 35. Eine Dusche nehmen
> 36. Lange Strecken fahren
> 37. Holz- oder Schreinerarbeiten ausführen
> 38. Romane, Erzählungen, Theaterstücke oder Gedichte schreiben
> 39. Sich mit Tieren beschäftigen
> 40. Erkundungsgänge machen (von gewohnten Straßen abweichen, unbekannte Gegenden erforschen usw.)
> 41. Eine offene und ehrliche Unterhaltung führen
> 42. In einem Chor singen

43. Über sich selbst oder seine Probleme nachdenken
44. Sich beruflich engagieren
45. Zu einer Party gehen
46. Eine Fremdsprache sprechen
47. Zu kirchlichen Veranstaltungen gehen (Vorträge, Bazare usw.)
48. Zu Versammlungen von gemeinnützigen oder sozialen Vereinen gehen
49. An einer Tagung teilnehmen
50. Ein Musikinstrument spielen
51. Skilaufen
52. Leger gekleidet sein
53. Sein Haar kämmen oder bürsten
54. Schauspielerisch tätig sein
55. Ein Nickerchen machen
56. Mit Freunden zusammen sein
57. Lebensmittel einmachen, einfrieren, Vorräte anlegen
58. Ein Bad nehmen
59. Vor sich hin singen
60. Billard spielen
61. Schach oder Dame spielen
62. Mit künstlerischen Materialien arbeiten (Ton, Leder, Perlen usw.)
63. Zirkus oder Zoo besuchen
64. Make-up auflegen, sein Haar richten usw.
65. Etwas entwerfen oder zeichnen
66. Bowling spielen gehen
67. Tiere beobachten
68. Gartenarbeiten verrichten
69. Fachliteratur oder Sachbuch lesen
70. Neue Kleidung tragen
71. Tanzen
72. In der Sonne sitzen
73. Motorrad fahren
74. Nur so herumsitzen und nachdenken
75. Einen Vergnügungspark besuchen
76. Sich über Philosophie oder Religion unterhalten
77. Etwas planen oder organisieren
78. Den Geräuschen in der freien Natur zuhören
79. Verabredungen treffen
80. Eine lebhafte Unterhaltung führen
81. Radio hören
82. Besuch von Freunden bekommen
83. An einem sportlichen Wettbewerb teilnehmen
84. Geschenke machen
85. Zu Gerichtsverhandlungen gehen
86. Massiert werden
87. Briefe erhalten
88. Den Himmel, die Wolken oder den Sturm beobachten
89. Sich im Freien aufhalten (Garten, Park, Picknick, Grillen usw.)
90. Basketball oder Volleyball spielen
91. Seiner Familie etwas kaufen
92. Fotografieren
93. Landkarten studieren
94. Dinge aus der Natur sammeln (Steine, Holz, Pilze usw.)
95. Seine finanziellen Angelegenheiten regeln
96. Saubere Kleidung tragen
97. Eine Anschaffung oder Investition tätigen (Auto, Geräte, Hausgegenstände usw.)
98. Jemandem helfen
99. Sich um eine neue Arbeit bewerben
100. Witze anhören
101. Gut essen
102. Etwas für seine Gesundheit tun (die Zähne in Ordnung bringen lassen, Ernährung umstellen usw.)
103. In der Stadt herum bummeln
104. Ringen oder boxen
105. Schießsport betreiben
106. In einer Musikgruppe mitspielen
107. Wandern
108. Ein Museum oder eine Ausstellung besuchen
109. Tagebuch schreiben
110. Eine Aufgabe gut ausführen
111. Angeln gehen
112. Etwas verleihen
113. Jemanden beraten
114. In ein Fitness-Center, eine Sauna usw. gehen
115. Etwas Neues lernen
116. Jemandem Komplimente machen oder ihn loben
117. Über Leute nachdenken, die man mag
118. Reiten

5.1 • Anforderung: Rahmenbedingungen klären

119. Telefongespräche führen
120. Tagträumen
121. Ins Kino gehen
122. Küssen
123. Allein sein
124. Essen kochen
125. An einem Treffen oder einer Feier der Familie teilnehmen
126. Seine Haare waschen
127. Eine Blume oder Pflanze sehen oder riechen
128. Parfüm benutzen
129. In Erinnerungen schwelgen, von früheren Zeiten sprechen
130. Morgens früh aufstehen
131. Ruhe finden
132. Freunde besuchen
133. Beten
134. Jemanden massieren
135. Meditation oder Yoga betreiben
136. Mit Arbeits- oder Klassenkameraden sprechen
137. Sich entspannen
138. Über anderer Leute Probleme nachdenken
139. Gesellschaftsspiele spielen
140. Zeitung lesen
141. Tischtennis spielen
142. Laufen, Jogging, Gymnastik betreiben
143. Barfuß laufen
144. Ein Wurfspiel spielen
145. Musik hören
146. Sexuelle Befriedigung haben
147. Stricken, Häkeln, Sticken oder Nähen
148. Schmusen
149. Leute erheitern
150. Zum Frisör oder zur Kosmetikerin gehen
151. Gäste im Haus haben
152. Mit jemandem zusammensein, den man mag
153. Zeitschriften lesen
154. Ausschlafen
155. Ein neues Vorhaben beginnen
156. Diskutieren
157. In eine Bibliothek gehen
158. Fußball oder Handball spielen
159. Ein neues oder spezielles Gericht zubereiten
160. Vögel beobachten
161. Einen Einkaufsbummel machen
162. Leute beobachten
163. Etwas verkaufen oder mit etwas handeln
164. Ein Vorhaben oder eine Aufgabe zu Ende bringen
165. Gegenstände reparieren
166. Radfahren
167. Über Politik oder öffentliche Angelegenheiten reden
168. Um Hilfe oder Ratschläge bitten
169. Über sein Hobbys oder spezielle Interessengebiete reden
170. Mit seinem Partner zusammen sein
171. Sich um Zimmerpflanzen kümmern
172. Mit Freunden Kaffee, Tee trinken
173. Einen Spaziergang machen
174. Verschiedene Dinge sammeln
175. Mit Kindern gemeinsam etwas unternehmen
176. Etwas Schönes unternehmen
177. Zu Auktionen, Versteigerungen usw. gehen
178. Über eine interessante Frage nachdenken
179. Freiwillige Arbeit tun, an gemeinnützigen Projekten mitarbeiten
180. Wasserski, Surfen, Tauchen
181. Cartoons, Comic-Hefte lesen
182. An einer Gruppenreise teilnehmen
183. Alte Freunde wiedertreffen
184. Reisen
185. Ein Konzert, eine Opern- oder Ballettaufführung besuchen
186. Mit Haustieren spielen
187. Ein Theaterstück besuchen
188. Die Sterne oder den Mond betrachten
189. Faulenzen
190. Computerspiele spielen
191. Fotos oder Dias ansehen
192. Ausgiebig frühstücken
193. Kurse an der Volkshochschule besuchen
194. Gottesdienst besuchen
195. Auf Volksfeste gehen
196. Blumen kaufen
197. Abends lange aufbleiben
198. Videofilme ansehen

Aufgabe: Fülle die schematische Belohnungsliste aus!

Menschen:

Nenne zwei Personen, mit denen du mehr Zeit verbringen möchtest.

1. ....
2. ....

Orte:

Notiere zwei Orte, an denen du mehr Zeit verbringen möchtest.

1. ....
2. ....

Gegenstände:

Notiere zwei Gegenstände, die du nicht besitzt, aber sehr gerne hättest und dir prinzipiell leisten kannst.

1. ....
2. ....

Aktivitäten:

Nenne zwei Aktivitäten, denen du dich häufiger als zurzeit widmen möchtest.

1. ....
2. ....

Wähle nun aus allen genannten Bereichen die drei Belohnungen aus, die für dich am stärksten sind!

1. ....
2. ....
3. ....

◘ Abb. 5.6 Schematische Belohnungsliste

Mittlere Belohnung

Nach dem Abschluss einer Arbeitsphase bzw. der sorgfältigen Lektüre des jeweiligen Kapitels hast du dir keine kleine, auch nicht die ultimative, aber eine mittlere Belohnung verdient.

Mittlere Belohnungen sind z. B.
− Städtereise am Wochenende,
− zwei Tage abhängen mit Fernseher und PC,
− etwas kaufen, wofür du länger sparen musstest,
− mit Freunden um die Häuser ziehen und am anderen Tag bis in die Puppen schlafen.

Du kannst dich auch an der schematischen Belohnungsliste orientieren und so die passenden »Verstärker« finden (◘ Abb. 5.6).

Große Belohnung

Und am Ende deiner Arbeit sollte natürlich der große, ultimative »Verstärker« stehen. Es kann sinnvoll sein, die Wichtigkeit der Thesis und das Ausmaß deines persönlichen Einsatzes den Eltern gegenüber von Anfang an in geeigneter Weise zu betonen, sodass sie nach Vollendung des Werks gewillt sind, die Spendierhosen anzuziehen.

5.2 · Probleme und Lösungen

Abb. 5.7 Snowboarding als ultimative Belohnung. (© Shutterstock, mit freundlicher Genehmigung)

Warum aber am Ende noch eine große Belohnung, obwohl du dich vielleicht in Zukunft nicht mehr zum Schreiben motivieren musst? Erstens kann noch ein weiteres Schreibprojekt auf dich zukommen, z. B. die Master- oder Doktorarbeit, und zweitens lernst du auf diese Weise, mit dir selbst freundschaftlicher umzugehen und damit dein Selbstwertgefühl und deine Lebenszufriedenheit zu steigern.

Eine ultimative Belohnung können für Winterfans z. B. 14 Tage auf dem Snowboard in St. Moritz und für Sonnenanbeter ein Urlaub auf den Malediven sein (◘ Abb. 5.7). Ein mächtiger »Verstärker« mag aber auch darin bestehen, fern von der Uni in einem ganz anderen Bereich zu jobben und dabei etwas Geld zu verdienen.

> **Achtung!**
> Man belohnt sich natürlich nur, wenn man seine kurz-, mittel- und langfristigen Arbeitsziele zu mindestens 90 Prozent erreicht hat. Ist das nicht der Fall, sollte man auch den »Verstärker« entziehen. Auch Bestrafungen wirken verändernd, indem sie unerwünschtes Verhalten, in deinem Fall Träumen, Bummeln, freudiges Begrüßen von Ablenkungen usw., reduzieren können.

5.2 Probleme und Lösungen

Nehmen wir an, du hast mittlerweile alle Anregungen beherzigt, deine Arbeitsorte und -zeiten bestimmt, bereits einen vorläufigen Arbeitsplan erstellt und den Schreibtisch picobello aufgeräumt, sodass dem Projekt Abschlussarbeit eigentlich nichts mehr im Weg steht. Aber: Rechne immer mit den Unwägbarkeiten des Lebens, die dir zum Stolperstein werden können, und nimm diese vor dem Start vorsorglich ins Visier.

5.2.1 Unvorhergesehene Lebensereignisse

Unvorhergesehene Lebensereignisse sind ein Störfaktor par excellence und können ganz unterschiedlicher Art sein. Der ideale Arbeitsort geht verloren, weil die Bibliothek umgebaut wird und daher für Wochen geschlossen bleibt. Dein Tandem-Partner entschließt sich völlig überraschend, das Studium aufzugeben, sodass du nun alleine weiterarbeiten musst. Obwohl du eine typische »Lerche« bist, leidest du plötzlich in den frühen Morgenstunden unter großer Müdigkeit, und der Arzt stellt Eisenmangel sowie eine Schilddrüsenunterfunktion fest.

Solche Ereignisse, die sowohl von außen als auch von innen an dich herangetragen werden können, nennt man im Englischen »*critical life events*« oder – bei geringer Ausprägung – »*daily hassles*«. Diese Events können Highlights und mächtige Stimmungsaufheller sein – du triffst z. B. nach langer Zeit deinen heimlichen Schwarm wieder, und es funkt ganz gewaltig zwischen euch – oder aber äußerst verstörend und depressiogen wirken – du hast einen Autocrash und ziehst dir mehrere komplizierte Knochenbrüche zu, die Monate brauchen, um auszuheilen.

Beide Ereignisklassen, die positiven wie die negativen, sind geeignet, die Planung und Durchführung deiner schriftlichen Arbeit ganz schön durcheinanderzuwirbeln. Du wunderst dich vielleicht, dass hier kein Unterschied zwischen erfreulichen und unerfreulichen Ereignissen vorgenommen wird. Darauf wird verzichtet, da die Stressforschung nachweisen konnte, dass alle Veränderungen, die das Leben aus den Fugen geraten lassen, die Psyche belasten und erhebliche Anpassungsleistungen erfordern.

Ist man von einem niederschmetternden Ereignis betroffen, schließen sich oft negativ verzerrte Grübeleien und Schlafstörungen an, die sich nachteilig auf die Arbeitsleistung auswirken. Handelt es sich hingegen um eine höchst beglückende Erfahrung, kann es sein, dass Konzentrationsfähigkeit und Motivation erheblich absinken. Du schwelgst vielleicht in seligen Tagträumen und schwebst gedanklich in höheren Sphären, die nichts mehr mit den Banalitäten einer Bachelor- oder Masterarbeit zu tun haben. Auch in diesem Fall wird deine Thesis kaum Fortschritte machen.

Lasse dich nicht von Amors Pfeil treffen!
Während der Abfassung einer umfangreichen schriftlichen Arbeit sollte man sich möglichst nicht verlieben, denn vom Standpunkt der wissenschaftlichen Psychologie aus lässt sich Verliebtheit als eine ernsthafte psychische Störung, eine Art Geistesverwirrung, begreifen, die einen keinen klaren Gedanken mehr fassen lässt.

» Verliebtheit ist aus psychologischer Sicht der Zustand einer beträchtlichen psychopathologischen Wahrnehmungseintrübung, verbunden mit einer partiellen Einschränkung der Urteilsfähigkeit, einem beängstigenden Mangel an Konzentrationsfähigkeit […]. Das klinische Bild der Verliebtheit würde in jeder anderen Lebensphase, in der eine Verliebtheit anamnestisch ausgeschlossen werden kann, als indikativ für eine Psychotherapie gewertet (Prof. Dr. Jochen Jordan, mit freundlicher Genehmigung. Vortrag »Sitz der Seele ist das Herz. Psychologische Aspekte von Herzerkrankungen. 2 Das pubertierende Herz« am 26.5.2003 im Rahmen der Ringvorlesung »Das Herz: Organ des Körpers – Sitz der Seele«, Studium generale, Universität Mainz; http://www.studgen.uni-mainz.de/sose03/schwerp3/expose/jordan.htm). «

5.2.2 Flexibilität und Gelassenheit

Um mit den Unwägbarkeiten des Lebens umzugehen, sind zwei Dinge wichtig:
1. Flexibilität,
2. Gelassenheit.

Flexibilität meint, schon in der Planungsphase gedanklich mögliche Schwierigkeiten vorwegzunehmen und selbst für den Fall der Fälle, den »*worst case*« – das Scheitern der Arbeit –, Auswege parat zu haben.

Man sollte von Anfang an einen Plan B und einen Plan C erstellen, also konkrete Alternativen formulieren für den Fall, dass die Thesis in den Sand gesetzt wird. Alternative A nimmt dabei Rangplatz 1 ein, Alternative B Rangplatz 2.

Erfolgreiche Menschen sind nach Aussage der Diplompsychologin Gabriele Oettingen (1997) eher Skeptiker, die mit einem Gutteil Pessimismus an Aufgaben herangehen, ohne dabei jedoch ihre Ziele aus den Augen zu verlieren. Dieses »mentale Kontrastieren« bezieht sich sowohl auf das eigene Leistungsvermögen als auch auf Barrieren, die andere errichten können. Eine derart realistische Sicht der Dinge heißt aber, im Vergleich zu naiven Optimisten viel besser für unvorhergesehene kleinere und größere Katastrophen gewappnet zu sein.

Zu Gelassenheit ist schwerer zu gelangen als zu Flexibilität, da hier auch vererbte Temperamentsfaktoren eine Rolle spielen, die weniger beeinflussbar sind. Hilfreich ist aber in jedem Fall, sich immer wieder bewusst zu machen, dass auch negative Ausgänge, scheinbares oder reales Scheitern, etwas Positives haben, selbst wenn sich diese positiven Konsequenzen, wie im nachfolgenden Beispiel, oft erst zeitlich versetzt herausstellen.

Glück im Unglück – Unglück im Glück
In einer bekannten, die Philosophie des Taoismus atmenden chinesischen Parabel aus dem 2. Jahrhundert vor Christus geht es um die Vieldeutigkeit von Glück und Unglück:

Ein alter Mann lebte zusammen mit seinem Sohn in China. Eines Tages entlief ihnen ihr Pferd. Die Nachbarn kamen, um ihr Mitgefühl auszudrücken, aber der Vater lächelte nur still und meinte: »Wer weiß, ob es wirklich ein so großes Unglück ist?«

Und siehe da, eines Tages stand das Pferd wieder vor ihrer Tür, aber es war nicht allein, sondern hatte mehrere edle Wildpferde mitgebracht. Und erneut kamen die Nachbarn, um sich mit Vater und Sohn zu freuen. Aber der alte Mann seufzte nur und wandte ein: »Wer weiß, ob das tatsächlich ein großes Glück ist?«

Der Sohn, ein begeisterter Reiter, schwang sich in den Sattel und ritt die Pferde, aber er stürzte und brach sich ein Bein. Die Nachbarn waren entsetzt und beklagten das Unglück. Nur der Vater blieb gelassen und sagte: »Wer weiß, ob sich dieses Unglück am Ende nicht als großes Glück erweist?«

Wenig später brach Krieg aus. Alle waffenfähigen Männer wurden eingezogen und viele getötet. Der Sohn des Alten aber blieb wegen seines gebrochenen Beines verschont. Er und sein Vater überlebten die Kriegshandlungen und führten danach ihr Leben in Zufriedenheit und Dankbarkeit weiter.

Auch in der Gegenwart gibt es viele Beispiele, die bezeugen, dass sich scheinbares Pech später als Chance entpuppen kann:

Fallbeispiel: Bachelor-Thesis im Fach Sozialarbeit
Martha R. suchte sich das Thema »Aggressives Verhalten bei Kindern im Vorschulalter« aus, weil ihr die Dozentin, die es ausgeschrieben hatte, sehr sympathisch war. Von ihr wurde allgemein berichtet, dass die Betreuung vorbildlich sei und man leicht eine gute Note erhalte. Das war Martha wichtig, denn sie schrieb nicht gerne wissenschaftliche Arbeiten.

Inhaltlich interessierte sie das Thema wenig, da sie später mit drogenabhängigen Jugendlichen arbeiten wollte und in einer entsprechenden Einrichtung auch ihr Anerkennungspraktikum absolviert hatte.

Die ersten Wochen ließen sich gut an, dann erkrankte die Betreuerin schwer und sah sich mit einem mehrwöchigen Krankenhausaufenthalt und einer nachfolgenden Reha-Maßnahme konfrontiert.

Martha musste schließlich ihr Thema zurückgeben und setzte sich mit der Einrichtung für drogenabhängige Jugendliche in Verbindung, um mit der Leiterin und einem Dozenten, der sich auf diesen Problembereich spezialisiert hatte, ein neues zu finden. Der Methodenteil sah ausführliche Interviews mit den betroffenen Jugendlichen vor, und Martha war bald mit sehr viel mehr Engagement bei der Sache, als sie für die erste Thesis je hatte aufbringen können.

Ein weiterer Weg, um zu mehr Gelassenheit zu gelangen, besteht darin, ein Entspannungsverfahren zu erlernen, auf das man auch in späteren, bewegten Zeiten des Lebens zurückgreifen kann.

Anerkannte Entspannungsverfahren sind beispielsweise:
- Autogenes Training (AT),
- Progressive Muskelentspannung nach Jacobson (PME),
- Yoga.

Während die Wirkung des AT über die menschliche Vorstellungskraft erfolgt, geschieht dies bei PME und Yoga über die Wahrnehmung körperlicher Veränderungen. Das Erlernen der Yoga-Übungen wird dabei manchmal mit der Vermittlung östlicher Lebensphilosophien verbunden. Es ist ratsam, sich mit den Verfahren ein wenig vertraut zu machen und sich dann für eine Methode zu entscheiden.

Entspannungsverfahren sollte man in einem Kurs mit einem qualifizierten Leiter erlernen. Entsprechende Kurse bieten z. B. die Volkshochschulen oder Sportinstitute der Hochschulen oder die Beratungsstellen für Studierende an.

> **Achtung!**
> **Bevor man sich für ein Entspannungsverfahren entscheidet, sollten mögliche Kontraindikationen beachtet werden, die sowohl für AT als auch für PME, Meditation und Yoga bekannt sind. Bitte informiere dich vor Aufnahme eines Trainings darüber und halte bei Verdacht auf Gegenanzeigen unbedingt Rücksprache mit einem Arzt!**

5.2.3 Unrealisierbare Planungen

Ein weiterer Störfaktor mag darin bestehen, dass sich auch eine noch so wohlüberlegte, fundierte Planung einer wissenschaftlichen Arbeit manchmal als Makulatur erweist. Dies kann außerhalb des Einflusses kritischer Lebensereignisse verschiedenen anderen Faktoren zugeschrieben werden.

Ein Ursachenbündel ist mit Bedingungen im Umfeld der Arbeit verknüpft, ein anderes hängt primär mit der Person des Studierenden zusammen, wobei sich beide Störungsquellen natürlich überlappen oder nebeneinander bestehen können.

Dass Pläne, die einem selbst als sinnvoll und machbar erscheinen, schließlich verworfen werden müssen, kann weitreichende Konsequenzen haben, vor allem was die Motivation anbelangt. Es ist außerordentlich frustrierend, eine Planung immer wieder zu verändern und die Terminierungen bei einem stetig knapper werdenden Zeitbudget wiederholt enger zu schnüren. Es lohnt sich also, schon im Vorhinein darüber nachzudenken, welche Störfälle es im einzelnen geben kann und wie man ihnen begegnen will.

Externale Störfaktoren

Unter diesem Punkt sind Verzögerungen und Schwierigkeiten zu subsumieren, die sich mehr oder weniger unbeeinflussbar über deinem Kopf zusammenbrauen. Eine Beeinträchtigung stellt z. B. bei theoretischen Arbeiten die Erfahrung dar, dass sich die Beschaffung zentraler Bücher beträchtlich verzögern kann und damit der Fortgang der Arbeit erheblich blockiert wird.

Bei empirischen Arbeiten erweisen sich Versuchspersonen manchmal als höchst unzuverlässig, indem sie Fragebogen nicht ausfüllen und/oder zurücksenden, den vereinbarten Interview-Termin versäumen usw. Bei naturwissenschaftlichen Experimenten kann die Qualität der Messgeräte eingeschränkt sein, oder es können sich Beobachtungsfehler einschleichen.

Es kann sich auch herausstellen, dass sich die Fragestellung als zu komplex erweist, indem du z. B. Werke aus Nachbardisziplinen heranziehen musst, die sich deinem Verständnis entziehen.

Zu einer von dir nicht gewünschten Aufblähung deines Werks kann es kommen, wenn dein Betreuer auch persönlich an dem Thema interessiert ist, sich vielleicht sogar darüber habilitieren und die Ergebnisse deiner Recherchen seinen eigenen Studien integrieren möchte. Diese Konstellation bedeutet unter Umständen, dass von dir ständig Ergänzungen und Überarbeitungen gefordert werden, die mit einem deutlich erhöhten Arbeitsaufwand einhergehen.

Damit wären wir bei dem Thema Betreuer angelangt: Es gibt unter ihnen großartige Hochschullehrerinnen und -lehrer, die mit innerer Beteiligung und großem Engagement bei der Sache sind, aber es gibt auch die anderen, die diese Facette ihrer Dozententätigkeit einfach nur anzuöden scheint. Demzufolge unternehmen sie alle möglichen Anstrengungen, um persönlich, per Mail oder Telefon nicht erreichbar zu sein, sie bieten Besprechungstermine nur sehr selten an und fassen sich bei ihren wenigen Auskünften so knapp wie möglich. Es versteht sich von selbst, dass diese Form mangelnder Unterstützung eine wissenschaftliche Arbeit nicht gerade befruchtet.

Und natürlich kannst du auch in den Sog spezieller Events im Leben deines Betreuers geraten, etwa Krankheit, Heirat, Umzug, die ihn von der Beratung eventuell sogar zurücktreten lassen.

Gar nicht so selten tritt auch der Fall ein – bei der Doktorarbeit ist das gelinde gesagt eine Katastrophe –, dass die Ergebnisse einer empirischen Arbeit, obgleich die Hypothesen logisch aus gut fundierten Theorien abgeleitet wurden, nicht bestätigt werden können oder sich gar Evidenz für entgegengesetzte Annahmen abzeichnet. In diesem Fall benötigst du zusätzliche Zeit, um zu überprüfen, ob sich vielleicht methodische Fehler eingeschlichen haben oder aber, falls du diese ausschließen kannst, Muße, um Erklärungen für die paradoxen Resultate zu finden bzw. einige statistische Arbeitsschritte noch einmal zu variieren.

Wenn du deine Arbeit in direkter Fühlung mit der Wirtschaft schreibst, können sich Unstimmigkeiten zwischen Hochschule und Unternehmen einstellen, die ebenfalls den Fortgang der Thesis verzögern und eine erhebliche Frustquelle darstellen, da du unter Umständen, obgleich unschuldig wie ein neugeborenes Lämmlein, zwischen alle Fronten gerätst.

Probleme in verschiedenen Phasen der Arbeit
- Probleme in der Anfangsphase der Arbeit
  - Quellenmaterial kann nicht rechtzeitig (oder gar nicht) beschafft werden
  - Die Fragestellung erweist sich als zu komplex
  - Der Betreuer hat abweichende inhaltliche Vorstellungen
  - …
- Probleme in der Mittelphase der Arbeit
  - Die Versuchspersonen sind unzuverlässig
  - Die Betreuung der Arbeit ist unbefriedigend

Aufgabe: Kläre folgende Punkte genau ab!

1. Person des Betreuers/der Betreuerin:

Welche Erfahrungswerte gibt es? Welchen Ruf hat er/sie? usw.
....
....

2. Bei empirischen Arbeiten mit Probanden:

Wie findest du diese Personen? Ist dir der Betreuer/die Betreuerin dabei behilflich? Kannst du Fragebögen in Lehrveranstaltungen austeilen? usw.
....
....

3. Bei empirischen Arbeiten in Kooperation mit einem Unternehmen:

Wird von dir erwartet, dass du jeden Tag anwesend bist, d.h., kommen womöglich beträchtliche Fahrtkosten und -zeiten auf dich zu? Kannst du dir vorstellen, für dieses Unternehmen später auch zu arbeiten? Zahlt man dir ein Honorar? (Letzteres ist im Bereich der Wirtschaft nicht ungewöhnlich, und die Zuwendung übersteigt zum Teil deutlich das durchschnittliche Monatseinkommen eines Studenten).
....
....

4. Vervollständige die Liste selbst um weitere wichtige Punkte!
....
....

Abb. 5.8 Checkliste

- Konflikte zwischen Hochschule und Unternehmen
- Der Betreuer erkrankt schwer, nimmt einen Stellenwechsel vor usw.
- ...

– Probleme in der Endphase der Arbeit
  - Die Arbeit wird durch den den Betreuer künstlich aufgebläht
  - Kein Ergebnis ist signifikant
  - Die Ergebnisse widersprechen den Eingangshypothesen
  - ...

Infos und Beratung

Eine wichtige prophylaktische Maßnahme, um derartige Probleme, die mit Einflussfaktoren außerhalb deiner Person zusammenhängen, vielleicht gar nicht erst aufkommen zu lassen, besteht im Einholen umfangreicher Informationen, und zwar bereits einige Wochen vor der Anmeldung des Themas (Abb. 5.8, Checkliste).

Viele dieser Informationen liefert bereits das Internet, andere sind am besten durch direkte Kontakte und/oder im Rahmen von Beratungsgesprächen einzuholen.

Zusatzaufgabe
— Nimm ein weißes Blatt oder lege eine neue Datei in deinem PC an.
— Unterteile die Seite in zwei Hälften und liste links alle Eventualitäten auf, die dir im Zusammenhang mit deiner Abschlussarbeit das Leben schwer machen können!
— Notiere dann rechts, wie du diesen Störfaktoren begegnen kannst und willst!
— Bewahre diese Liste gut auf!

Internale Störfaktoren
Hausgemachte Probleme resultieren oft aus einer Fehleinschätzung der eigenen Leistungsfähigkeit und damit des einplanbaren Arbeitsvolumens. So begehen gerade Studierende, die über diverse Schreibprobleme bis hin zu regelrechten Schreibblockaden mit chronifizierter Prokrastination (wir erinnern uns: gemeint ist die »Aufschieberitis«) klagen, vielfach den Fehler, sich selbst völlig zu überschätzen. Wer schon unverhältnismäßig lange an einem fünfseitigen Referat zahnt, das dann in letzter Minute in einer Nacht-und-Nebel-Aktion in den PC gehämmert wird, plant nicht selten in völlig unrealistischer Weise, die Bachelor- oder Masterarbeit mit einem Arbeitspensum von mindestens 8 Stunden disziplinierten Schreibens pro Tag inklusive der Wochenenden abzufassen.

Woran das liegt? Schreibproblemen liegen u. a. Verzerrungen der Realität zugrunde, die einmal den Anspruch betreffen, der hinter einem Schreibprojekt gewittert wird, und zum anderen die Beurteilung der eigenen Fähigkeiten, die entweder positiv oder negativ verzerrt ist.

So gibt es natürlich auch Studierende, die ihr eigenes Leistungsvermögen völlig unterschätzen, wenn es an die Abfassung der Thesis geht, sodass sie ein höheres Zeitmaß veranschlagen und mehr Hilfsquellen anzapfen, als sie real benötigen. Sie sind oft in einem Studiengang eingeschrieben, in dem man so gut wie keine schriftlichen Arbeiten – eben mit Ausnahme der Abschlussarbeit – anfertigen muss, und daher überzeugt, dass sie gar nicht über das notwendige Know-how verfügen, um eine solche Aufgabe zu bewältigen. Zum Teil wurde auch bewusst ein schreibfernes Fach gewählt, weil man in der Schule nicht gerne Aufsätze verfasste, was nicht unbedingt mit mangelnder sprachlicher Kompetenz einhergeht, und/oder mit dem Deutschlehrer auf Kriegsfuß stand, woraus nicht zwingend folgt, dass man keine klaren Gedanken zu einem Thema fassen und formulieren kann.

Selbst- und Fremdeinschätzung
Damit Planungen nicht aufgrund von Selbsttäuschungen fehlschlagen und undurchführbar sind, ist es ratsam, sich im Vorfeld einer Abschlussarbeit bewusst mit den eigenen Stärken und Schwächen zu beschäftigen, die sich auf das Schreiben förderlich oder hinderlich auswirken könnten. Damit diese Einschätzungen so realistisch wie möglich ausfallen, sollte man sie anschließend mit jemandem abgleichen, der einen schon lange kennt, z. B. ein guter Freund, eine gute Freundin oder auch die Eltern.

Nachfolgend sind einige Stärken und Schwächen genannt, die für die Abfassung von schriftlichen Arbeiten bedeutsam sind (◘ Abb. 5.9 und ◘ Abb. 5.10):

Ziehe Eltern und/oder Freunde zu Rate, um deine Selbsteinschätzung durch Fremdbeurteilungen zu ergänzen. Tue dies vor allem dann, wenn du dir hinsichtlich einzelner Stärken oder Schwächen nicht sicher bist bzw. kaum Stärken finden kannst. Studierende, die sich schwer tun, auch nur eine einzige persönliche Stärke bei sich zu entdecken, begegnen einem in der Beratungspraxis gar nicht so selten.

5.2.4 Aktive Problemlösung

Halte dir vor Augen, dass es nicht das Geringste bringt, den Kopf in den Sand zu stecken und eine Vogel-Strauß-Politik zu betreiben, wenn sich Probleme einstellen.

Sobald die ersten Schwierigkeiten beim Abfassen der Abschlussarbeit auftreten, ist es an der Zeit, energisch gegenzusteuern. Und wenn du den Eindruck gewinnst, nicht wirklich zu wissen, woran es liegt, bzw. notwendige Veränderungen allein nicht realisieren zu können, solltest du dir Hilfe holen, z. B. Freunde kontaktieren, einen zusätzlichen Beratungstermin mit dem Betreuer ausmachen, an einem Kurs »Schreibcoaching« teilnehmen (sofern

5.2 · Probleme und Lösungen

Aufgabe: Mache dir deine Stärken bewusst!

- Hohe Disziplin Ja ☐ Nein ☐
- Sprachkompetenz, guter Sprachstil Ja ☐ Nein ☐
- Interesse für das Thema Ja ☐ Nein ☐

Finde selbst weitere Stärken!

....
....
....
....

Abb. 5.9 Aufgabe: Stärken

Aufgabe: Mache dir deine Schwächen bewusst!

- Langsamer Leser Ja ☐ Nein ☐
- Wenig Disziplin Ja ☐ Nein ☐
- Kein »Sitzfleisch« Ja ☐ Nein ☐

Finde selbst weitere Schwächen!

....
....
....
....

Abb. 5.10 Aufgabe: Schwächen

ein solcher zeitnah angeboten wird) oder eine Beratungsstelle für Studierende aufsuchen.

Eine aktive Grundhaltung ist auch wegen der Zeitvorgaben bei der Anfertigung einer Bachelor- oder Master-Thesis sehr wichtig. Helfen kann Dir dabei ein kurzer täglicher Check des Erreichten (Abb. 5.11).

Merke!
- Eine dezidierte Planung (Zeit, Ort usw.) entscheidet mit über den Erfolg von Schreibprojekten!
- Gehe wertschätzend mit dir selbst um und belohne dich auch für kleine Erfolge!

Aufgabe: Tages-Check

Vergewissere dich jeden Tag aufs Neue, dass die Arbeit gute Fortschritte macht.
Falls du auf der Stelle trittst, beantworte dir die folgenden drei Fragen:

1. Was genau läuft schief?

2. Warum läuft es schief?

3. Wie kann ich es ändern?

Abb. 5.11 Aufgabe: Tages-Check

- Ein gesunder Skeptizismus trägt mehr zum Gelingen der Thesis bei als naiver Optimismus!
- Verinnerliche die Botschaft der chinesischen Legende!
- Behinderungen der Arbeit können von außen kommen oder aus dem eigenen Inneren stammen!
- Wenn dir die Arbeit Probleme bereitet, handle grundsätzlich nach der Maxime von Erich Kästner: »Es gibt nichts Gutes, außer: man tut es!«

Rost F (2010) Lern- und Arbeitstechniken für das Studium (Kap. 5: Der häusliche Arbeitsplatz und die Arbeitsmittel; Kap. 6: (Zeit-)Planung und effizientes Arbeiten), 6. Aufl. VS Verlag für Sozialwissenschaften, Wiesbaden

Literatur

Bensberg G, Messer J (2010) Survivalguide Bachelor (Kap. 12: Rund um den Arbeitsplatz; Kap. 13: Lernpläne erstellen; Kap. 14: Zeitmanagement). Springer, Berlin Heidelberg New York

Hautzinger M, Petermann F (Hrsg) (2003) Kognitive Verhaltenstherapie bei Depressionen. Behandlungsanleitungen und Materialien. 6. Aufl.: Beltz PVU, Weinheim, S. 230–235

Oettingen G (1997) Psychologie des Zukunftsdenkens: Erwartungen und Phantasien. Hogefre, Göttingen

Brich einen Zweig ab – Thema und Betreuung abklären

6.1	**Anforderung: Thema und Betreuer finden – 70**	
6.1.1	Anforderung: Thema finden – 70	
6.1.2	Anforderung: Betreuer finden – 73	
6.2	**Probleme und Lösungen – 75**	
6.2.1	Entscheidungsprobleme – 75	
6.2.2	Entscheidungsstrategien – 76	
6.2.3	Überforderung und »höhere Gewalt« – 77	
6.2.4	Thema abändern oder zurückgeben – 78	
6.2.5	Der Betreuer hat andere Vorstellungen – 78	
6.2.6	Die hohe Kunst der Diplomatie – 79	
6.2.7	Der Betreuer fällt aus – 79	
6.2.8	Neuen Betreuer finden – 79	
6.3	**Belohnung – 80**	
	Literatur – 81	

Vergegenwärtige dir den Wissenschaftswald. Welche Baumarten symbolisieren dein Fach? Sind es die mächtigen, erdverbundenen Eichen oder eher die hochgewachsene Fichten, die in den Himmel hineinzuwachsen scheinen? Wo befinden sich die Bäume mit den Forschungsgebieten, die dich persönlich interessieren? Welcher Baum repräsentiert deine fachspezifischen Fragen? Geh in den Wald und brich einen Zweig von diesem Baum ab.

6.1 Anforderung: Thema und Betreuer finden

» Der Anfang ist die Hälfte des Ganzen. (Aristoteles) «

6.1.1 Anforderung: Thema finden

Jede Abschlussarbeit beginnt damit, ein persönliches Interessengebiet aufzutun, aus dem sich – vielleicht nach mehreren Zwischenschritten – schließlich eine konkrete Themenstellung ableiten lässt. Bei der Themenfindung gilt es, einiges zu beachten, um typische, immer wieder auftretende Fehler zu vermeiden.

Anfangsfehler vermeiden

Ein häufiger Anfangsfehler besteht darin, zu schwierige, zu weit gefasste oder zu allgemein gehaltene Themen, die aber gerade aus diesen Gründen oft sehr interessant erscheinen, auszuwählen. Um sich nicht auf einen solchen Irrweg zu begeben, ist es ratsam, sich im Vorfeld einen Überblick über konkrete, schon bearbeitete Themenstellungen in seinem Studiengang zu verschaffen, damit man gleich zu Beginn ein Stück weit »geerdet« wird.

Darüber hinaus gilt prinzipiell: Das Thema sollte dich ernsthaft interessieren, andererseits aber nicht derart tangieren, dass du aufgrund deiner persönlichen Betroffenheit kaum die notwendige Distanz wahren kannst, die zur Abfassung einer wissenschaftlichen Arbeit notwendig ist. Themen mit einem unter Umständen sehr direkten persönlichen Bezug finden sich vor allem in sozialwissenschaftlichen Studiengängen.

Sechs-Schritte-Schema

Es gibt geeignete psychologische Strategien aus dem Bereich der Entscheidungsfindung, die es Studierenden erleichtern, wissenschaftliche Fragestellungen zu formulieren und sich Schritt für Schritt dem endgültigen Thema der Bachelor- oder Masterarbeit anzunähern.

Erster Schritt: Interessengebiete finden

Welche Themen interessieren dich in deinem Fach? Diese Frage kann man sich, wenn die Antworten nicht bereits spontan hervorsprudeln, am besten mittels Brainstorming beantworten (◘ Abb. 6.1).

Setze dich in einen ruhigen Raum und sorge dafür, dass du nicht gestört wirst. Am besten schließt du dich ein oder hängst ein entsprechendes Schild an die Tür.

Du brauchst einige Blätter weißes Papier ohne Aufdruck, Linien oder Ähnliches, damit die Ideenproduktion nicht gehemmt wird, eine Uhr und einen Stift.

Dann gibst du dir genau 10 Minuten Zeit, bis der Wecker klingelt oder sich das Handy meldet. In diesen für das Brainstorming reservierten Minuten schreibst du alles auf, was dich in deinem Studiengang inhaltlich interessiert, gleichgültig ob dir deine Ideen verrückt, unrealisierbar oder unpassend erscheinen.

Nach 10 Minuten hörst du auf. Wenn du schon auf den ersten Blick feststellst, dass das Brainstorming nicht sehr erfolgreich war, weil vielleicht nur zwei Stichwörter auf dem Blatt stehen, versuchst du es zu einem anderen Zeitpunkt noch einmal. Insgesamt solltest du es mehrere Male probieren, bevor du aufgibst.

Hast du genügend Material gesammelt, gehst du jetzt dazu über, deine Vorschläge rational zu überprüfen.

Zunächst sortierst du alle Vorschläge aus, die nicht themenbezogen sind. Als nächstes streichst du alle Ideen durch, die keinerlei Realisierungschancen haben. Wenn du z. B. als Biologiestudent liebend gerne das Liebesleben des *Tyrannosaurus rex* erforschen würdest, scheitert dieses Vorhaben leider daran, dass diese Tiere unseren Planeten schon lange nicht mehr bevölkern.

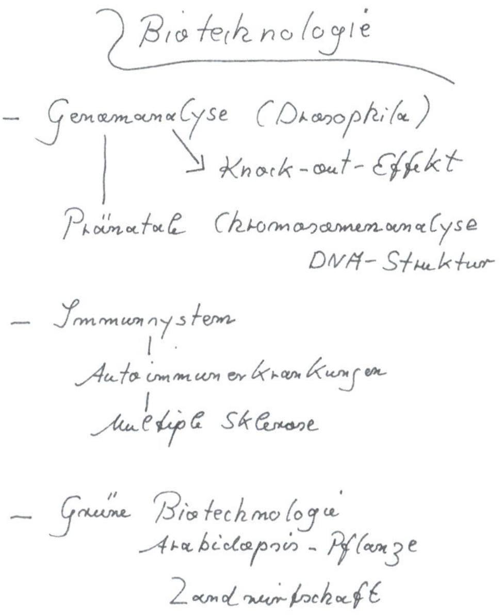

Handschriftliche Notizen (Brainstorming):

- Biotechnologie
  - Genomanalyse (Drosophila) → Knock-out-Effekt
  - Pränatale Chromosomenanalyse
  - DNA-Struktur
- Immunsystem
  - Autoimmunerkrankungen
  - Multiple Sklerose
- Grüne Biotechnologie
  - Arabidopsis-Pflanze
  - Landwirtschaft

Abb. 6.1 Brainstorming

Beispiele: Interessengebiete finden
Studiengang Neuere Geschichte
- Interesse für das 19. Jahrhundert
- Interesse für Kaiser Wilhelm II.
- Interesse für den Zweiten Weltkrieg
- Interesse für die Ära Kohl

Studiengang Psychologie
- Interesse für verhaltensauffällige Kinder
- Interesse für Eltern-Kind-Kommunikation
- Interesse für Partnerkonflikte
- Interesse für Sucht
- Interesse für die Bedeutung der Großeltern für Kinder

Zweiter Schritt: Interessengebiete eingrenzen

Die so gefundenen Interessengebiete werden »ex holo baucho« in eine Rangfolge gebracht. Themen, die sich auf den Rangplätzen 1–3 befinden, werden nunmehr eingegrenzt, indem man die Frage stellt, welche spezifischen Problemstellungen einen innerhalb dieser Themenbereiche interessieren.

Beispiele: Interessengebiete eingrenzen
Themenkreis Wilhelm II. (Neuere Geschichte)
Besonders interessieren mich:
- Der Hintergrund (Familie, Erziehung usw.)
- Wilhelm II. im Zusammenhang mit dem Ersten Weltkrieg
- Ideologische Übereinstimmungen zwischen dem Kaiser und den Nationalsozialisten

Themenkreis Verhaltensauffällige Kinder (Psychologie)
Besonders interessiert mich:
- Wie kann man verhaltensauffälligen Kindern helfen?
- Warum sind manche Kinder verhaltensauffällig?
- Was hat das mit der Familie zu tun?

Dritter Schritt: Ableitung wissenschaftlicher Fragestellungen

Aus diesen weiter eingeschränkten Themen versuchst du in einem dritten Schritt, wissenschaftliche Fragestellungen abzuleiten. Hierzu können Recherchen in Büchern und im Internet hilfreich sein.

Beispiele: Ableitung wissenschaftlicher Fragestellungen
Wilhelm II. (Neuere Geschichte)
- Strenge Erzieher und die ambivalente Haltung der Mutter als Schlüssel für die Persönlichkeit von Wilhelm II.
- Die ambivalente Rolle von Wilhelm II. am Vorabend des Ersten Weltkriegs
- Antisemitismus bei Kaiser Wilhelm II. und den Nationalsozialisten

Verhaltensauffällige Kinder (Psychologie)
- Erfolgreiche Interventionen bei verhaltensauffälligen Kindern
- Ursachenbündel (Gene, Geburtsschäden, Mutter-Kind-Interaktion usw.) zur Erklärung von Verhaltensauffälligkeiten
- Familiäre Besonderheiten bei Kindern mit Verhaltensauffälligkeiten

Vierter Schritt: Umformulierung in W-Fragen

In einem vierten Schritt versuchst du, deine Schwerpunkte in direkte Forschungsfragen, also W-Fragen, umzuformulieren und ggf. weiter einzugrenzen:

Beispiele: Umformulierung in W-Fragen
Wilhelm II. (Neuere Geschichte)
- Welche Zusammenhänge zwischen der ambivalenten Haltung der Kronprinzessin Victoria gegenüber ihrem Sohn und dem späteren Machtstreben von Wilhelm II. gibt es?
- Nibelungentreue oder Großmachtstreben: Worin besteht die Verantwortung von Wilhelm II. für den Ausbruch des Ersten Weltkriegs?
- Inwieweit stimmen antisemitische Äußerungen von Wilhelm II. in Briefen an seinen Großvater mit der Verunglimpfung der Juden durch die Nationalsozialisten überein?

Verhaltensauffällige Kinder (Psychologie)
- Wie erfolgreich sind verhaltenstherapeutische Interventionen bei verhaltensauffälligen Kindern im Vorschulalter?
- Welche Faktoren tragen beim gegenwärtigen Forschungsstand am meisten zur Erklärung von Verhaltensauffälligkeiten bei Kindern im Vorschulalter bei?
- Welchen Erklärungsbeitrag liefert die systemische Familientherapie zum Verständnis von Verhaltensauffälligkeiten bei Kindern im Vorschulalter?

Fünfter Schritt: Abschließender Realitätscheck

Abschließend überprüfst du, inwieweit sich deine Fragestellungen im Rahmen einer Bachelor- oder Master-Thesis bearbeiten lassen. Ist das jeweilige Thema in angemessener Weise abgesteckt, stehen dir die notwendigen Zugangswege zur Verfügung usw.?

Das Thema »Inwieweit stimmen antisemitische Äußerungen von Wilhelm II. in Briefen an seinen Großvater mit der Verunglimpfung der Juden durch die Nationalsozialisten überein?« ist wahrscheinlich schwer zu bearbeiten, weil dir wichtige historische Quellen unter Umständen nicht zugänglich sind. Bei dem Thema »Welche Zusammenhänge zwischen der ambivalenten Haltung der Kronprinzessin Victoria gegenüber ihrem Sohn und dem späteren Machtstreben von Wilhelm II. gibt es?« handelt es sich um eine psychologische Fragestellung, deren Betreuung ein »trockener« Historiker daher unter Umständen ablehnt. Die Frage »Wie erfolgreich sind verhaltenstherapeutische Interventionen bei verhaltensauffälligen Kindern im Vorschulalter?« kann als empirisches Thema nur bearbeitet werden, wenn man Zugang zu Kindern dieser Altersgruppe erhält. Derart problematische Themen müssen unter Umständen noch einmal überdacht und ggf. modifiziert oder ganz gestrichen werden.

Sechster Schritt: Entscheidung treffen

Aus diesem letzten Check-up geht dann die endgültige Entscheidung für das Thema der Thesis hervor, wobei sowohl der Aspekt Neigung als auch der Aspekt Realisierbarkeit gleichgewichtig behandelt werden sollten. Ein brauchbares Thema stellt oft einen »Fifty-Fifty-Kompromiss« zwischen beiden Aspekten dar.

> **Entscheidungsweg**
> - **1. Schritt:** Interessen einkreisen
> - **2. Schritt:** Themen eingrenzen
> - **3. Schritt:** Ableitung wissenschaftlicher Fragestellungen
> - **4. Schritt:** Umformulierung in W-Fragen
> - **5. Schritt:** Realitätscheck
> - **6. Schritt:** Entscheidung

Beachte bitte, dass es sich bei der Formulierung der Themen zunächst um Arbeitstitel handelt, die bis zur Anmeldung beim Prüfungsamt und nach Rücksprache mit dem Betreuer noch verändert werden können.

Beispiele: Entscheidungswege
Entscheidungsweg (Neuere Geschichte)
- **1. Schritt:** Interesse für Kaiser Wilhelm II.
- **2. Schritt:** Besonders interessiert mich Wilhelm II. im Zusammenhang mit dem Ersten Weltkrieg
- **3. Schritt:** Die ambivalente Rolle von Wilhelm II. am Vorabend des Ersten Weltkriegs

- 4. **Schritt**: Nibelungentreue oder Großmachtstreben: Worin besteht die Verantwortung von Wilhelm II. für den Ausbruch des Ersten Weltkriegs?
- 5. **Schritt**: Thema ist realisierbar
- 6. **Schritt**: Entscheidung für das Thema

Entscheidungsweg (Psychologie)
- 1. **Schritt**: Interesse für verhaltensauffällige Kinder
- 2. **Schritt**: Besonders interessiert mich, was das mit der Familie zu tun hat
- 3. **Schritt**: Familiäre Besonderheiten bei Kindern mit Verhaltensauffälligkeiten
- 4. **Schritt**: Welchen Erklärungsbeitrag liefert die systemische Familientherapie zum Verständnis von Verhaltensauffälligkeiten bei Kindern im Vorschulalter?
- 5. **Schritt**: Thema ist realisierbar
- 6. **Schritt**: Entscheidung für das Thema

Wenn du auf diese Weise dein Lieblingsthema gefunden hast, notierst du sicherheitshalber zwei weitere Themen, die Rangplatz 2 und 3 einnehmen.

Beispiele: Ausweichthemen
Wilhelm II. (Neuere Geschichte)
- 1. Wahl: Nibelungentreue oder Großmachtstreben: Worin besteht die Verantwortung von Wilhelm II. für den Ausbruch des Ersten Weltkriegs?
- 2. Wahl: Inwieweit stimmen antisemitische Äußerungen von Wilhelm II. in Briefen an seinen Großvater mit der Verunglimpfung der Juden durch die Nationalsozialisten überein?
- 3. Wahl: Welche Zusammenhänge zwischen der ambivalenten Haltung der Kronprinzessin Victoria gegenüber ihrem Sohn und dem späteren Machtstreben von Wilhelm II. gibt es?

Verhaltensauffällige Kinder (Psychologie)
- 1. Wahl: Welchen Erklärungsbeitrag liefert die systemische Familientherapie zum Verständnis von Verhaltensauffälligkeiten bei Kindern im Vorschulalter?
- 2. Wahl: Welche Faktoren tragen beim gegenwärtigen Forschungsstand am meisten zur Erklärung von Verhaltensauffälligkeiten bei Kindern im Vorschulalter bei?
- 3. Wahl: Wie erfolgreich sind verhaltenstherapeutische Interventionen bei verhaltensauffälligen Kindern im Vorschulalter?

Fallbeispiel
Saskia, 6. Semester Bachelorstudiengang Psychologie, setzt die Sechs-Schritte-Strategie erfolgreich zur Entscheidungsfindung ein und wählt als erste Präferenz das Thema »Welchen Erklärungsbeitrag liefert die systemische Familientherapie zum Verständnis von Verhaltensauffälligkeiten bei Kindern im Vorschulalter?«

Sie hat sich für diese Fragestellung entschieden, weil sie Kinder liebt und später in diesem Bereich arbeiten möchte. Saskia plant, nach dem Studienabschluss eine Weiterbildung zur Kinder- und Jugendlichentherapeutin zu absolvieren und jobbt bereits regelmäßig in einem Kinderheim. Dort betreut sie schwierige Schulkinder unterschiedlichen Alters mit problematischem familiärem Hintergrund.

6.1.2 Anforderung: Betreuer finden

Eine wichtige Rolle bei der Abfassung einer Abschlussarbeit spielt der betreuende Hochschullehrer. Von ihm hängt dein Wohl und Wehe zu einem beträchtlichen Teil ab. Der Dozent ist nicht nur für die Benotung verantwortlich, sondern er kann dich auf einer breiten Skala von »völlig ungenügend« bis »optimal« während der Abfassungszeit unterstützen. Unter Umständen schreibt er dir nach Abschluss der Arbeit auch noch eine für deinen Berufseinstieg hilfreiche Referenz.

Kriterienkatalog
Aus diesen Gründen ist es wichtig, sich den Betreuer geschickt auszusuchen (Abb. 6.2). Dies gilt natürlich nur für den Fall, dass es dir frei steht, dein Thema und den Dozenten zu wählen. Eine mit der Wahl des Betreuers möglicherweise einhergehende Problematik wird innerhalb der Ratgeberliteratur leider – wenn überhaupt – nur ganz am Rande erwähnt. Lege bei deiner Entscheidung folgenden Katalog zugrunde und beantworte die Fragen.

> **Betreuerkriterien**
>
> 1. Bleibt der Betreuer noch länger an der Hochschule? Ja ☐ Nein ☐
> 2. Ist der Betreuer mit dem Thema deiner Arbeit vertraut? Ja ☐ Nein ☐
> 3. Garantiert er eine dichtmaschige Betreuung? Ja ☐ Nein ☐
> 4. Ist dir der Betreuer aus Lehrveranstaltungen schon bekannt? Ja ☐ Nein ☐
> 5. Ist dir der Betreuer sympathisch? Ja ☐ Nein ☐
> 6. Hat er einen guten Ruf als Betreuer von Abschlussarbeiten? Ja ☐ Nein ☐
> 7. Zeigt der Betreuer Verständnis bei Leistungsproblemen? Ja ☐ Nein ☐
>
> **Finde selbst weitere Kriterien!**
> _____
> _____
> _____

Abb. 6.2 Checkliste: Betreuer

Erläuterungen:

- Man sollte immer damit rechnen, dass auch Arbeiten, die auf wenige Wochen terminiert sind, in dieser Zeit nicht beendet werden können, weil man z. B. erkrankt, in ein tiefes Motivationsloch fällt oder anderen Widrigkeiten ausgesetzt ist. Daher ist es wichtig, dass der Betreuer auch nach der vorgesehenen Abfassungszeit noch zur Verfügung steht.
- Der Idealfall besteht meist darin, dass sich der Betreuer mit dem Thema mittelmäßig gut auskennt. Wenn er mit dem Thema gar nicht vertraut ist, kann er dich nicht professionell beraten, gilt er auf dem Gebiet als ausgewiesener Experte, sind seine Anforderungen oft übertrieben hoch, und du kannst seinen Erwartungen kaum genügen.
- Du solltest erfragen, wie engmaschig die Betreuung durch den ins Auge gefassten Hochschullehrer wahrscheinlich sein wird. Bietet er regelmäßige Besprechungstermine an? Ist er bereit, einzelne Kapitel oder gar die ganze Arbeit probeweise zu lesen? Vorher musst du natürlich entscheiden, welche Variante für dich die angenehmste ist. Brauchst du jemanden, der sich kümmert und manchmal »Händchen hält«, oder ziehst du dich zum Schreiben lieber in deinen ganz persönlichen Elfenbeinturm zurück?
- Optimal ist es, wenn der Betreuer von dir bereits den Eindruck eines/einer fähigen Studierenden gewonnen hat. Vielleicht hast du ja in seinen Lehrveranstaltungen hervorragende Referate gehalten oder eine überdurchschnittlich gute Hausarbeit abgegeben und bist ihm auf diese Weise positiv aufgefallen. Derartige Vorerfahrungen werden sich höchstwahrscheinlich günstig auf die Begleitung deiner Thesis auswirken.
- Der Sympathieaspekt spielt überall im Leben eine wichtige Rolle. Du solltest einen Hochschullehrer meiden, der dir aus unterschiedlichen Gründen nicht sympathisch ist oder bei dem du das Gefühl hast, dass er – warum auch immer – mit dir nicht warm werden kann. Gegenseitige Sympathie erleichtert in jedem Fall die Zusammenarbeit.

- Dein Dozent sollte einen guten Ruf als Betreuer haben. Wenn du nicht genau weißt, wie er einzuschätzen ist, sind entsprechende Infos einzuholen, z. B. durch Lektüre der Evaluationen seiner Lehrveranstaltungen, durch Kontaktierung von Kommilitonen, die bei ihm »schreiben« oder schon »geschrieben« haben, oder durch den Besuch entsprechender Internetseiten wie »Mein.Prof.de.«
- Falls das Schreiben nicht gerade zu deinen Lieblingsbeschäftigungen gehört und du mit »Aufschieberitis« oder fehlendem Sitzfleisch zu kämpfen hast, ist es ratsam, sich einen Betreuer zu suchen, der dafür bekannt ist, dass er für typisch studentische Probleme Verständnis hat.

Erster Beratungstermin

Es ist empfehlenswert, sich rechtzeitig – und das heißt, am besten zwei bis drei Monate vor der Anmeldung des Themas – um einen Beratungstermin zu kümmern. Dies gilt vor allem, wenn noch nicht klar ist, welches Thema bei welchem Hochschullehrer geschrieben werden soll und du vielleicht zwei oder drei Professoren oder Assistenten in die nähere Auswahl gezogen hast. Rechne immer damit, dass Dozenten nicht ständig an der Hochschule präsent sind, und bereite dich auf das erste Gespräch gut vor. Präsentiere zunächst dein Lieblingsthema, halte aber deine Alternativthemen bereit, da nicht auszuschließen ist, dass dein erstes Thema abgelehnt wird.

Überlege bitte, welche Fragen man dir wahrscheinlich während des Gesprächs stellen wird, und denke schon vor dem Termin über deine Antworten nach.

> **Typische Betreuerfragen**
> - Warum gerade dieses Thema? Was interessiert Sie daran?
> - Haben Sie sich schon in die Literatur eingelesen?
> - Welches sind Ihre Hypothesen?
> - Wie wollen Sie das Thema methodisch angehen?
> - Usw.

6.2 Probleme und Lösungen

Bereits in der Anfangsphase einer wissenschaftlichen Arbeit bzw. innerhalb des ersten Drittels der Wegstrecke treten nicht selten diverse Probleme auf, denen es mit Gegenstrategien zu begegnen gilt, bevor sie ausufern oder schließlich nicht mehr zu beheben sind.

6.2.1 Entscheidungsprobleme

Entscheidungsprobleme können bereits in der Anfangsphase einer Abschlussarbeit zu Blockierungen führen. Die Schwierigkeit, Entscheidungen zu treffen, begleitet manche Menschen zeitlebens als eine stabile Eigenschaft bzw. durchgängiges Verhaltensmuster. Manchen fallen schon kleine, unwichtige Entscheidungen schwer: Was esse ich heute Mittag? Kaufe ich mir die braunen oder die schwarzen Schuhe? Andere stoßen erst an ihre Grenzen, wenn es bedeutsame Entscheidungen zu treffen gilt: Heirate ich nun Kurt oder Heinz? Studiere ich Medizin oder BWL? Und dazwischen breitet sich ein weites Mittelfeld aus.

Eine wesentliche Ursache für das Vorhandensein von Entscheidungsproblemen sind verzerrte Annahmen darüber, wie Entscheidungen idealerweise zu treffen seien. Folgende Statements werden von Betroffenen im Brustton der Überzeugung typischerweise geäußert:

- Eine Entscheidung muss richtig sein!
- Eine richtige Entscheidung trifft man rational!
- Eine richtige Entscheidung heißt, keine infrage kommende wichtige Alternative ausschließen zu müssen!
- Experten können mir sagen, was für mich richtig ist!
- Usw.

Das sind genau die argumentativen Prämissen, unter denen man sich entweder gar nicht oder aber falsch entscheidet.

> ■ **Jeder trifft täglich Entscheidungen!**

Falls du Entscheidungsprobleme hast und der Meinung bist, dich nicht entscheiden zu können, be-

Tab. 6.1 Pro-und-Contra-Liste: Wahl des Betreuers bzw. der Betreuerin

Betreuer	Pro	Contra
Betreuer A	Sehr bekannt, ausgezeichneter Ruf als Wissenschaftler, Thesis kann Türen öffnen	Sehr überlaufen, wenig Zeit zur Betreuung von Abschlussarbeiten
Betreuer B	Guter Ruf; vorbildliche Betreuung, sympathisch	Es wird gemunkelt, dass er demnächst an eine andere Hochschule wechselt
Betreuer C	Absoluter Fachmann in Bezug auf das Thema der Thesis; bietet darüber auch Promotion an	Wirkt im Kontakt eher kalt und abweisend
…	…	…

denke: Menschen können gar nicht existieren, ohne sich zu entscheiden. Jeder von uns – auch du – trifft täglich viele Entscheidungen: z. B. ob man morgens liegen bleibt oder aufsteht, ob man zum Frühstück Kaffee oder Tee trinkt usw. Wer eine wichtige Entscheidung vermeidet, trifft damit zugleich die Entscheidung, sich nicht zu entscheiden!

6.2.2 Entscheidungsstrategien

Die folgenden Punkte markieren aufeinander bezogene, sinnvolle Schritte innerhalb eines Entscheidungsprozesses.

Bewährte Entscheidungsprinzipien beachten

Distanziere dich von den in ▶ Abschn. 6.2.1 genannten falschen Annahmen und verinnerliche folgende Prämissen:

- Es gibt nicht **die** richtige Entscheidung. Eine optimale Entscheidung zeichnet sich durch eine höchstmögliche Passung zwischen einem Individuum und einer gewählten Alternative aus.
- Angemessen und realistisch ist eine Passung von etwa 80–90 Prozent. 100 Prozent werden fast nie erreicht.
- Es ist ein folgenschwerer Irrtum, eine Entscheidung völlig rational treffen zu wollen. Entscheidungen, die tragen, werden immer unter affektiver Beteiligung getroffen. Das heißt, das »Bauchgefühl« muss stimmen.
- Jede Entscheidung geht notwendigerweise mit dem Verzicht auf eine oder mehrere Alternativen einher. Entscheide ich mich an einer Weggabelung, rechts abzubiegen, bedeutet dies zugleich, den linken Weg, der vielleicht auch sehr schön und erlebnisreich ist, nicht beschreiten zu können. Dieser Nachteil lässt sich mit keiner Strategie der Welt vermeiden.
- Um eine fundierte Entscheidung zu treffen, muss man sich selbst gut kennen und um die eigenen Stärken, Schwächen, Bedürfnisse usw. wissen (▶ Abschn. 5.2.3, Selbst- und Fremdeinschätzung).

Pro-und-Contra-Listen erstellen

Steht eine konkrete Entscheidung an, empfiehlt es sich, zunächst auf der Basis rationaler Überlegungen Pro-und-Contra-Listen zu den einzelnen Alternativen zu erstellen (◘ Tab. 6.1).

Im nächsten Schritt versuchst du, Pro- und Contra-Argumente zu gewichten, um anschließend eine Rangfolge der potenziellen Betreuerinnen und Betreuer zu erstellen. Dazu solltest du dich von deinen beruflichen Ambitionen leiten lassen, also den Blick in die Zukunft richten.

Bezogen auf die in ◘ Tab. 6.1 vorgestellten Betreuer zeigt ◘ Tab. 6.2 die Rangreihe eines Absolventen, der im Anschluss an die Master-Thesis ein Graduiertenstudium anstrebt und innerhalb des Themenbereichs der Master-Thesis eine Dissertation anfertigen möchte.

Tab. 6.2 Betreuer-Rangliste

Betreuer	Rangplatz
Betreuer C	Erste Präferenz
Betreuer A	Zweite Präferenz
Betreuer B	Dritte Präferenz

Gefühlsebene beachten

Und *last, but definitely not least* kommen nun die Gefühle ins Spiel.

Im Rahmen des obigen Beispiels kann man sich u. a. folgende Fragen stellen:

- Fühle ich mich im Kontakt mit dem Betreuer auf Rangplatz 1 wohl, oder habe ich schon ein »Grummeln« im Bauch, wenn ich nur daran denke, beim ihm einen Gesprächstermin wahrzunehmen?
- Kann ich im Zweifelsfall damit leben, die Beratungstermine auf ein Minimum zu reduzieren, da sich der Betreuer innerhalb meines Fachgebiets zwar bestens auskennt, mir als Person aber unsympathisch ist?
- Vermag ich vor mir selbst zu bestehen, wenn ich den Betreuer aus Gründen persönlicher Antipathie ablehne und dabei riskiere, mir eventuell reale Zukunftschancen zu verbauen?

Entscheidung per »Bauchgefühl«

Der letzte Schritt innerhalb unseres Entscheidungssystems bedeutet eine Zusammenführung der bisherigen Ergebnisse. Du vergegenwärtigst dir noch einmal alle Argumente und Gefühle, richtest den Blick dabei in die Zukunft und triffst dann deine Entscheidung spontan bzw. »aus dem Bauch heraus«. Solche emotionalen Entscheidungen treffen meist ins Schwarze, allerdings nur wenn man zuvor auch sämtliche rationale Aspekte des Für und Wider gründlich beleuchtet hat.

Die Entscheidung in unserem Beispiel fällt dann vielleicht zugunsten von Betreuer B aus.

6.2.3 Überforderung und »höhere Gewalt«

Es kommt leider vor, dass man während der Bearbeitung der Thesis feststellt, dass einen das Thema überfordert, obwohl man sich im Vorfeld viele Gedanken gemacht hat und es auch von dem betreuenden Hochschuldozenten als bearbeitbar eingeschätzt wurde.

Die Gründe für diese Überforderung können sehr verschieden sein. An dieser Stelle geht es um Probleme, die nichts mit intrapsychischen Konflikten wie etwa Schreibblockaden zu tun haben.

Überforderung? Mögliche Gründe!
- Die Sekundärliteratur ist sehr schwer verständlich, z. B. weil sie überwiegend in anspruchsvollem Englisch verfasst ist.
- Es gibt kaum Sekundärliteratur.
- Wichtige Quellen sind nicht bzw. nicht zeitnah zugänglich.
- Die Organisation bietet kaum lösbare Probleme.
- Du beherrschst die erforderlichen PC-Programme nicht.
- Du musst das Thema in weit kürzerer Zeit als geplant bearbeiten, weil du z. B. ein tolles Jobangebot erhalten hast.
- ...

Zu unvorhergesehenen Problemen, die sich deinem Einfluss entziehen, kann es kommen, wenn deine Themenstellung beispielsweise von politischen Ereignissen überrollt wird. Gesetzt den Fall, du studierst BWL und beschäftigst dich im Rahmen deiner Master-Thesis mit veritablen Möglichkeiten, wie sich der drohende Staatsbankrott von einem bestimmten Land X noch abwenden lässt. Nun ist es aber theoretisch möglich, dass besagtes Land, vier Wochen nachdem du dein Thema offiziell angemeldet hast, überraschenderweise tatsächlich Staatsbankrott anmeldet. Deine Thematik ist damit von heute auf morgen gewissermaßen Makulatur.

Bei einer empirischen Arbeit kann außerdem der Fall eintreten, dass sich in der Prätest-Phase sehr überraschende Befunde ergeben, die dich mit der Tatsache konfrontieren, dass deine bisherigen Annahmen nicht haltbar sind und du die Arbeit daher völlig neu konzipieren musst.

6.2.4 Thema abändern oder zurückgeben

Wenn du nach langem, reiflichem Nachdenken zu dem Schluss gekommen bist, dass du dein Thema nicht weiter bearbeiten kannst oder willst, solltest du zunächst die entsprechenden Passagen in der Prüfungsordnung studieren, damit dir bei deinen weiteren Aktionen keine Verstöße gegen bestimmte Paragrafen unterlaufen, was äußerst negative Folgen haben kann.

> Bevor du konkrete Schritte unternimmst, etwa deinen Betreuer informierst, sei dir dringend angeraten, die Studien- und/oder Fachberatung aufzusuchen, um dich gezielt unterstützen zu lassen. Bitte versäume dies nicht aus falscher Scham! Die dort arbeitenden Berater sind mit allen studentischen Problemen vertraut und Experten auf diesem Gebiet.

Wenn du entschlossen bist, die Arbeit abzubrechen, gibt es mehrere Möglichkeiten. Viele Prüfungsordnungen sehen vor, das Thema der Arbeit in einem bestimmten Zeitraum zurückgeben zu können.

Aus der Prüfungsordnung der Universität Mannheim für den Bachelor-Studiengang Wirtschaftsinformatik vom 20. April 2011
V. Abschlussarbeit und Kolloquium
§17 Schriftliche Abschlussarbeit
(6) Die Bearbeitungszeit beträgt drei Monate. Themenstellung und Betreuung sind hierauf abzustellen. Das Thema kann nur einmal und nur innerhalb der ersten vier Wochen der Bearbeitungszeit zurückgegeben werden. Der Prüfungsausschuss kann die Bearbeitungszeit auf begründeten Antrag mit Zustimmung des Betreuers um höchstens 4 Wochen verlängern (www.wim.uni-mannheim.de/de/studium/interessante-links-fuer-studierende/; Link »Prüfungsordnungen Download«).

Die zweite Möglichkeit besteht darin, den Betreuer beizubehalten, aber das Thema in einer Weise abzuwandeln, dass es für dich bearbeitbar ist. Viele Hochschullehrer lassen sich auf einen solchen Deal ein. Und einige Prüfungsordnungen gewähren ausdrücklich diese Möglichkeit. Du musst in diesem Fall dann einen von dem Erstgutachter befürworteten schriftlichen Antrag beim Prüfungsamt stellen.

Prüfungsordnungen können sich je nach Fach und Studiengang beträchtlich unterscheiden. Außerdem sind sie nicht statisch, sondern werden in mehr oder weniger regelmäßigen Abständen ergänzt und/oder verändert. Nimm daher auf jeden Fall Einblick in die letztgültige Fassung der Prüfungsordnung deines Faches und informiere dich über die aktuellen Bestimmungen!

Hast du die Frist zur Rückgabe des Themas versäumt und willst außerdem mit der gesamten Thematik nichts mehr zu tun haben, besteht eine dritte Möglichkeit darin, den Abgabetermin einfach verstreichen zu lassen, entweder mit – das kommt auf die Art der Beziehung an – oder ohne Wissen des Erstgutachters. Dann giltst du als durchgefallen und kannst, wenn es nicht schon dein zweiter Versuch war, mit einem völlig neuen Thema an einem anderen Lehrstuhl durchstarten. Die Tatsache, dass die Abschlussarbeit abgebrochen wurde, fließt nicht in dein Zeugnis ein.

6.2.5 Der Betreuer hat andere Vorstellungen

Manchmal lässt sich die Betreuung zunächst sehr gut an. Es herrscht Übereinstimmung über das Thema, der Betreuer ist interessiert und zugewandt, außerdem schwingt gegenseitige Sympathie mit. Aber nach dem anfänglichen Honeymoon stellen sich bei der weiteren Ausarbeitung der Thesis dann doch beträchtliche Probleme ein.

Diese Probleme können daraus resultieren, dass der Hochschullehrer im Vergleich zu dir eine andere Deutung des Autors oder Werks, mit dem du ihm Rahmen deiner Thesis befasst bist, favorisiert. Gerade in geisteswissenschaftlichen Fächern sind meist sehr unterschiedliche Interpretationsansätze möglich. So können beispielsweise »Die Weber« von Gerhard Hauptmann unter sozialkritischen, aber auch unter christlich-religiösen Aspekten interpretiert werden.

Des Weiteren kann die Auswahl der Sekundärliteratur für Differenzen sorgen. Werke, die dich begeistern, stoßen bei deinem Betreuer vielleicht auf Ablehnung, und er empfiehlt dir stattdessen Bücher, mit denen du wenig anfangen kannst.

Bei empirischen Arbeiten kann es zusätzlich hinsichtlich der Erhebungsinstrumente und Auswertungsmethoden zu Meinungsverschiedenheiten kommen. Und das sind nur einige der möglichen Problemvarianten, die während des Schreibprozesses für Verdruss sorgen können.

6.2.6 Die hohe Kunst der Diplomatie

Wenn der Betreuer mit deinem methodischen Vorgehen und/oder der inhaltlichen Ausrichtung nicht einverstanden ist, musst du abwägen, ob sich noch ein Konsens finden lässt oder ob die Differenzen so schwerwiegend sind, dass du die Arbeit aus diesem Grund abbrechen willst. Um diese Fragen zu beantworten, kann man in einer stillen Stunde alle Pro- und Kontra-Argumente überdenken sowie zusätzlich die Meinung anderer, etwa von Kommilitonen, einholen. Beachte dabei bitte, dass eine Bachelor- und auch eine Masterarbeit ein zeitlich und seitenmäßig begrenztes, absehbares Unterfangen ist, bei dem man weit eher als bei einer Promotion Kompromisse in Kauf nehmen kann.

Es empfiehlt sich daher in den meisten Fällen, einen Mittelweg zu suchen. Das heißt, du gibst dem Betreuer zum Teil nach, und zwar bei Änderungsvorschlägen, die du gerade noch akzeptieren kannst, beharrst bei anderen aber auf deiner eigenen Sichtweise.

Argumentationsbeispiel

» Ihr Argument A kann ich nachvollziehen, ich habe diesbezüglich auch schon eine Überarbeitung vorgenommen, über Ihren Einwand B habe ich lange nachgedacht, vermag ihn aber nicht wirklich zu akzeptieren. Stattdessen schlage ich als Kompromiss C vor, … usw. «

Erst wenn sich auch dieser Weg als nicht gangbar erweist, ist daran zu denken, eine alternative Betreuung zu suchen.

6.2.7 Der Betreuer fällt aus

Große Probleme bereitet es, wenn ein Betreuer aus bestimmten, von dir nicht beeinflussbaren Gründen ausfällt oder nur noch eingeschränkt beratend tätig werden kann. Der Ausfall kann krankheitsbedingt sein oder zustande kommen, weil der Dozent die Hochschule wechselt, ein Freisemester wahrnimmt, aus dem Dienst ausscheidet usw.

In diesen Fällen beschränkt sich die Beratung meist auf Email-Kontakte oder ist gar nicht mehr möglich, sodass du einen neuen Betreuer suchen musst. Es bereitet aber erfahrungsgemäß leider Schwierigkeiten, für ein spezifisches Thema auf die Schnelle einen Ersatzbetreuer zu finden. Zwar wird bei Abschlussarbeiten immer ein Zweitgutachter herangezogen, aber dieser engagiert sich meist nicht sonderlich für die Arbeit und schließt sich in der Regel der Benotung des Erstgutachters an. Es gibt sogar böse Zungen, die behaupten, einige Zweitgutachter würden die Arbeiten nicht einmal von Anfang bis Ende lesen.

6.2.8 Neuen Betreuer finden

Wenn du den Betreuer aus den oben genannten Gründen wechseln willst oder musst, solltest du zunächst abklären, ob es für deinen Studiengang verbindliche Regelungen gibt, wie unter solchen Umständen zu verfahren ist.

Fragen an den Prüfungsausschuss (mit freundlicher Genehmigung von Professor A. Lenze, Darmstadt
Hochschule Darmstadt University of Applied Sciences
Häufig gestellte Fragen an den Prüfungsausschuss
Q: Kann ich meinen Betreuer (auf Seiten des Unternehmens oder auf Seiten der Hochschule) während der Bearbeitung wechseln?
A: Falls es auf Seiten des Unternehmens Probleme gibt, kann nach Rücksprache mit dem Prüfungsausschuss einem Betreuerwechsel zugestimmt werden. Bitte sprechen Sie in solchen Fällen umgehend mit Ihrer Betreuerin/Ihrem Betreuer an der Hochschule bzw. kontaktieren Sie den Prüfungsausschuss. Ein

Wechsel des Betreuenden auf Hochschulseite ist nur unter ganz bestimmten Umständen (Krankheit, Hochschulwechsel o. ä.) möglich. Bitte sprechen Sie im Einzelfall unter Schilderung der konkreten Umstände mit dem Prüfungsausschuss.

URL: http://www.fbw.h-da.de/studium/weiterbildung-studium-beruf/pa-ibwl/pruefungs-faqs/

Wenn der Betreuer aus Gründen ausfällt, die mit dir und deiner Arbeit nichts zu tun haben, kann man zwei Wege ins Auge fassen: Die erste Möglichkeit besteht darin, dem Zweitgutachter anzutragen, die Arbeit nunmehr an erster Stelle zu betreuen. Unter Umständen lässt er sich ja darauf ein. Die zweite Möglichkeit sieht vor, den ausscheidenden Erstgutachter zu bitten, selbst einen infrage kommenden Hochschullehrer vorzuschlagen. Vielleicht kontaktiert er selbst noch einen geeigneten Kollegen und bittet ihn, die fachliche Beratung deiner Arbeit zu übernehmen.

Wenn es aber zu ernsthaften Differenzen zwischen dir und dem Betreuer kam, musst du dich auf die Suche nach einem neuen Thema bei einem neuen Hochschullehrer begeben. Weil dieser Fall tatsächlich eintreten kann, ist es wichtig, schon zu Beginn der Arbeit mehrere Themen für die Bachelorarbeit ins Auge zu fassen.

Achtung!
Da die Regelungen der einzelnen Prüfungsordnungen hinsichtlich der Vorgaben bei Abschlussarbeiten höchst unterschiedlich sind, sollte man schon in der Planungsphase der Bachelorarbeit die entsprechenden Seiten gründlich lesen und ausdrucken.

Fallbeispiel
Mark, der Neuere Geschichte studiert, hat gleich zu Beginn mit einigen Problemen zu kämpfen. Er hat bereits eine Bachelor-Thesis abgebrochen, bevor er die Bearbeitung der Fragestellung «Hat Wilhelm II. entscheidend zum Ausbruch des Ersten Weltkriegs beigetragen?» auf den ersten Rangplatz positionierte.

Ein Problem von Mark ist der Erstgutachter. Der Dozent, den er eigentlich gewählt hatte und der die Arbeit auch betreuen wollte, musste seine Zusage aufgrund der Übernahme einer Gastdozentur an einer ausländischen Hochschule kurzfristig wieder zurückziehen. Der Zweitgutachter ist zwar netterweise eingesprungen, aber er hat kein sonderliches Interesse an der Thematik. Hinzu kommen noch Marks Ängste, auch diese Arbeit wieder abzubrechen, da es ihm schwer fällt, sich zum Schreiben zu motivieren und er an ausgeprägter »Aufschieberitis« leidet. Er beschließt, da ihn das Thema ernsthaft interessiert, um zusätzliche Unterstützung zu erhalten, ein individuelles Schreibcoaching bei der Psychosozialen Beratungsstelle an seinem Hochschulort zu besuchen. Die regelmäßigen Termine und die Gesprächsmöglichkeit tragen dazu bei, dass er seine »Aufschieberitis« in den Griff bekommt und die Arbeit voranschreitet.

Merke!
- Finde ein Thema, das dich ernsthaft interessiert!
- Bei Entscheidungsunsicherheiten setze die vorgestellten Strategien ein!
- Der Betreuer spielt eine wichtige Rolle für das Gelingen der Abschlussarbeit!
- Manchmal ist es notwendig, ein Thema zurückzugeben!

6.3 Belohnung

Du hast das Kapitel durchgearbeitet und die Anregungen umgesetzt? Dann ist es an der Zeit, an deine Belohnung zu denken.

Ich belohne mich, indem ich
_____
_____
_____

Literatur

Karmasin M, Ribing R (2009) Die Gestaltung wissenschaftlicher Arbeiten (Kap. 1. Der Weg zur Abfassung einer wissenschaftlichen Arbeit), 4. Aufl. Facultas, Wien

Kornmeier M (2011) Wissenschaftlich schreiben leicht gemacht für Bachelor, Master und Dissertation (Kap. 3: Der Inhalt einer wissenschaftlichen Arbeit (Teil I): SIE bestimmen, welchen Gugelhupf Sie servieren), 4. Aufl. UTB/Haupt, Stuttgart

Krämer W (2009) Wie schreibe ich eine Seminar- oder Examensarbeit? (Kap. 1: Der Anfang: Thema, Materialsuche und Arbeitsplan), 3. Aufl. Campus concret, Frankfurt/M

Samac K, Prenner M, Schwetz H (2009) Die Bachelorarbeit an Universität und Fachhochschule (Kap. 2: Zur Themenfindung und Forschungsfrage). Facultas, Wien

Lass den Zweig Wurzeln treiben – Literatur suchen und auswerten

7.1	**Anforderung: Die vier großen S – Sondieren, Suchen, Sortieren, Skribieren – 84**
7.1.1	Literatursondierung – 84
7.1.2	Literatursuche – 84
7.1.3	Literaturbearbeitung – 86
7.1.4	Literatureinfügung – 88

7.2	**Probleme und Lösungen – 91**
7.2.1	Sekundärliteratur fehlt bzw. überfordert – 91
7.2.2	Springen oder aufgeben – 91
7.2.3	Lesen ohne Ende – 91
7.2.4	Begrenzung von Werk- und Seitenzahl – 92
7.2.5	Was ist wichtig, was ist unwichtig? – 93
7.2.6	Beurteilungskriterien finden – 93
7.2.7	Ausufernde Zusammenfassungen schreiben – 93
7.2.8	Effiziente Bearbeitungsstrategien einsetzen – 94
7.2.9	Wer sagt was? – 95
7.2.10	Mein ist mein, und dein ist dein – 96
7.2.11	Belohnung – 97

Literatur – 98

Stelle den Zweig, den du mit nach Hause gebracht hast, in Wasser und lasse ihn Wurzeln treiben. Das dauert einige Wochen, und das Wasser muss ggf. nachgefüllt werden.

7.1 Anforderung: Die vier großen S – Sondieren, Suchen, Sortieren, Skribieren

» Ein Text ist nicht dann vollkommen, wenn man nichts mehr hinzufügen kann, sondern dann, wenn man nichts mehr weglassen kann. (Antoine de Saint-Exupéry) «

Die Anfangsphase einer schriftlichen Arbeit besteht darin, sich einen Überblick über die bisherige Forschung zu verschaffen und die meist umfangreiche Sekundärliteratur ins Visier zu nehmen.

7.1.1 Literatursondierung

Nicht alle Publikationen entsprechen dem Niveau, das bei einer wissenschaftlichen Arbeit vorausgesetzt wird. So eignen sich Übersichtsartikel und Beiträge in Lexika, die für die Allgemeinheit bestimmt sind, wenig zur theoretischen Grundlegung, da hier Inhalte bewusst vereinfacht dargestellt werden.

Stattdessen sind fachspezifische Handbücher, Sammelbände, Zeitschriftenbeiträge, wissenschaftliche Online-Veröffentlichungen und auch die sog. »graue Literatur« heranzuziehen. Mit »grauer Literatur« bezeichnet man Werke, die nicht regulär im Buchhandel erschienen sind, aber dennoch zugänglich und für deine Arbeit wichtig sein könnten, beispielsweise nichtpublizierte Dissertationen, interne Veröffentlichungen eines Instituts usw.

Einen detaillierten Überblick über geeignete Informationsquellen gibt ◘ Tab. 7.1.

7.1.2 Literatursuche

Und nun geht es in medias res, und du machst dich auf, im Meer der Publikationen die für dich wichtigen Werke herauszufischen.

Mehrere Wege führen nach Rom

Insgesamt lassen sich drei Wege bei der Literatursuche unterscheiden
1. Literaturdatenbanken: Online und/oder als CD-Rom zugänglich
2. Zukunftssuche: Wer hat den Ansatz des betreffenden Autors später aufgegriffen?
3. Schneeballprinzip: Das Literaturverzeichnis von Basiswerken erschließt weitere Literaturhinweise usw.

Trichterprinzip

> Gehe vom Allgemeinen zum Besonderen! Gehe vom Aktuellen zum Vergangenen!

Was heißt das? Du verschaffst dir zunächst einen groben Überblick anhand von Grundlagenwerken. Wenn du überhaupt keine Ahnung von dem Thema deiner Thesis hast, solltest du, um erste Literaturhinweise zu erhalten, zunächst Brockhaus- bzw. Wiki-Artikel zu Rate ziehen, letztere natürlich mit der gebotenen Vorsicht, da Online-Enzyklopädien, wie sich wohl allmählich herumgesprochen hat, in ihrer Qualität höchst unterschiedlich sind. Die Brockhaus Enzyklopädie, für die dies nicht gilt, ist mittlerweile auch elektronisch einsehbar als »Online-Bibliothek des Wissens« unter http://www.xipolis.net.

Außerdem beachtest du natürlich die Literaturvorschläge deines Betreuers, gibst zentrale Suchbegriffe bei Google und anderen Suchmaschinen ein und stöberst in der Fach- und Universitätsbibliothek vor Ort nach interessanten Beiträgen.

Bibliothekskataloge sind mittlerweile fast alle auch virtuell zugänglich. So bietet die Universität Karlsruhe einen Metakatalog an, der mehrere Bibliotheken integriert, die online abgefragt werden können (http://www.ubka.uni-karlsruhe.de/hylik/virtueller_katalog.html).

Ältere Literatur, vor allem Werke, die über den Buchhandel nicht mehr zu beziehen sind, erhält man am einfachsten über das Zentrale Verzeichnis Antiquarischer Bücher, das weltweit umfangreichste Online-Antiquariat für Publikationen in deutscher Sprache (www.zvab.com).

Direkt am Ort des Geschehens zu recherchieren, hat aber den Vorteil, dass man vielleicht net-

Tab. 7.1 Beispielhafte Literatur- bzw. Informationsquellen für wissenschaftliche Arbeiten. (Mod. nach Kornmeier, 2011, S. 76, mit freundlicher Genehmigung)

Art der Quelle	Beispiel
Allgemeines Lehrbuch	Wöhe, G.; Döring, U. (2005): Einführung in die Allgemeine Betriebswirtschaftslehre, 22. Aufl., München 2005.
Spezielles Lehrbuch	Nieschlag, R.; Dichtl, E.; Hörschgen, H. (2002): Marketing, 19. Aufl., Berlin 2002.
Journal/Fachzeitschrift	Journal of International Business Studies; Journal of Marketing, Administrative Science Quarterly, Zeitschrift für betriebswirtschaftliche Forschung, Die Betriebswirtschaft
Sammelband/ Handbuch	Macharzina, K.; Oesterle M.-J. (Hrsg.) (2002): Handbuch Internationales Management: Grundlagen, Instrumente, Perspektiven, 2. Aufl., Wiesbaden 2002.
Dissertation	Geppert, D. (1998): Interaktives Fernsehen als Promotor des Home-Shopping: Die Akzeptanz der Verbraucher als Engpaß der Diffusion. Ein empirischer Beitrag zur Innovationsforschung. Diss., Technische Universität Dresden, Dresden 1998.
Lexikon	Diller H. (Hrsg.) (2001): Vahlens Großes Marketinglexikon, 2. Aufl., München 2001.
Arbeitspapier	Hassel, A.; Höpner, M.; Kurdelbusch, A.; Rehder, B.; Zugehöhr, R. (2001): Two Dimensions of the Internationalization of Firms, Working Paper No. 3/2001, Max-Planck-Institut für Gesellschaftsforschung, Köln 2001.
Branchenbezogene Zeitschrift	absatzwirtschaft, manager magazin, Wirtschaftswoche
Wochenzeitung	Die ZEIT
Tageszeitung	Frankfurter Allgemeine Zeitung, Süddeutsche Zeitung
Expertengespräch	z. B. mit Geschäftsführer/Vorstandsmitglied/Personalchef der X-AG Internet: Wikipedia, unveröffentlichte Forschungsbefunde, Skripte; …

te Kommilitonen zum Plaudern trifft, mit denen man zwischendurch einmal ein Käffchen schlürfen kann.

Am ökonomischsten ist es, zunächst die aktuellsten Publikationen, welche die ältere Literatur bereits aufgenommen und eingearbeitet haben, zu durchforsten. Dies erspart dir unter Umständen das Lesen einzelner, weniger wichtiger Beiträge. Außerdem erhältst du gleich einen ersten Überblick über die zurückliegende Forschung. Bei diesem Vorgehen stellt sich rasch der erwünschte sog. Schneeballeffekt ein (◘ Abb. 7.1).

Alles schriftlich, oder was?

Alle von dir gesichteten und als einigermaßen brauchbar eingeschätzten Beiträge sind sofort zu registrieren, indem du sie
1. in das Literaturverzeichnis einfügst und
2. ordentlich, sofern es sich um Kopien handelt, in Leitz-Ordnern mit Register abheftest.

Das Register folgt zunächst den Namen der Autoren. Sobald die erste Grobgliederung erstellt ist, sind weitere Ordner nach den Punkten des Inhaltsverzeichnisses zu beschriften und die Literaturbeiträge entsprechend einzuordnen.

Etwas hinterher zu löschen, was man nicht mehr braucht, ist die einfachste Sache der Welt, aber ein wichtiges Zitat in einem Wirrwarr von Unterlagen zu suchen, stellt selbst für einen besonders befähigten Hellseher eine Herausforderung dar.

Bitte nimm das mit der Ordnung nicht auf die leichte Schulter und versuche gar nicht erst, andere davon zu überzeugen, dass ordentliche Menschen nur zu faul zum Suchen sind und Genies in ihrem schöpferischen Chaos tolle Werke schaffen! Dieses

Abb. 7.1 Ein Schneeball macht noch keinen Winter!

sog. schöpferische Chaos führt bei Buchprojekten nur dazu, dass du dir das Leben unnötig schwer machst und sich der Abschluss der Arbeit verzögert!

Erfolgreiche Schriftsteller, die sehr viel publizieren, sind in der Regel alles, nur keine Chaoten! Psychologen haben herausgefunden, dass diese Spezies Mensch ganz im Gegenteil eher etwas »zwanghaft-zwänglerisch« ist, will heißen, viele von ihnen schrieben und schreiben nur zu ganz bestimmten Zeiten und an ganz bestimmten Orten eine nicht selten vorher genau festgelegte Anzahl Seiten.

Wer etwa im 18. Jahrhundert das Glück hatte, in direkter Nachbarschaft zu Immanuel Kant (Abb. 7.2) zu wohnen, konnte auf die Anschaffung einer Uhr getrost verzichten. Der geniale Kopf der Stadt Königsberg führte ein akribisch von seinen Uhren gesteuertes Leben. Er stand jeden Tag genau um 4:45 Uhr auf und ging Punkt 22 Uhr ins Bett. Auch seinen täglichen Spaziergang unternahm er immer zur gleichen Zeit.

Welche Quellen sind es im Einzelnen wert, beachtet und notiert zu werden? Martin Kornmeier (2011) hat einen praktikablen Bewertungskanon zusammengestellt (Tab. 7.2).

Abb. 7.2 Immanuel Kant (1724 – 1804). (© Imago, mit freundlicher Genehmigung)

7.1.3 Literaturbearbeitung

Wie aber geht man nun mit den Beiträgen um, die man gesammelt und registriert hat? Auf welche Weise lässt sich die Sekundärliteratur am besten weiter bearbeiten und der Arbeit integrieren?

> 1. Gebot: Um Himmels willen nicht alles Wort für Wort lesen!
> 2. Gebot: Um Himmels willen nicht alles exzerpieren!

Ökonomieprinzip

Im Rahmen der Abschlussarbeit stellt sich dir die Aufgabe, die vorhandene Literatur zu überprüfen und jene Beiträge herauszufiltern, die für deine Thesis bedeutsam sind.

Einzelne Bücher sind z. B. nur kapitelweise interessant, und bei bestimmten Aufsätzen genügt es, das Abstract zu lesen. Um entsprechende Entscheidungen begründet treffen zu können, ist es sinnvoll, zunächst quer zu lesen, um festzustellen,

Tab. 7.2 Bewertungskriterien für Quellen (Kornmeier, 2011, S. 83, mit freundlicher Genehmigung)

Bewertungskriterium	Fragen zur Bewertung der Qualität
Titel des Beitrags	Besteht zwischen dem Titel der gefundenen Publikation und dem Thema der eigenen wissenschaftlichen Arbeit tatsächlich ein Zusammenhang?
Provenienz/fachlicher Hintergrund des Verfassers	Welchen Beruf hat der Verfasser der recherchierten Literaturquelle? Womit beschäftigt er sich gewöhnlich? Ist er Wissenschaftler, Praktiker, Journalist oder Laie?
Erscheinungsjahr der Quelle	Wann wurde die gefundene Publikation veröffentlicht?
Alter der in der Publikation verarbeiteten Quellen bzw. empirischen Befunde	Sind die in der Publikation dargestellten Befunde aktuell oder »veraltet«? Verarbeitet der Verfasser des Beitrags vorwiegend alte Quellen?
Titel/Art/Zielgruppe der Publikation	Wendet sich die recherchierte Literatur eher an Wissenschaftler oder an Praktiker?
Anzahl der Seiten	Bearbeitet der Verfasser sein Thema oberflächlich oder tiefgründig?
Anzahl der verarbeiteten Quellen	Wie viele Quellen sind die Basis des Beitrags?
Ausgewogenheit der verarbeiteten Quellen	Verarbeitet der Autor der gefundenen Publikation lediglich eine Quellenart (z. B. Lehrbücher)? Verwendet er auch Ergebnisse aus Fachzeitschriften?
Herkunft der verarbeiteten Quellen	Verarbeitet der Verfasser lediglich Autoren aus dem eigenen Sprachraum? Oder nimmt er auch die relevante fremdsprachige Literatur zur Kenntnis?
Berücksichtigung der Schlüsselquellen	Hat der Autor die wichtigsten Quellen zum Thema verarbeitet?
Berücksichtigung der wesentlichen Autoren	Hat der Verfasser die wichtigsten Fachvertreter berücksichtigt, d. h. diejenigen, die auf einem bestimmten Gebiet intensiv Forschung betreiben?
Spektrum der zitierten Denkrichtungen	Zitiert der Verfasser nur eine bestimmte »Schule«/Denkrichtung?

was kann oberflächlich, was muss genauer und was sollte Zeile für Zeile gelesen werden.

Und vertue bitte nicht kostbare Zeit damit, seitenlange Zusammenfassungen zu schreiben, die am Ende womöglich zwei Drittel des Ursprungswerks umfassen. Das ist eine sehr unökonomische Arbeitsweise und so überflüssig wie ein Loch im Kopf. Sie dient vor allem dazu, das eigene Gewissen zu beruhigen, denn jeder Blick auf fleißige Finger, die stundenlang über die Tastatur des PC oder ganze Stapel von Papier fliegen, überzeugt dich davon, dass du arbeitest, richtig schwer arbeitest.

SQ3R-Methode

Um die einzelnen Werke besser einordnen und die Spreu vom Weizen trennen zu können, eignet sich die SQ3R-Methode, auch Fünf-Schritte- oder PQ4R-Methode genannt. Die einzelnen Schritte sind im Folgenden erklärt.

Survey (Überblick)

Man studiert zunächst das Inhaltsverzeichnis und die Kapitelüberschriften, liest das Vor- und Nachwort bzw. die Einleitung und den Schluss und informiert sich außerdem über den Autor, dessen weitere Werke und Forschungspositionen. Auch

Zusammenfassungen, Bilder, Diagramme etc. sind geeignet, sich einen ersten Eindruck zu verschaffen.

Questions (Fragen)

In einem zweiten Schritt werden nunmehr Fragen an den Text gestellt, und zwar ausgehend von dem spezifischen »Erkenntnisinteresse«.

Schreibst du eine Thesis über den Roman »Schach von Wuthenow« von Theodor Fontane und hast deshalb ein Buch über Schriftsteller des Realismus entliehen, ist es wahrscheinlich ausreichend, wenn du dich bei Kapiteln, die sich nicht direkt auf Fontane oder ihm nahe stehende Romanciers des 19. Jahrhunderts beziehen, auf das »Querlesen« beschränkst.

Read (Lesen)

Nun geht es an das zielgerichtete Lesen, bei dem man sich von den zuvor formulierten Fragen und studienspezifischen Interessen leiten lässt.

Das Lesen sollte dabei nicht kapitel-, sondern abschnittweise erfolgen. Nach jedem Abschnitt gilt es, kurz innezuhalten und zu überlegen, was Thema und Aussage des Abschnitts gewesen sind. Das abschnittweise Vorgehen erleichtert die Verarbeitung der eigentlichen Inhalte, hilft Wesentliches von Unwesentlichem zu trennen und sich auf die Essenz des Ganzen zu beschränken.

Recite (Wiedergabe)

Der vierte Schritt besteht darin, den Inhalt jedes größeren Abschnitts nach dem kritischen Lesen mit eigenen Worten wiederzugeben. Die Wiedergabe kann schriftlich, gedanklich aber auch mündlich erfolgen. Ziel ist es, zu überprüfen, inwieweit der Inhalt verstanden wurde. Darüber hinaus dient die Wiedergabe dazu, die eingangs an den Text gerichteten Fragen zu beantworten. Bei der schriftlichen Zusammenfassung gilt wieder: Bitte keine langen Exzerpte verfassen. Stichpunkte bzw. die Anwendung der Mind-Map-Methode (▶ Abschn. 7.2.8) sind ökonomischere und effizientere Verfahren.

Review (Wiederholung)

In einem letzten Schritt tritt an die Stelle des kapitelweisen Rekapitulierens das Wiederholen des gesamten Werks bzw. der für dich wichtigen Kapitel und Abschnitte. Es gilt nun, die übergeordneten Fragen abschließend zu beantworten, den Gesamtzusammenhang zu erkennen und gedanklich nachzuvollziehen. Dies kann wiederum schriftlich (s. oben!) oder mündlich geschehen.

7.1.4 Literatureinfügung

 1. Gebot: Alle wörtlichen Zitate sind zu kennzeichnen!
2. Gebot: Übernahmen von Ideen sind ebenfalls als solche auszuweisen!
3. Gebot: Allgemeinplätze müssen nicht belegt werden!

Verstößt man gegen die ersten beiden Gebote, gilt die Arbeit als Plagiat und man selbst schlimmstenfalls als Betrüger (hierzu gibt es auch einige prominente Beipsiele aus der jüngsten Vergangenheit, s. unten). Es ist in solchen Fällen durchaus möglich, dass einem nachträglich die Arbeit aberkannt wird und man noch einmal von vorne beginnen muss.

Dies gilt nicht nur, wenn man direkte Übernahmen nicht als solche kennzeichnet, sondern ebenso, wenn man Gedankengänge anderer, sei es auch in verfremdeter Form, übernimmt, ohne den Urheber zu nennen.

 Achtung!
Hüte dich vor Täuschungsmanövern! Sie können dich nicht nur den Titel, sondern im übertragenen Sinne auch den »Kopf« kosten. Erinnert sei in diesem Zusammenhang z. B. an den Skandal um die Doktorarbeit des ehemaligen Verteidigungsministers Freiherr Karl-Theodor zu Guttenberg: einst hochgelobter politischer Newcomer und dann …

Korrekte Zitierweise

Wörtliche Zitate dienen dazu, Ausführungen plastisch zu machen und sollten daher eine hohe Aussagekraft haben bzw. besonders eindrucksvoll sein. Sie sind in Anführungszeichen zu setzen und werden, wenn sie länger sind, eingerückt. Man kann Zitate zusätzlich durch Kursivsetzung von dem übrigen Text abheben. Die Quelle ist in jedem Fall peinlich genau anzugeben.

Quellenangabe: Beispiel 1

» Grundsätzlich stehen dir mit einem Bachelorabschluss beruflich auch die Wege in den öffentlichen Dienst offen – durch die Gleichstellung des Bachelorabschlusses mit einem Fachhochschuldiplom öffnen sich dir die Türen für den Gehobenen Dienst – die zum Höheren Dienst allerdings bleiben dir verschlossen. Die Zuordnung der neuen Studienabschlüsse erfolgt entsprechend den Beschlüssen der Kultusministerkonferenz aus dem Jahr 2002 und stellt außerdem die Bachelorabschlüsse von Unis und FHs gleich (Bröning, 2005, S. 40). «

Beachte bitte, dass der Punkt hinter die Literaturangabe gesetzt wird. Es ist auch möglich, die Literaturangabe als Fußnote einzufügen, siehe unten.

Quellenangabe: Beispiel 2

Zu den Möglichkeiten, sich mit dem Bachelorabschluss für den Öffentlichen Dienst zu bewerben, führt Bröning[1] aus:

» Grundsätzlich stehen dir mit einem Bachelorabschluss beruflich auch die Wege in den öffentlichen Dienst offen – durch die Gleichstellung des Bachelorabschlusses mit einem Fachhochschuldiplom öffnen sich dir die Türen für den Gehobenen Dienst – die zum Höheren Dienst allerdings bleiben dir verschlossen. Die Zuordnung der neuen Studienabschlüsse erfolgt entsprechend den Beschlüssen der Kultusministerkonferenz aus dem Jahr 2002 und stellt außerdem die Bachelorabschlüsse von Unis und FHs gleich. «

In der Fußnote steht dann: [1] Bröning, 2005, S. 40.

Man muss eine Quelle nicht in jedem Fall vollständig zitieren, sondern kann Sätze oder Teilsätze auch weglassen. Dies wird dann durch drei Punkte – meist, aber nicht immer – in einer eckigen Klammer deutlich gemacht […]. Wenn man geschickt vorgeht, ist es möglich, auf diese Weise Aussagen derart zu verfremden, dass sie scheinbar die eigenen Hypothesen unterstützen. Bitte unterlasse dies! Es ist wissenschaftlich nicht korrekt, man könnte dir die Fälschung nachweisen, und du hättest dann die schon genannten negativen Konsequenzen zu befürchten.

Wörtliche Zitate implizieren auch, dass man eventuell vorhandene Textfehler übernimmt und entweder durch das lateinische »*sic*« (»so« vorgefunden) oder durch ein Ausrufezeichen markiert. Hebst du selbst etwas im Text hervor – z. B. durch Fettdruck – oder fügst Ergänzungen in ein Zitat ein, die manchmal notwendig sind, um keine Satzbrüche entstehen zu lassen, wird dies durch die hintangesetzte Erklärung [d. Verf.] kenntlich gemacht.

Zitierbeispiel mit eckigen Klammern

Otto von Bismarck: »Ich missbillige den Kampf gegen die Juden« (1881)

» Aber sicherlich berechtigt es nicht, über ihre größere Wohlhabenheit jene aufreizenden Äußerungen zu tun, die ich durchaus verwerflich finde, weil sie den Neid und die Missgunst der Menge erregen. Ich werde niemals darauf eingehen, dass den Juden die ihnen verfassungsmäßig zustehenden Rechte in irgendeiner Weise verkümmert werden […] (Pollatschek u. Schmidt, 2004, S. 177). «

Online-Zitate

Bei Zitaten aus Internet-Veröffentlichungen, etwa einem online erschienenen wissenschaftlichen Zeitschriftenaufsatz, werden genannt:
- Name des Autors,
- Titel des Beitrags,
- vollständige URL (Internet-Adresse),
- Datum der Einsichtnahme mit Tag, Monat und Jahr.

Falls ein Erscheinungsjahr existiert, wird auch dieses aufgenommen. Nicht alle Internet-Beiträge sind wissenschaftlich integer, daher ist bei solchen Zitaten besonders auf die Seriosität der Quelle zu achten.

Zitierbeispiel Internet

Faust, V. (o. J.). Amok. Blindwütige Gewaltdurchbrüche als neue Gefahr?
   URL: http://www.psychosoziale-gesundheit.net/seele/amok.html
   (Stand: 13.01 2012)

Allgemeinplätze

Wenn du auf Personen, Fakten, Zitate usw. verweist, bei denen man davon ausgehen kann, dass diese zum allgemeinen Wissensfundus eines halbwegs gebildeten Mitteleuropäers gehören, musst du keine Quellen nennen.

Beispiel
Erwähnst du etwa den »Faust«, ist es beispielsweise überflüssig zu vermerken, dass dieses Werk von Johann Wolfgang von Goethe verfasst wurde. Dasselbe gilt, wenn du auf die »Relativitätstheorie« hinweist, die jeder, der nicht gerade aus Dummsdorf stammt, sogleich Albert Einstein zuschreibt.

Wo jeweils die Grenze zu ziehen ist, wird von Fall zu Fall entschieden, da es diesbezüglich keine verbindlichen Vorgaben gibt. Es ist zudem nicht auszuschließen, dass man in absehbarer Zeit auch bei den oben genannten Beispielen Quellen angeben muss, da die Allgemeinbildung der Deutschen leider im Niedergang begriffen zu sein scheint. Heutzutage kann es schon vorkommen, dass in TV-Quizshows Lehramtskandidaten auftreten, die einmal Gymnasiasten in Deutsch und Geschichte unterrichten wollen, aber weder wissen, wer Gutenberg war noch wie Cäsar mit Vornamen hieß. Brrr!!! Arme Schüler!

Uneinheitliche Zitiervorgaben

Einige Zitiervorgaben sind, was die Details betrifft, etwa Kommasetzung, Ausschreibung oder Abkürzung von Vornamen etc., unterschiedlich. Zum Teil wird beispielsweise bei Literaturangaben auf die Zeichensetzung verzichtet, wie das nachfolgende Beispiel zeigt. Befrage im Zweifelsfall bitte den »Styleguide« deines Fachs.

Zitierbeispiel mit reduzierter Zeichensetzung
Linnoila VM, Virkkunen M. Aggression, suicidality and serotonin. J Clin Psychiatry 1992; 53 Suppl: 46-51

Inhaltliche Auseinandersetzung mit der Forschung

Wenn man eigene Positionen von Ergebnissen und/oder Standpunkten der Forschungsliteratur abgrenzen möchte, kann man dies in indirekter oder direkter Weise tun.

Beispiel für eine indirekte Vorgehensweise

》 Gemäß dieser Vorstellungen stehe die Stabilisierung der aktuellen hierarchischen und kulturellen Gegebenheiten innerhalb der Organisation im Vordergrund, was durch die Auswahl anpassungswilliger Bewerber bewerkstelligt werden soll. Dadurch werde die Messung von Loyalität und Identifikationsbereitschaft der eigentliche Zweck von Personalauswahl, dem im Konfliktfall sogar fachliche Leistungsvoraussetzungen untergeordnet würden (Hanft, 1991, 1999; Neuberger, 1989, 2002). Das weist auf eine Vorstellung von Leistungserbringung hin, die eine Alternative zum Fachspezialistentum darstellt (Wick, 2005). 《

Durch den Wechsel zwischen indirekter Rede und Indikativ macht der Autor deutlich, an welchen Stellen es sich um Fremdmeinungen handelt. Mit dem letzten Satz leitet er zugleich zu seinem eigenen Ansatz über. Die Fremdmeinungen werden jeweils in Kurzform belegt, die vollständigen Angaben zu den Quellen finden sich im Literaturverzeichnis.

Man kann die Auseinandersetzung mit der Sekundärliteratur aber auch offensiver führen, wie das nachfolgende Beispiel zeigt. Wurde ein Autor schon eingeführt, genügt ein entsprechender Verweis in einer Fußnote.

Beispiel für eine direkte Vorgehensweise

》 Hinsichtlich des Sagaschlusses differenziert Andersson[1] ebenfalls zwischen zwei Grundformen. Erstere liefere Informationen über das zukünftige Leben und die späteren Taten des/der Helden, während letztere Berichte über direkte Nachkommen oder entfernte Verwandte zentraler Sagaprotagonisten umschließe und bisweilen auch Mitteilungen über Nebenfiguren, die den Sagakonflikt überlebten, enthalte. Beide Formen böten in Hinblick auf zwingende Postulate der Handlungsstruktur jedoch nur zufällige, für den Bauplan der Saga letztlich bedeutungslose Inhalte.

Andersson ist an dieser Stelle jedoch entgegenzuhalten, daß zumindest einige der von ihm als bedeutungslos klassifizierten Prologe und Epiloge durchaus sinnvolle Bezüge zu Sagainhalt und -aufbau erkennen lassen, so vor allem Einleitung und Schluß der ‚Laxdœla saga'.

Fußnote[1]: Andersson [Anm. 2], S. 8. (Bensberg, 2000, S. 45) 《

7.2 Probleme und Lösungen

Zu den typischen Problemen, die in dieser Bearbeitungsphase auftreten können, gehören folgende:

7.2.1 Sekundärliteratur fehlt bzw. überfordert

Diese Problematik kommt durchaus vor und wird manchmal zu spät, d. h. erst nach der Anmeldung der Thesis erkannt.

So kann es sein, dass sich noch kaum jemand für dein »Exotenthema« erwärmt hat und daher hinsichtlich der Sekundärliteratur tabula rasa herrscht. Es ist auch möglich, dass die Sekundärliteratur zu 90 Prozent fremdsprachig ist, z. B. in Französisch verfasst wurde. Du erinnerst dich dunkel, das war das Fach, in dem du während deiner Schulzeit immer gefehlt oder unter der Bank gesimst hast.

Eine andere Variante besteht darin, dass wichtige Werke nur schwer zugänglich und/oder zum Teil gar nicht ausleihbar sind, sondern nur in Bibliotheken eingesehen werden dürfen, die sich noch dazu weit entfernt von deinem Studienort befinden. Bei solchen Werken handelt es sich manchmal um ältere Originale, von denen es nur noch einzelne Exemplare gibt, die aufgrund ihres Alters schon beim Kopieren beschädigt werden bzw. schlimmstenfalls zu Staub zerfallen könnten (◘ Abb. 7.3).

◘ Abb. 7.3 Macht ja nix, war doch sowieso ein alter Schinken!

7.2.2 Springen oder aufgeben

Für das Problem »fehlende Sekundärliteratur« gibt es zwei Lösungsansätze. Entweder man gibt das Thema rechtzeitig zurück, was in der Regel innerhalb einer in der Prüfungsordnung genannten Frist von meist 2–4 Wochen problemlos möglich ist (▶ Abschn. 6.2.4), oder man lässt sich auf das Abenteuer ein, völlig frei aus den eigenen grauen Zellen zu schöpfen. Letzteres bedeutet, ohne Netz zu arbeiten und Unsicherheit zu ertragen.

Für überdurchschnittlich einfallsreiche und selbstbewusste junge Menschen stellt dies kaum ein Problem dar. Manche Studierende genießen es sogar, ohne die schriftlichen Ergüsse zahlreicher Geistesgrößen einweben zu müssen, in den Pool ihres eigenen Ideenreichtums eintauchen zu können. Daher gibt es Studenten, die aus diesen Gründen bewusst ein möglichst exotisches Nischenthema »beackern« möchten.

Bist du eher eine ängstliche Natur, die nicht gerade vor Einfällen sprudelt und auch nicht zu den begeisterten »Schreiberlingen« gehört, rate ich dir, dich am Ende deines Studiums nicht auf die Experimentierwiese zu begeben, sondern ein von der Forschung kaum beachtetes Thema zurückzugeben. Dies empfiehlt sich auch vor dem Hintergrund des recht hohen Stellenwerts der Abschlussarbeit. Sie erscheint gesondert mit Benotung in deinem Zeugnis und springt damit jedem Personaler, der deine Bewerbungsunterlagen prüft, sofort ins Auge.

Für das Problem der unzugänglichen oder fremdsprachigen Sekundärliteratur gilt Ähnliches. Du musst entscheiden, ob du das Thema zurückgibst oder ob es dir so viel bedeutet, dass du bereit bist, Kosten und lange Wege in Kauf zu nehmen bzw. ob du jemanden kennst, der fähig und willens ist, wichtige Bücher und Aufsätze ins Deutsche zu übersetzen.

7.2.3 Lesen ohne Ende

Manche Absolventen steigen zunächst relativ problemlos in die Arbeit ein, kommen aber vor lauter Recherchieren und Lesen nicht zum Schreiben. Sie überprüfen sorgfältigst jede einzelne Literaturangabe in jedem einzelnen von ihnen gesichteten Werk, erweitern ständig ihr Literaturverzeichnis und sind getrieben von der Angst, sie könnten einen wichtigen Beitrag, eine zentrale Aussage, eine wissenschaftliche Koryphäe übersehen. Am Ende haben sie Massen an Unterlagen gesammelt, aber noch keine einzige Zeile zu Papier bzw. Bildschirm gebracht.

Das dahinter stehende Motiv ist meist Angst vor dem Schreiben selbst bzw. davor, am Ende ein fertiges »Produkt« abliefern zu müssen, das bewertet wird. Mit hinein spielt oft mangelndes Selbstvertrauen, indem solche Studierende ihren eigenen Ideen wenig Gewicht beimessen, sondern meinen, sich ständig auf den geistigen Output diverser Wissenschaftsgrößen beziehen zu müssen.

Diese destruktive Strategie ist noch zu steigern, indem am Ende gar nicht mehr gelesen, sondern nur noch emsig wie ein Eichhörnchen, das sich auf einen Winter in der Arktis vorbereitet, gesammelt wird, und zwar Buch für Buch, Kopie für Kopie, Internetausdruck für Internetausdruck. Je weniger man diese manchmal wirklich beeindruckende Sammlung noch überblickt, desto schwieriger wird es, in den eigentlichen Schreibprozess einzutreten.

Fallbeispiel
Eine Studentin, nennen wir sie Sarah, kam relativ verzweifelt zum Erstgespräch. Sie war noch in einem der auslaufenden Magisterstudiengänge immatrikuliert und schon längst scheinfrei. Fast ein Jahr hatte sie mittlerweile damit verbracht, Literatur für ihre Magisterarbeit zu sammeln. Die Arbeit war noch nicht angemeldet, und sie hatte sich aus Peinlichkeitsgründen schon lange nicht mehr bei ihrem Betreuer gemeldet. Sie wohnte noch bei den Eltern, die sich zunehmend Sorgen machten, ob ihre einzige Tochter das Studium jemals werde beenden können. Nach einem ernsten Gespräch mit ihrer Mutter, bei dem auf beiden Seiten Tränen flossen, kam Sarah schließlich in die Beratungsstelle.

7.2.4 Begrenzung von Werk- und Seitenzahl

Wie schiebt man endlosem Lesen am besten den Riegel vor?

Erster Leitsatz: Du beherrschst die Literatur und nicht umgekehrt!
Das mag banal klingen, ist es aber leider nicht. Vielen Studis ist zu wenig bewusst, dass sie selbst – natürlich in Absprache mit dem Betreuer – an den Schalthebeln der Macht sitzen, was ihre Thesis betrifft. Du entscheidest, welche Werke du aufnimmst, welche Argumentationsstränge verfolgt werden sollen usw. Es ist allein deine Arbeit, es ist dein Baby!

Zweiter Leitsatz: Es ist unmöglich, bei einem Thema wirklich alle in diesem Zusammenhang erschienenen Beiträge zu berücksichtigen!
Solltest du dieser abstrusen Überzeugung noch anhängen, wirf sie bitte so schnell wie möglich über Bord. Angesichts der heutigen Informationsvielfalt und der astronomisch anwachsenden Zahl von Publikationen ist es nicht einmal bei einer Dissertation oder Habilitationsschrift möglich, sämtliche weltweit zu einem Thema veröffentlichte Studien zu integrieren. Bei einer Bachelorarbeit wird dieser Anspruch glücklicherweise auch gar nicht erhoben.

Das bedeutet, niemand erwartet von dir, dass du dich in der Fußgängerzone unter die Bettler begibst oder bei deiner Bank einen Zwischenkredit beantragst, um mit dem Geld auf die Osterinseln zu fliegen, weil in der Bibliothek von Hanga Roa ein halbseitiger Aufsatz zu deiner Thesis erschienen ist, der sich dummerweise nur dort einsehen lässt.

Solltest du das Thema »Konsequenzen des Wickelbretts für die ödipale Entwicklungsphase des Knaben« bearbeiten, musst du auch nicht ein Jahr bei den Navaho-Indianern verbringen, um zunächst einmal echte Wickelbretter im dortigen Reservatsmuseum zu begutachten. (Bei einer besonders anspruchsvollen Dissertation oder im Rahmen eines hochrangigen Forschungsprojekts könnte eine solche Exkursion allerdings vorgesehen sein!)

Dritter Leitsatz: Vieles ist redundant!
Es ist außerordentlich schwer, im 21. Jahrhundert das Rad neu konstruieren zu wollen. Daher findet sich typischerweise eine Fülle von Verweisen auf schon vorhandene ähnliche Publikationen innerhalb der Sekundärliteratur. Außerdem häufen sich in einzelnen Werken Redundanzen – manche Au-

toren geraten nämlich gerne einmal »ins Plaudern« –, sodass man nicht immer jede Seite von vorne bis hinten und Zeile für Zeile lesen muss.

Es versteht sich wohl von selbst, dass diese Strategie nicht für ein der Arbeit zugrundegelegtes Primärwerk gilt, das selbstverständlich Wort für Wort und sogar wiederholt zu lesen ist.

> **Faustregel:** Wenn du dir ca. drei Grundlagenwerke nebst einigen Aufsätzen »einverleibt« hast, kannst du im Prinzip schon starten, d. h. die erste Grobgliederung erstellen und vorläufige Hypothesen formulieren.

7.2.5 Was ist wichtig, was ist unwichtig?

Häufig fällt es Studenten bei der Aufarbeitung der Sekundärliteratur sehr schwer, die wichtigen Aussagen herauszufiltern und die Eckpunkte eines Textes zu markieren. Diese Problematik führt oft dazu, dass aus Angst, etwas zu übersehen, zu viele Textstellen und Forschungsmeinungen berücksichtigt werden bzw. die großen Linien verschwinden und der Wald nicht mehr erkannt wird, sondern im Wirrwarr unzähliger Bäume verschwindet.

7.2.6 Beurteilungskriterien finden

Um sich die professionelle Beurteilung der Sekundärliteratur zu erleichtern, sollte man in erster Linie die Haltung des Betreuers gegenüber wichtigen Werken eruieren und zudem gezielt nach Kommentaren anderer Forscher suchen. Die einfachste Zugangsmöglichkeit bietet hierzu das Internet. Bei sehr bedeutsamen Werken finden sich manchmal sogar inhaltliche Zusammenfassungen, die einen raschen Überblick über die Publikation bieten.

Es gibt außerdem ökonomische Strategien, um innerhalb eines Textes Wichtiges von Unwichtigem zu unterscheiden.

Hervorhebungen im Text
Die einfachste Strategie besteht darin, den Beitrag nach hervorgehobenen Passagen, die z. B. in einen Kasten gesetzt oder fett gedruckt sind, zu durchforsten. Manche Autoren fassen am Ende eines Kapitels die wichtigsten Aussagen noch einmal zusammen oder stellen ein Abstract an den Anfang. Solche Hinweise sind als Kompass zu verstehen, der den Weg zu den wirklich relevanten Aussagen und Textteilen weist.

Schlüsselwörter
Daneben gibt es auf der Sprachebene Hinweise, die eine vergleichbare Funktion haben. Durchforste den Text nach Wörtern und Wendungen, die als Keywords zu wichtigen Aussagen hinleiten. Zu diesen Keywords gehören Ankündigungswörter wie »deshalb, darum, ergo«, die Ergebnissen und Schlussfolgerungen vorangestellt sind. Beendigungswörter – etwa »abschließend«, »zum Ende«, »Fazit ist« – schlagen die Brücke zur komprimierten Darstellung von Resultaten und Hauptaussagen. Auch kontradiktorische Richtungswörter – z. B. »aber«, »dennoch«, »jedoch« – sind besonders zu beachten, da sie gegensätzliche Sichtweisen und Argumente ankündigen.

7.2.7 Ausufernde Zusammenfassungen schreiben

Eine andere Möglichkeit, den Abschluss der Thesis gekonnt hinauszuzögern, besteht darin, sämtliche Sekundär- und auch Primärbeiträge möglichst ausführlich zu exzerpieren. Wie wahrscheinlich jeder weiß – und wer es noch nicht weiß, dem sei es hiermit gesagt –, ist dies ein ungemein zeitaufwendiger Prozess, dessen Nutzen und Effizienz nicht sonderlich hoch sind.

Warum aber ist diese Methode dann nicht schon längst in Vergessenheit geraten? Ein Grund besteht darin, dass die Anfertigung umfangreicher schriftlicher Zusammenfassungen, in denen zum Teil nur in eigenen Worten ausgedrückt wird, was im Original schon viel präziser formuliert wurde, es ermöglicht, sich ständig mit der Arbeit zu beschäftigen, ohne zugleich mit dem eigentlichen Schreiben zu beginnen. Diese Vorgehensweise baut Angst ab und beruhigt zugleich das Gewissen, denn man ist schließlich ständig mit der Thesis befasst. Indem man sich jedoch mithilfe dieser Strategie permanent an der Peripherie der Arbeit bewegt, errichtet man selbst psychologische Barrieren, die einen zunehmend daran hindern, in den eigentlichen Schreibprozess einzutreten.

Fallbeispiel
Marina bearbeitete das Thema »Die Frauengestalten in den Novellen Heinrich von Kleists« und gönnte sich für den Einstieg eine Vorlaufzeit von einem Semester. Sie sammelte fleißig Bücher und Aufsätze und klammerte sich regelrecht an die Sekundärliteratur, um das eigentliche Schreiben, dem sie sich nicht gewachsen fühlte, hinauszögern zu können. Texte zu lesen, auch wenn sie sehr anspruchsvoll waren, bereitete ihr hingegen wenig Probleme. Sie las und las und fertigte Exzerpte an, die fast schon den Umfang von Monographien annahmen. Da sie kein Ende finden konnte mit Bibliographieren und Lesen, ging viel Zeit ins Land, ohne dass sie eine Gliederung erstellt oder auch nur eine Zeile geschrieben hätte.

Es ist ein Irrtum zu glauben, man müsse erst alles restlos gelesen und möglichst auch exzerpiert haben, bevor man in den eigentlichen Schreibprozess eintreten kann. Das ist barer Unsinn! Die Prozesse des Lesens, der Ideenproduktion und des Schreibens sind eng miteinander verzahnt. Eine gute Arbeit lebt davon, dass sich diese unterschiedlichen Arbeitsgänge wechselseitig befruchten.

Der Schreibstil einer Habilitandin

» Das Chaotische ist, dass ich eine Idee oder einen Gedanken habe und das erst mal sofort aufschreibe, ohne Konzept, ohne Gliederung und dass dann alles darum herumwuchert und ich zwischendurch auch immer wieder lese, auch zu ganz anderen Themen und dass ich die Sache auch mal vier, fünf Wochen liegen lasse und an einem ganz anderen Ende dann wieder anfange mit dem Schreiben (Keseling, 2004, S. 155). «

Hauptfehler sind also:
- Exzerpieren, um den eigentlichen Schreibprozess hinauszuzögern,
- Zu ausführliche Exzerpte anfertigen,
- Trennung der Arbeitsgänge Lesen, Exzerpieren, Schreiben.

7.2.8 Effiziente Bearbeitungsstrategien einsetzen

Um dieses unökonomische und vielfach auch ineffiziente Vorgehen zu vermeiden, sollte man auf andere Bearbeitungstechniken zurückgreifen.

Mind-Mapping
Bei einer Mind-Map handelt es sich um eine Art geistige Landkarte, die durch Schlüsselwörter strukturiert ist unter Nutzung von Symbolen und Aspekten der räumlichen Vorstellung (▶ Abb. 8.2).

Die Methode eignet sich sehr gut, unter Verzicht auf zeitraubende, langatmige schriftliche Exzerpte Notizen zu erstellen, d. h. Zusammenfassungen, Gliederungen und Protokolle.

Außerdem stellt die Anfertigung einer Mind-Map eine Chance für die vertiefte Durchdringung eines Themenbereichs dar. Es ist zwar möglich, ohne intensives Nachdenken lineare schriftliche Aufzeichnungen zu produzieren, das Erstellen von Mind-Maps ist jedoch ohne beständiges Reflektieren nicht denkbar.

Vorgehen: Eine Mind-Map zu konzipieren, erfordert immer mehrere Durchgänge. Man benötigt zunächst einige weiße, weder karierte noch linierte Blätter, ein Lineal und mehrere bunte Stifte.

Das Blatt legt man im Querformat vor sich auf die Arbeitsplatte und trägt in der Mitte das Thema oder das Gebiet ein, mit dem sich das Buch oder einzelne Kapitel beschäftigen, also z. B. »Quantentheorie«, »Erdzeitalter« etc. Ausgehend von diesem Zentralbegriff werden Hauptlinien gezogen und auf diesen – in Druckbuchstaben – jeweils ein das Thema erhellendes Schlüsselwort vermerkt.

Die Anzahl der Hauptäste sollte um des besseren Überblicks willen auf höchstens sechs begrenzt bleiben. Von diesen Hauptästen gehen in einem zweiten Arbeitsschritt Verzweigungen ab, die sich aufspalten und ebenfalls sämtlich mit Schlüsselwörtern versehen werden, die jedoch immer weniger Informationen umfassen.

Bei den so bezeichneten Schlüsselwörtern handelt es sich formal meist um Substantive, Verben oder Adjektive und inhaltlich um Bezeichnungen, die komplexe Wissenseinheiten und Kontextdependenzen in Bezug auf den Zentralbegriff zu »entschlüsseln« vermögen.

Jetzt können in einem weiteren Schritt zusätzliche sinnvolle Bezüge zwischen den Haupt- und Nebenästen hergestellt werden, und zwar mithilfe von Pfeilen, Bildern, Symbolen und Farben, sodass die Tiefenstruktur der jeweiligen Thematik noch besser ersichtlich wird.

Die praktisch-konkrete Gestaltung der Linien kann in unterschiedlicher Weise realisiert werden. Bei der »Clustermethode« werden die Schlüsselwörter eingekreist. Prinzipiell sind der Phantasie bei der Schaffung einer Mind-Map aber keine Grenzen gesetzt.

Ist eine Mind-Map vollendet, gilt es, abschließend zu überprüfen, ob alle wesentlichen Kriterien und inhaltlichen Strukturen der Inhalte erfasst sind.

Markierungsmethode

Es empfiehlt sich, wichtige Aussagen, Formeln usw. mit verschiedenfarbigen Textmarkern hervorzuheben und dabei ein bestimmtes Farbensystem festzulegen und dieses dann ständig anzuwenden, z. B. »gelb« für Definitionen, »rot« für Formeln, »grau« für Beispiele usw. Folien und Skripte sind einseitig auszudrucken, damit auf den Rückseiten Ergänzungen hinzugefügt werden können.

iPads

Wenn du über recht viel Kohle oder aber spendable Verwandte verfügst, solltest du dir neben deinem PC bzw. Laptop noch ein iPad (oder einen anderen Tablet-Computer) zulegen. iPads haben den Vorteil, dass Bücher im Unterschied zu den gängigen Textverarbeitungsprogrammen nicht wie Endlostexte erscheinen, sondern als reales Buch visualisiert werden, in dem man blättern und virtuelle Lesezeichen einfügen kann. Das erleichtert die Bearbeitung von Texten sehr.

7.2.9 Wer sagt was?

Vielen Studenten bereitet es Schwierigkeiten, sich von der Sekundärliteratur abzugrenzen und einen eigenen Ansatz zu formulieren. Fragen, die in diesem Zusammenhang häufig gestellt werden, sind:
- Wie bewerte ich Forschungsmeinungen, die einander widersprechende Positionen vertreten?
- Wie begründe ich meinen eigenen Standpunkt, wenn dieser von den dominierenden Forschungsmeinungen abweicht?
- Zu meinem Thema ist schon alles gesagt, wie kann ich da einen eigenständigen Ansatz entwickeln?
- Darf ich überhaupt eine Meinung äußern, die von den Auffassungen anerkannter Autoritäten abweicht?

Zu vielen Themen existieren höchst diskrepante Forschungsansätze. Das ist innerhalb des Wissenschaftsbetriebs nicht nur völlig normal, sondern auch erwünscht, denn die Forschung schreitet nur durch kritische Geister, die das scheinbar etablierte Wissen hinterfragen, voran.

Beispiel: Unvereinbare Standpunkte
Zurzeit stehen sich, was die Entwicklung der Arbeitslosenzahlen bis zum Jahr 2020 in der Bundesrepublik Deutschland betrifft, zwei Expertenmeinungen diametral gegenüber:

Die eine geht davon aus, dass sich die hohen Arbeitslosenzahlen bald ins Gegenteil verkehren und der Wirtschaft Arbeitskräfte, vor allem gut ausgebildete Fachkräfte, in hohem Maße fehlen werden.

Die andere bestreitet, dass dem so sei, und prophezeit anhaltend hohe Arbeitslosenzahlen, u. a. resultierend aus sich ausweitenden Zuwandererquoten, Rationalisierungsfortschritten und Aufhebung der verdeckten Arbeitslosigkeit.

Anderen Absolventen fällt es zwar relativ leicht, eine eigene Sichtweise zu entwickeln, aus der sich Annahmen und Hypothesen ableiten lassen, aber sie tun sich recht schwer damit, diese fundiert von schon vorhandenen Forschungsergebnissen oder -postulaten abzugrenzen.

Es gibt beliebte Themen, zu denen eine Flut an Literatur existiert, von dicken Wälzern bis zu schmalbrüstigen Zeitungsartikeln, sodass es in der Tat schwierig ist, hier noch originelle Ideen in die Thesis einzubringen bzw. Neues, nicht schon millionenfach Wiedergekäutes zu entdecken. Ein solches Thema wäre in der Germanistik z. B. Schillers »Kabale und Liebe« oder in der Romanistik »Germinal« von Émile Zola.

Unabhängig von diesen Erschwernissen ist es aber auch ein Faktum, dass sich ein Teil der Studierenden nicht traut, eigenständige Meinungen zu entwickeln, sondern sich durch die Fülle der Beiträge zu dem eigenen Thema, die noch dazu von hochrangigen Professoren verfasst wurden, einschüchtern lässt.

7.2.10 Mein ist mein, und dein ist dein

Es ist nicht nur erlaubt, Positionen zu vertreten, die dem Mainstream der Forschung vielleicht widersprechen, sondern mehrheitlich sogar erwünscht. Die meisten Dozenten freuen sich über innovative Sichtweisen oder unerwartete empirische Ergebnisse und belohnen diese in der Regel mit guten Noten. (Eine Ausnahme bilden allerdings jene, die den Narzissmus-Hut tragen und nur sich selbst zitiert sehen wollen. Hier ist psychologisches Feingefühl gefragt!) Bedingung ist natürlich, dass du deine Positionen logisch nachvollziehbar begründen kannst bzw. einen überzeugenden Untersuchungsplan erstellt hast.

Defizite und Lücken entdecken

Um einen Ansatz, der neu ist und heilige Forschungskühe schlachten soll, argumentativ zu fundieren, bieten sich zwei Möglichkeiten. Einmal kann man sämtliche Defizite der bisherigen Publikationen sammeln und an diese dann mit eigenen Überlegungen andocken.

Beispiel: »Kritisch gegenüber A ist allerdings einzuwenden, dass erstens …, zweitens …, drittens … Daher präferiere ich folgenden Ansatz: ….«

Eine andere Möglichkeit besteht darin, Lücken innerhalb der bisherigen Forschung – sog. Forschungsdesiderata – aufzutun und in diese Lücken mit dem eigenen Ansatz vorzustoßen.

Beispiel: »Trotz aller Verdienste der bisherigen Forschungsbemühungen existieren leider noch keine Beiträge zu …. Daher versucht der Ansatz dieser Arbeit gezielt ….«

Die Beispiele sind notgedrungen sehr vereinfacht und verdeutlichen nur das Prinzip.

Drei-Schritte-Technik

Es gibt eine recht einfache Methode, um zu eigenen Standpunkten, die sich im besten Fall von denen der Sekundärliteratur deutlich unterscheiden, zu gelangen. Am ehesten gelingt dies, indem man die Sekundärliteratur zunächst völlig ignoriert und so tut, als gebe es sie gar nicht. Das ist übrigens der »Trick« vieler bekannt gewordener Geistesgrößen, die mit ihren revolutionären Ideen in die Geschichte eingingen. Sie scherten sich wenig um die Meinung von Autoritäten, sondern waren überzeugt, es besser zu wissen. Das praktische Vorgehen besteht aus drei Arbeitsgängen.

> **Drei-Schritte-Technik**
> 1. Brainstorming,
> 2. Überprüfung,
> 3. Hypothesenbildung.

In einem ersten Schritt notierst du alle Ideen, die dir zu deinem Thema einfallen, und zwar ohne zuvor eine Zeile der Sekundärliteratur gelesen zu haben oder indem du alles Gelesene einmal bewusst ausblendest.

In einem zweiten Schritt überprüfst du vor dem Hintergrund deines in den Studienjahren angesammelten Wissens, welche Stichwörter weiterführend sind und ausdifferenziert werden sollten. Alle anderen Stichwörter werden gestrichen.

In einem dritten Schritt formulierst du die Stichwörter in Hypothesen um und schreitest von deinen Basisannahmen zu immer spezielleren Überlegungen voran. Abschließend beziehst du die Sekundärliteratur wieder ein und führst einen Abgleich mit deinen eigenen Ideen durch.

Fallbeispiel

Saskia steht am Ende ihres Studiums der Soziologie und Politologie und interessiert sich sehr für das Thema ihrer Masterarbeit «Vorurteile gegenüber Hochdeutsch-Sprechern». Aber nach den ersten Wochen, in denen sie die Literatur gesammelt und aufgearbeitet hat, ist sie verwirrt und eingeschüchtert von der Vielzahl der Beiträge und der manchmal unverständlichen Wissenschaftssprache. Sie hat das Gefühl, überhaupt nichts Neues mehr zu diesem Thema schreiben zu können und befürchtet schon, ihre Thesis werde am Ende nur aus einem Überblick über die vorhandene Forschung bestehen. Ihr ist klar, dass sie auf diese Weise weder den Erwartungen ihres Professors noch ihrem eigenen Anspruch genügen kann und ist dementsprechend frustriert.

Mithilfe der oben beschriebenen Vorgehensweise gelingt es ihr jedoch, eigene Hypothesen zu entwickeln, die sie in Rücksprache mit ihrem Betreuer weiter entfalten kann.

Bei diesem Vorgehen ist es möglich, dass sich dir neue Sichtweisen erschließen, die sich stringent ausbauen lassen.

Einander widersprechende Forschungsmeinungen werden gemäß dem eigenen Ansatz entweder unterstützt oder abgelehnt. Bist du diesbezüglich überfordert, greife auf bereits formulierte kritische Kommentare zurück und versuche, sie zu reflektieren, gegeneinander abzuwägen und ggf. weiterzuführen. Denke immer daran: Auch Professoren kochen nur mit Wasser! Lasse dich auch durch einen noch so wissenschaftlichen, scheinbar hochgradig anspruchsvollen (und daher meist schwer verständlichen!) Stil nicht allzu sehr beeindrucken. Er dient manchmal nur dazu, die Flachheit der inhaltlichen Aussagen zu verdecken. Eine meiner Germanistikprofessorinnen fand in den 1970er Jahren dafür den schönen Ausdruck »verbale Hochstapelei«.

Selbstwertsteigerung

Voraussetzung für diese erfolgreiche Strategie ist aber eine gehörige Portion Selbstvertrauen! Und daher möchte ich dir am Ende des Kapitels noch einige Tipps zur Steigerung deines Selbstbewusstseins mit auf den Weg geben!

Aufgabe

Setzte die folgenden Strategien zur Selbstwertsteigerung ein!

Mache dir deine eigenen Stärken bewusst! Nimm ein weißes Blatt und trage darauf alle deine Vorzüge, Fähigkeiten, Erfolge usw. ein. Die Aufgabe ist erst dann beendet, wenn das gesamte Blatt beschrieben ist. Bewahre dieses Blatt gut auf.

Visualisiere deine Erfolge! Krame dein Abizeugnis hervor und betrachte es genau. Egal wie gut oder schlecht es war, zum Bestehen hat es gereicht, und damit ist es ein Erfolg! Solltest du besonders sportlich sein, stelle deine gewonnenen Pokale gut sichtbar auf usw.

Lege eine positive Grundmaxime fest! Hier eignen sich z. B. Sätze wie »Ich kann etwas!« oder »Ich bin wer!« oder »Aus mir wird etwas!« Du kannst sie als Bildschirmschoner verwenden, sodass du sie fast jeden Tag liest und dabei die Botschaft auch in unbewusstere Schichten deiner Persönlichkeit eindringt.

Suche und bestehe Herausforderungen! Plane etwas Ungewöhnliches, das du schon immer gerne tun wolltest, wovor du aber bisher zurückgeschreckt bist. Wandere 14 Tage allein durch die Tatra, bewirb dich für ein Praktikum in den Slums von Madras, hänge dir bei der nächsten Schlangenausstellung eine Boa um den Hals, falls du dich vor diesen Tieren fürchtest usw. Jede Herausforderung, der man sich gestellt hat, stärkt das Selbstbewusstsein.

Lass Erfolge nicht verpuffen! Notiere täglich alle Erfolge in einem Kalender. Verwende hierzu nicht den PC, weil Eintragungen dort leicht löschbar sind und du nicht die Erfahrung machen kannst, dass deine Erfolge in einigen Jahren womöglich zu einem kleinen Berg angewachsen sind.

Merke!
- Gehe bei der Bearbeitung der Sekundärliteratur ökonomisch vor; nutze dabei die vorgestellten Methoden!
- Halte dich nicht zu lange mit Lesen und Exzerpieren auf, sondern fange möglichst parallel mit Schreiben an!
- Habe den Mut, eigene Hypothesen zu entwickeln und zu vertreten!

7.2.11 Belohnung

Du hast dich gründlich mit den Inhalten dieses Kapitels auseinandergesetzt und sie für deine schriftliche Arbeit genutzt? Dann kannst du jetzt überlegen, worin deine Belohnung bestehen soll!

> **Ich belohne mich, indem ich**
> _____
> _____
> _____

Literatur

Bensberg G (2000) Die Laxdœla saga im Spiegel christlich-mittelalterlicher Tradition. Peter Lang, Fankfurt/Main

Bröning T (2005) Dein Weg zum Bachelor. Uni-Edition, Berlin

Duden (2006) Die schriftliche Arbeit kurz gefasst. Eine Anleitung zum Schreiben von Arbeiten in Schule und Studium (insbesondere 6.3. Zitate und Zitieren). Bibliographisches Institut & F.A. Brockhaus AG, Mannheim

Karmasin M, Ribing R (2009) Die Gestaltung wissenschaftlicher Arbeiten (insbesondere Kap. 4). Facultas, Wien

Keseling G (2004) Die Einsamkeit des Schreibens. Wie Schreibblockaden entstehen und erfolgreich bearbeitet werden können. VS Verlag für Sozialwissenschaften, Wiesbaden

Kornmeier M (2011) Wissenschaftlich schreiben leicht gemacht für Bachelor, Master und Dissertation (insbesondere Kap. 4), 4. Aufl. UTB, Köln

Pollatschek I, Schmidt W-R (Hrsg) (2004) Der brennende Dornbusch. Glanz und Elend der Juden in Europa. Gütersloher Verlagshaus, Gütersloh, S 177

Wick A (2005) Urteiler in der Personalauswahl. Einflüsse persönlicher Vorstellungen über Eignung und Personalauswahl auf Informationsnutzung, Beurteilung und Entscheidung. Rainer Hampp, Mering

Lass den Zweig wachsen – Inhalte strukturieren

8.1	**Anforderung: Map entwerfen – 100**	
8.1.1	Inhaltsverzeichnis erstellen – 100	
8.1.2	Zentrale Versatzstücke umreißen – 101	
8.1.3	Den Roten Faden spinnen – 107	
8.2	**Probleme und Lösungen – 108**	
8.2.1	Was wie gewichten? – 108	
8.2.2	Gewichtungshinweise – 108	
8.2.3	Was ist zentral? – 110	
8.2.4	Herzstücke der Arbeit definieren – 110	
8.2.5	Chaos statt Struktur – 112	
8.2.6	Strukturierungshilfen – 113	
8.2.7	Belohnung – 114	
	Literatur – 114	

Der kleine Zweig hat mittlerweile Wurzeln getrieben. Es ist an der Zeit, Blumenerde zu besorgen und den Ableger in einem großen Topf einzupflanzen und mit viel Wasser anzugießen.

8.1 Anforderung: Map entwerfen

》 Wenn man auf ein Ziel zugeht, ist es äußerst wichtig, auf den Weg zu achten. Denn der Weg lehrt uns am besten, ans Ziel zu gelangen, und er bereichert uns, während wir ihn zurücklegen. (Paulo Coelho) 《

Die primäre Aufgabe besteht in dieser Phase darin, eine Art Landkarte zu erstellen, die erste zentrale Versatzstücke der Arbeit enthält. Auf einer Landkarte stechen Großstädte, ausgedehnte Waldgebiete, Flüsse und Seen sogleich ins Auge. Bei der Abschlussarbeit entsprechen diese Eintragungen u. a. dem Inhaltsverzeichnis, dem Theorieteil, den eigenen Annahmen bzw. Hypothesen und dem methodischen Instrumentarium.

8.1.1 Inhaltsverzeichnis erstellen

Das Inhaltsverzeichnis bzw. die Gliederung stellt eine Art Kompass dar, der den Leser durch die Arbeit führt. Es subsumiert die Großkapitel und die hierarchisch nach Wichtigkeit und Umfang geordneten Unterkapitel. Ein Inhaltsverzeichnis wird mit der fortschreitenden Fertigstellung der Arbeit immer weiter ausdifferenziert.

Es sollte bereits optisch so gestaltet sein, dass man auf den ersten Blick die wichtigsten Punkte identifizieren kann und einen Überblick gewinnt. Das bedeutet, man setzt auf der gestalterischen Ebene verschiedene Schriftgrößen, Fettdruck, Einrückungen etc. ein.

Konkrete Hinweise liefert wieder der Styleguide des jeweiligen Fachs.

! **Achtung**
  – Mehr als vier Unterpunkte sind meist überflüssig und eher verwirrend.
  – Die Kapitelüberschriften sollen kurz und prägnant und auch für den gebildeten Laien verständlich sein.
  – Es ist verpönt, nur einen Unterpunkt zu einem übergeordneten Oberpunkt zu bilden. Es müssen mindestens zwei Unterpunkte gefunden werden, damit untergliedert werden kann.

Mit der ungefähren Festlegung der Hauptkapitel beginnt man spätestens nach der Absprache des Themas. Du musst dazu noch nicht wirklich in die Arbeit eingestiegen sein, denn es gibt einige Gliederungspunkte, die fast unverzichtbar sind und daher von Anfang an feststehen, z. B. Einleitung und Schluss, Theorieteil, Literaturverzeichnis und ggf. ein Anhang. Sobald dir ein Gliederungspunkt einfällt, solltest du ihn in den PC eingeben, denn nur, was schriftlich festgehalten wurde, kann entsprechend ausgefeilt werden und regt zu Überarbeitungen an. Außerdem hat es einen psychologisch günstigen, nämlich motivierenden Effekt, wenn schon einmal etwas »da steht«. Natürlich gilt auch für das Inhaltsverzeichnis, dass die erste nie die letztgültige Fassung ist.

Das Negativbeispiel einer bereits visuell unübersichtlichen und zu detaillierten Gliederung findet sich bei Walter Krämer (2009, S. 60):

Unübersichtliches Inhaltsverzeichnis (Krämer, 2009, mit freundlicher Genehmigung)

1 Einleitung	1
2 Tiere	8
2.1 Einzeller	8
2.1.1 Geißeltierchen	8
2.1.2 Wurzelfüßer	12
2.1.3 Sporentierchen	14
2.1.4 Wimpertierchen	17
2.2 Mehrzeller	18
2.2.1 Schwämme	18
2.2.2 Hohltiere	20
2.2.3 Weichtiere	23

2.2.4 Chordatiere		25
2.2.4.1 Manteltiere		25
2.2.4.2 Schädellose		27
2.2.4.3 Wirbeltiere		30
2.2.4.3.1 Rundmäuler		30
2.2.4.3.2 Fische		31
2.2.4.3.3 Lurche		36
2.2.4.3.4 Säugetiere		38
2.2.4.3.4.1 Raubtiere		38
2.2.4.3.4.1.1 Hunde		38
2.2.4.3.4.1.1.1 Dackel		38
2.2.4.3.4.1.1.2 Pekinesen		40
2.2.4.3.4.1.1.3 Schäferhunde		41
Pflanzen		110
…		

Die folgende Gliederung einer Bachelorarbeit im Fach Geographie ist hingegen optisch und inhaltlich übersichtlich gestaltet:

Übersichtliches Inhaltsverzeichnis
Thema: Vergleichende Gegenüberstellung der Erdzeitalter (Bachelorarbeit)
Inhaltsverzeichnis

1.		Einleitung
2.		**Paläozoikum**
2.1		Kambrium
2.2		Ordovizium
2.3		Silur
2.4		Devon
2.5		Karbon
2.6		Perm
3.		**Mesozoikum**
3.1		Trias
3.2		Jura
3.3		Kreide
4.		**Känozoikum**
4.1		Paläogen
4.2		Neogen
4.3		Quartär
5.		**Schluss**
Anhang A:		Abbildungsverzeichnis
Anhang B:		Tabellen
Abkürzungsverzeichnis		
Literaturverzeichnis		

8.1.2 Zentrale Versatzstücke umreißen

Nachdem die (wohlgemerkt!) erste Version des Inhaltsverzeichnisses erstellt ist, geht man dazu über, weitere Eckpunkte der Arbeit zu bestimmen, nämlich die Teile »Theorie«, »Annahmen und Hypothesen« sowie »Methodik«.

Theorieteil
Fast jede wissenschaftliche Arbeit, gleichgültig in welchem Fach sie geschrieben wird, verfügt über einen Theorieteil, der den aktuellen Stand der Forschung darstellt, reflektiert und kritisch kommentiert.

Dabei müssen wichtige Forschungspositionen benannt und dem Leser veranschaulicht werden. Wichtig heißt hier auch, dass sie für das jeweilige Thema von Bedeutung sind. Dabei dürfen Stellungnahmen oder Ergebnisse, die den eigenen Standpunkten widersprechen, natürlich nicht einfach ausgeklammert werden. Demgegenüber ist es Aufgabe des schreibenden Studis, argumentativ zu vermitteln, warum man ggf. zu völlig anderen Ansätzen gelangt ist.

» Unabhängig von der jeweils genutzten Quelle sollten Sie Folgendes beachten: Die einzelnen Schritte Ihrer wissenschaftlichen Arbeit müssen systematisch sein und überdies so gut dokumentiert, dass jeder sachverständige Dritte Ihre Ergebnisse prüfen und bewerten kann, Ihre Argumentationslinien sowie Ihre theoretischen und/

oder empirischen Ergebnisse nachvollziehen kann (Kornmeier, 2011, S. 93). «

Das folgende Beispiel zeigt die Gliederung des theoretischen Teils einer Doktorarbeit im Fach Psychologie:

Inhaltsverzeichnis Theorieteil (Gabi Riechers, mit freundlicher Genehmigung)
Thema: Coping beim Prämenstruellen Syndrom und der Primären Dysmenorrhoe

A: Theoretischer Teil
I. Menstruation und Gesellschaft

I.1	Die Menstruation im Alltag – ein Tabu?
I.2	Die Menstruation in Religion und Ethnologie
I.3	Der Umgang mit der Menstruation in der Gegenwart

II. Die Menstruation in der psychologischen Forschung

II.1	Methodisches Vorgehen
II.1.1	Angewandte Methoden der Menstruationsforschung
II.1.2	Untersuchungsinstrumente der Menstruationsforschung
II.2	Forschungsgebiete
II.2.1	Das Erleben und der Umgang mit der ersten Menstruation

…

III. Das Prämenstruelle Syndrom und die Primäre Dysmenorrhoe

III.1	Das Prämenstruelle Syndrom
III.1.1	Begriffsbestimmung, Häufigkeit des Vorkommens, Demographische Faktoren und Zykluscharakteristika
III.1.2	Ätiologie des Prämenstruellen Syndroms
III.1.3	Therapie des Prämenstruellen Syndroms
III.2	Die Primäre Dysmenorrhoe

…

IV. Coping

IV.1	Theoretische Grundlagen
IV.1.1	Heterogenität der Konzepte
IV.1.2	Der transaktionale Ansatz der Lazarus-Gruppe

…

Annahmen und Hypothesen

Die meisten Arbeiten – es sein denn, es handelt sich um rein explorative oder Hypothesen generierende Werke – verfügen über einen Teil, in dem man Annahmen oder konkrete Hypothesen vorstellt.

Annahmen unterscheiden sich von Hypothesen durch ihr breiteres Bedeutungsspektrum, so ist ihr Einsatz nicht beschränkt auf empirische Forschungsvorhaben.

Definition

» In einer wissenschaftlichen Hypothese wird der Zusammenhang zwischen zwei oder mehreren Variablen vorhergesagt. Eine wissenschaftliche Hypothese bringt also zum Ausdruck, welche Erwartungen die forschende Person darüber hat, wie z. B. der Zusammenhang zwischen der Trainingsmodalität (mit oder ohne Zielsetzung) und der Leistung nach dem Training ausfallen wird (Nerdinger et al., 2011). «

Annahmen und Hypothesen sind so etwas wie die Leitsterne, die über einer wissenschaftlichen Arbeit funkeln. Sie sollen den Weg zu neuen Erkenntnissen weisen, die zu verifizieren oder auch zu falsifizieren sind, und auf diese Weise die Forschung voranbringen und den Wissensschatz der Menschheit erweitern. Erste Annahmen entstehen aus interessanten Beobachtungen, die man beim aktuellen Stand der Forschung nicht erklären kann, für die man aber im Rahmen der Hypothesenbildung nach Erklärungen sucht (◻ Tab 8.1).

Die häufigsten Methoden, um Hypothesen abzuleiten, sind
- die hermeneutische,
- die deduktive und
- die induktive Vorgehensweise.

Tab. 8.1 Kriterien für Hypothesen (Kornmeier, 2011, S. 125, mit freundlicher Genehmigung)

Anforderung: Eine Hypothese muss …	Beispiel
… einen hinreichend großen Informationsgehalt besitzen	»Kundenzufriedenheit beeinflusst die Wiederkaufbereitschaft oder auch nicht.« (= Leerformel) Besser: »Je zufriedener die Kunden mit einem Produkt sind, desto größer ist ihre Bereitschaft, das betreffende Produkt erneut zu erwerben.«
… empirisch prüfbar sein	»Wolpertinger sind zufriedener als Yetis.« (= ungeeignet, weil die Existenz der Erscheinung prüfbar sein muss)
… falsifizierbar sein	»Die Kunden der XY-AG sind heute sehr zufrieden.« Besser: »Die Kunden der XY-AG waren 2007 ebenso zufrieden wie 2006.«
… logisch aufgebaut sein	»Markentreue beeinflusst das Alter.« (= unlogisch) Besser: »Je älter die Konsumenten, desto markentreuer sind sie.«
… präzise und eindeutig sein	»Zufriedenheit beeinflusst die Leistung.« Besser: Welche Zufriedenheit? Welche Leistung? Wie stark?
… theoretisch fundiert sein	»In sozialen Beziehungen wollen Menschen für ihren Einsatz faire Gegenleistungen erhalten.« (= Equity-Theorie)

Hermeneutisches Vorgehen

In den Geisteswissenschaften wird meist versucht, Zusammenhänge durch Verstehen näher zu beleuchten, um auf diese Weise zu innovativen Ergebnissen zu gelangen. Die Hermeneutik zielt auf eine verstehende Textanalyse ab unter Einbeziehung des Wissens über die Person und das Leben des Autors sowie die Zeitumstände, unter denen das Werk entstanden ist. Der oft zitierte sog. »hermeneutische Zirkel« meint, dass man ein literarisches Werk nur begreifen kann, wenn man sowohl diese Informationen einbezieht als auch zirkulierend einzelne Teile gesondert sowie vor dem Hintergrund des Ganzen betrachtet. Ein Zweig der Hermeneutik ist der hermeneutische Intentionalismus, der sich zum Ziel setzt, ein Werk aus den individuellen Zielsetzungen des Verfassers heraus zu verstehen. Das forschungsleitende Interesse besteht in der Beantwortung der Frage: »Welche Botschaft will der Autor mit seinem Werk vermitteln?«

Der nun zitierte Ansatz einer Bachelorarbeit im Fach Germanistik ist einer klassisch hermeneutischen Vorgehensweise verpflichtet.

Beispiel für einen hermeneutischen Ansatz

Thema: Die Ursachen des permanenten Unglücks in Adalbert Stifters Abdias

» In der vorliegenden Arbeit soll versucht werden, anhand der Novelle in ihrer Erstauflage und der Journalfassung, etwas ‚Licht' in das dunkle Schicksal des Juden Abdias zu bringen. Zunächst wird eine Gegenüberstellung der divergierenden Forschung Rückschlüsse auf den eventuellen antisemitischen Gehalt der Erzählung liefern. Im darauffolgenden Kapitel wird eine Untersuchung der Ursache des Unheils, das Abdias widerfährt, stattfinden, welche in drei Schritten aufgebaut ist. Zunächst soll die nähere Betrachtung der metaphysischen Instanz des Textes Erkenntnisse liefern. Im Folgenden soll die Person des Abdias weitere Schlüsse ermöglichen, wobei besondere Aufmerksamkeit deren Bildungssituation – ein enormes Anliegen Stifters – zu Gute kommt. Im Anschluss daran ist das Milieu des Abdias genauer zu betrachten. Abschließend wird das innerliterarische Motiv des ‚wandernden Juden' in dieser Arbeit Beachtung finden (Dennis Baranski, Bachelorarbeit im Fach Germanistik, mit freundlicher Genehmigung). «

Deduktives Vorgehen

Ein deduktiver Ansatz bedeutet, eigene Hypothesen aus schon vorhandenen Theorien bzw. möglichst gut validierten Erkenntnissen und Forschungsbefunden abzuleiten.

Die psychoanalytische Interpretation eines Dichtwerks legt beispielsweise für die Analyse die theoretischen Konstrukte der von Freud und seinen Nachfolgern begründeten, empirisch allerdings nicht überprüfbaren Tiefenpsychologie zugrunde. Hierzu gehören die zentralen Annahmen über die Entwicklungsstadien des Menschen in der frühen Kindheit, die innerpsychischen Instanzen und die Entstehung von Neurosen.

In dem nachfolgend zitierten Beispiel wird ein tiefenpsychologischer Interpretationsansatz, dessen Annahmen deduktiv von psychoanalytischen Theorien abgeleitet wurden, einer Dissertation im Fach Medizin zugrunde gelegt.

Beispiel für einen deduktiven Ansatz
Thema: Die Suizidalität im Leben und Werk Ernst Ludwig Kirchners
1.0 Einleitung:

» In der folgenden Arbeit wird einerseits versucht, einen Erklärungsansatz der suizidalen Psychodynamik Kirchners zu erstellen und andererseits zu analysieren, inwieweit sich diese Psychodynamik in seinem Werk, dem immerhin nach Picasso umfangreichsten eines Künstlers des 20. Jahrhunderts, widerspiegelt. «

2.0 Material und Methoden

» Ausgangsmaterial für den zusammenfassenden biographischen Überblick und die daraus resultierende Erstellung einer These zur Psychodynamik Kirchners bildet die umfangreiche Primär- und Sekundärliteratur zu Biographie und Werk, wobei sich hier auf die in diesem Zusammenhang bedeutsamen Daten beschränkt wird.

Aus diesen Daten resultiert eine deskriptive diagnostische Zuordnung gemäß DSM-III-R, die die Basis eines psychodynamisch strukturellen Ansatzes auf psychoanalytischer Grundlage bildet, im wesentlichen im Rahmen der Arbeiten von Otto Kernberg (Hans-Otto Thomashoff, Doktorarbeit im Fach Medizin 1997, mit freundlicher Genehmigung; weitere Informationen unter http://www.thomashoff.de). «

Anmerkungen: DSM-III-R: *Diagnostic and Statistical Manual of Mental Disorders*; Otto Kernberg: US-amerikanischer Psychoanalytiker und Narzissmus-Forscher.

Induktives Vorgehen

Beim induktiven Vorgehen setzt man bei realen Fallstudien und konkreten Beobachtungen an, um auf dieser Basis erste Annahmen zu formulieren. Aus singulären Erfahrungen werden also allgemeine Schlussfolgerungen gezogen, die anschließend zu spezifizieren und zu überprüfen sind. Auf dem Gebiet der Verhaltensforschung kann eine induktiv abgeleitete Hypothese beispielsweise lauten: »Straßenhunde sind, da ihnen die Gruppe das Überleben sichert, gegenüber ihren Artgenossen weniger aggressiv als Familienhunde!«

Im Rahmen empirischer Arbeiten wird manchmal auch zunächst eine Pilotstudie durchgeführt, um Hypothesen ergebnisorientiert zu konzipieren. Deduktive und induktive Strategien finden ihren Einsatz vorzugsweise in den empirischen Wissenschaften.

Beim folgenden Beispiel aus einer Diplomarbeit im Fach Psychologie wurden die Annahmen induktiv im Anschluss an eine Pilotstudie abgeleitet.

Beispiel für einen induktiven Ansatz
Thema: Der Einfluss von Geschlecht, Lebensalter, physischer Attraktivität und deren subjektiver Wichtigkeit auf die Verarbeitung des Alterungsprozesses
4.   Annnahmen zu Stressbewältigungsstrategien
4.1 Annahmen zum Einfluss von Geschlecht
4.1.1 Männer werden den altersbedingten Attraktivitätsverlust im Vergleich zu Frauen gelassener aufnehmen und daher auch weniger Copingstrategien einsetzen.
4.1.2 Männer werden im Vergleich zu Frauen seltener die Strategie »Soziales Unterstützungsbedürfnis« einsetzen.
4.2 Annahmen zum Einfluss von selbst- und fremdeingeschätzter Attraktivität
4.2.1 Selbst- und fremdeingeschätzt Attraktive werden aufgrund eines positiveren Selbstbildes seltener

stresserhöhende Strategien zur Bewältigung des altersbedingten Attraktivitätsverlustes einsetzen.
4.2.2 Fremdeingeschätzt Attraktive werden seltener die Strategie »Soziales Unterstützungsbedürfnis« einsetzen.

Methodenteil

In empirischen Arbeiten werden mittels numerisch basierter Verfahren Hypothesen auf ihre Stichhaltigkeit hin überprüft und die Ergebnisse veranschaulicht. Bitte ergänze die folgende, sehr verkürzte Darstellung statistischer Verfahren durch eigene Literaturrecherchen.

Die einfachsten Methoden sind deskriptiver Art, indem Prozente, Modus und Median bestimmt sowie Mittelwerte und Varianzen berechnet werden.

❗ Achtung!
Statistische Verfahren setzen unterschiedliche Skalenniveaus voraus. Unterschieden werden:
- Nominalskala: Merkmalsausprägungen sind gleich oder ungleich,
- Ordinalskala: Merkmalsausprägungen bilden eine Rangreihe,
- Intervallskala: Nicht nur die Rangfolge, sondern auch die Differenzen zwischen den Merkmalen werden erfasst,
- Verhältnisskala: Zusätzlich verfügt diese Sakal über einen absoluten Nullpunkt.

Prozentuale Häufigkeiten

Häufig wird neben Maßzahlen wie Modus (der am häufigsten besetzte Wert) und Median (Trennwert zwischen zwei gleich großen Hälften) die prozentuale Verteilung bestimmter Merkmale erfasst, eine Vorgehensweise, die prinzipiell auch auf literarische Texte anwendbar ist. So konnte man einige anonym überlieferte isländische Sagas mit hoher Wahrscheinlichkeit demselben Autor zuordnen, indem man bevorzugte Wörter und Redewendungen erfasste und statistisch verarbeitete.

Beispiel

Thesis: Steigerung des Lernerfolgs durch eine neuartige Lehrmethode
Nehmen wir an, du studierst Pädagogik und willst im Rahmen deiner Thesis die Wirkung einer von dir konzipierten Unterrichtsmethode überprüfen. Der Untersuchungsplan sieht vor, im Anschluss an eine Teststunde die subjektive Zufriedenheit der Schülerinnen und Schüler mittels einer fünfstufigen Ratingskala zu erheben. Der Fragebogen enthält folgende Antwortmöglichkeiten:
- sehr gut: (5)
- gut: (4)
- eher gut: (3)
- weniger gut: (2)
- gar nicht gut: (1)

Bei 37 Schülerinnen und Schülern ergibt sich vielleicht folgende prozentuale Verteilung:
- 30% der Schüler sind sehr zufrieden
- 45% der Schüler sind zufrieden
- 11% der Schüler sind eher zufrieden
- 9% der Schüler sind etwas unzufrieden
- 5% der Schüler sind unzufrieden

Univariate Verfahren

Die schon etwas anspruchsvollere Variante deskriptiver Verfahren besteht darin, das arithmetische Mittel (Durchschnittswert) und die Standardabweichung (positive Quadratwurzel aus der Varianz) zu bestimmen.

Beispiel

Da dein Fragebogen eine Ratingskala darstellt, die über Intervallskalenniveau verfügt (Achtung! wird nicht von allen Statistikern so gesehen), ist es möglich, den Mittelwert und die Standardabweichung zu berechnen.
Du erhältst als Resultat:
- Mittlere Zufriedenheit: 3,1
- Standardabweichung: 2,3

Diese Methoden eignen sich sehr gut für Zustandsbeschreibungen. Man kann jedoch auf diese Weise keine Zusammenhänge aufschlüsseln oder Ursache-Wirkung-Prinzipien auf den Grund gehen. Um derartige Fragestellungen zu beantworten, bieten sich bivariate und multivariate Verfahren an.

Bivariate Verfahren

Zu den bivariaten Verfahren gehören Korrelationsanalysen. Korrelationskoeffizienten bestimmen die Stärke eines Zusammenhangs zwischen zwei Variablen. Die Werte können dabei zwischen −1 (hundertprozentig negativer Zusammenhang) und +1 (hundertprozentig positiver Zusammenhang) variieren. Ergibt sich ein Wert um 0, so bedeutet das, es existiert kein Zusammenhang.

Man unterscheidet zusätzlich zwischen positiven und negativen Korrelationen. Eine positive Korrelation besagt inhaltlich entweder: »Wenn Variable A steigt, so steigt auch Variable B« oder: »Wenn Variable A sinkt, so sinkt auch Variable B«. Bei einer negativen Korrelation hingegen stellt sich der Zusammenhang zwischen zwei Merkmalen umgekehrt proportional dar, d. h., bei einem Absinken der Variable A ist ein Ansteigen von Variable B beobachtbar.

Beispiel
Eine deiner Fragestellungen ist, ob die Intelligenz Einfluss auf die Zufriedenheit mit der neuen Lehrmethode nimmt. Aus diesem Grund hast du vor der Teststunde den Intelligenzquotienten der Schülerinnen und Schüler erfasst. Anschließend nimmst du eine Korrelationsanalyse vor. Mögliche Ergebnisse können sein:
- Positive Korrelation: Mit zunehmender Intelligenz steigt das Zufriedenheitsmaß,
- Null-Korrelation: Die Intelligenz der Schüler hat keinen Einfluss auf die Bewertung der Unterrichtsmethode.

Multivariate Verfahren

Varianzanalyse

Die Varianzanalyse überprüft im einfachsten Fall den Einfluss eines Merkmals – unabhängige Variable – auf ein anderes Merkmal – abhängige Variable. Zwischen beiden Merkmalen wird ein Zusammenhang vermutet und als Hypothese formuliert.

Mithilfe der Varianzanalyse kann man überprüfen, ob Mittelwertunterschiede auf eine systematische Varianz zurückzuführen sind, d. h. auf den Einfluss der unabhängigen Variablen, oder zufällig (Fehlervarianz) entstanden sind.

Man unterscheidet dabei zwischen univariaten Varianzanalysen (ANOVA: *Analysis of Variance*) mit nur einer abhängigen Variablen und multivariaten Varianzanalysen (MANOVA: *Multivariate Analysis of Variance*) mit mehreren abhängigen Variablen. Außerdem differenziert man zwischen einfaktoriellen Varianzanalysen mit nur einer unabhängigen und mehrfaktoriellen Varianzanalysen mit mehreren unabhängigen Variablen.

Die unabhängigen Variablen können bei der Varianzanalyse anders als bei der Regressionsanalyse auch Nominalskalenniveau haben.

Beispiel
Nehmen wir an, du willst nicht nur die subjektive Wirkung, sondern auch den objektiven Erfolg der von dir entwickelten Lehrmethode untersuchen. Daher gibst du den Schülern am Ende der Versuchsstunde einen Test vor, den auch die Parallelklasse, die in traditioneller Weise unterrichtet wurde, bearbeitet.

Dabei ergeben sich Hinweise, dass das Geschlecht der Schüler einen Einfluss auf den Lernerfolg hat. In diesem Fall kann man eine univariate, einfaktorielle Varianzanalyse rechnen:
- UV: Geschlecht
- AV: Testerfolg

Geschlecht → Testerfolg

Ein statistisch signifikantes Ergebnis könnte sein, dass Mädchen eindeutig mehr von der neuen Lehrmethode profitieren als Jungen.

Selbstverständlich ließe sich die Versuchsanordnung erweitern, indem man z. B. den soziokulturellen Hintergrund – eventuell nach drei Klassen (niedrig, mittel, hoch) unterschieden – als weitere unabhängige Variable hinzunimmt.

Regressionsanalyse

Die Regressionsanalyse testet Beziehungen zwischen einer abhängigen und einer unabhängigen Variablen (Grundmodell). Das Verfahren dient zwei Zielen: Einmal wird versucht, Zusammenhänge zwischen einer unabhängigen und einer abhängigen Variablen deutlich zu machen und aufzuklären. Zum Zweiten soll eine Prognose für die Werte der abhängigen Variablen erstellt werden. Während in die einfache Regressionsanalyse nur eine abhängige und eine unabhängige (erklärende) Variable eingehen, sind bei der multiplen Regressionsanalyse mehr als eine erklärende Variable beteiligt.

Die Beziehungen zwischen den interessierenden Variablen werden als Gerade dargestellt.

Die Grundformel lautet: y = a + bx + e

(e: Fehlerterm; b: Anstieg der Gerade; a: Schnittpunkt mit der y-Achse; x: unabhängige Variable; y: abhängige Variable)

Beispiel

Die Testergebnisse der Schülerinnen und Schüler legen einen Zusammenhang zwischen Intelligenz und Leistung nahe, den du mittels der Regressansanalyse überprüfen möchtest.

Die Resultate der Regressionsanalyse bestätigen deine Vermutung: Je höher der IQ, desto besser ist auch das Abschneiden in dem Test. Du kannst also vorhersagen, dass mit ansteigendem IQ auch die Leistung in dem Abschlusstest ansteigen wird.

Diskriminanzanalyse

Das Ziel der Diskriminanzanalyse besteht in der Erklärung und Vorhersage der Ausprägung einer nominal skalierten (abhängigen) Variablen durch die Ausprägungsgrade metrisch skalierter (unabhängiger) Variablen. Die Diskriminanzanalyse geht dabei von zuvor definierten Gruppen aus. Das Verfahren dient der Klassifikation einer Menge von Objekten oder Personen, deren Zuordnung bzw. Unterschiedlichkeit durch die unabhängigen Variablen erklärt werden soll. Voraussetzungen sind Nominalskalenniveau der abhängigen Variablen – die Gruppenzugehörigkeit – und metrisch skalierte unabhängige Variablen.

Die eigentliche Frage der Diskriminanzanalyse lautet: Welche Merkmale sind geeignet, gegebene Gruppen signifikant voneinander zu unterscheiden.

Beispiel

Im Falle unseres Beispiels ließen sich zwei Gruppen bilden. Gruppe A: Kinder, die oberhalb des Medians in dem Test am besten abschnitten, Gruppe B: Kinder, die unterhalb des Medians am schlechtesten abschnitten. Diese beiden Gruppen stellen die nominal skalierte abhängige Variable dar. Neben den vorliegenden Intelligenztestergebnissen könnte man weitere metrisch skalierte Merkmale erheben, indem man z. B. zusätzlich Motivations- und Konzentrationstests einsetzt.

Das Ergebnis dieser Diskriminanzanalyse wäre vielleicht, dass Kinder, die nur durchschnittlich intelligent, aber sehr motiviert sind und sich durch eine hohe Konzentrationsleistung auszeichnen, der Gruppe A angehören.

Die numerische Auswertung solcher Untersuchungen wird durch computergestützte Datenanalysen z. B. mittels SPSS (Statistik- und Analyse-Software) durchgeführt. Das heißt verkürzt: Du legst vorher fest, welche Verfahren du heranziehen willst, fütterst den PC mit den Rohdaten, aktivierst das entsprechende Programm und erhältst dann in Windeseile die Ergebnisse.

Schön, wenn es so einfach wäre! Da jedoch zuvor viel IT-Wissen erworben werden muss, beinhaltet das Grundstudium in empirischen Fächern obligatorische Einführungsveranstaltungen in die computergestützte Datenanalyse.

8.1.3 Den Roten Faden spinnen

Die Notwendigkeit, in Abschlussarbeiten den »roten Faden« deutlich werden zu lassen, wird häufig in Wort und Schrift hervorgehoben, ohne aber dabei zu erklären, was mit diesem Phänomen eigentlich gemeint ist (◘ Abb. 8.1, s. auch ▶ Abschn. 8.2.6).

Die Redewendung selbst hat zwei Quellen, einmal einen Text des Dichterfürsten Johann Wolfgang von Goethe und zum anderen die Sagenwelt der alten Griechen. In Goethes zweiteiligem Roman »Die Wahlverwandtschaften« heißt es an einer Stelle:

> Ebenso zieht sich durch Ottiliens Tagebuch ein Faden der Neigung und Anhänglichkeit, der alles verbindet und das Ganze bezeichnet (Kapitel 4, zweiter Teil). «

Theseus, eine Gestalt aus der griechischen Mythologie, ist der Sohn des athenischen Königs Aigeus. Er bricht nach Kreta auf, um die Athener von der unheilvollen Verpflichtung zu befreien, alle neun Jahre sieben junge Männer und sieben junge Frauen dem Minotaurus zu opfern. Der Minotaurus ist ein Ungeheuer mit menschlichem Körper und einem Stierkopf, das aus der sexuellen Vereinigung der Frau des Königs Minos von Kreta mit einem

Abb. 8.1 Des einen Freud, des anderen Leid!

weißen Stier, den der Meeresgott Poseidon ihrem Mann geschickt hatte, entstand. Das Zwitterwesen haust in dem Labyrinth von Knossós, in dem es der König gefangen setzen ließ. Ariadne, die Tochter des Minos, verliebt sich in den jungen Theseus und schenkt ihm ein Fadenknäuel, mit dem er seinen Weg durch das Labyrinth markieren kann, um sich nicht zu verirren. Theseus erschlägt den Minotaurus und findet dank des Fadens wieder aus dem Labyrinth heraus.

Der rote Faden in einer schriftlichen Arbeit dient dazu, den Lesern die logische Abfolge der einzelnen Segmente zu verdeutlichen, Spannung aufzubauen und am Ende ein Ergebnis zu präsentieren. Die oben besprochenen Teile der Arbeit sind dabei wesentliche Knotenpunkte innerhalb des sich durchziehenden roten Fadens (Näheres hierzu in ▶ Abschn. 8.2.5 und ▶ Abschn. 8.2.6).

8.2 Probleme und Lösungen

Auch in dieser Arbeitsphase treten einige typische Probleme auf, für die es aber diverse Lösungsmöglichkeiten gibt.

8.2.1 Was wie gewichten?

Ein Inhaltsverzeichnis anzufertigen ist gar nicht so leicht. Es stellen sich dabei u. a. folgende Fragen: Wie bedeutsam müssen Ausführungen sein, um ein eigenes Kapitel und nicht nur ein Unterkapitel zu definieren? Wie umfangreich sollten Ausführungen sein, um einen eigenen Unterpunkt zu rechtfertigen?

Manche Fachbereiche oder Lehrstühle erwarten von Absolventen, dass das Inhaltsverzeichnis mit dem Betreuer abgesprochen wird und bereits vor der Anmeldung der Arbeit komplett »steht«. Dies schafft zusätzlichen Druck, zumal einige Studierende davon ausgehen, dass das Inhaltsverzeichnis anschließend in keiner Weise mehr verändert werden darf, was in der Regel aber nicht der Fall ist.

8.2.2 Gewichtungshinweise

Um ein Inhaltsverzeichnis zu erstellen, ist die Mind-Mapping-Methode (▶ Abschn. 7.2.8) sehr hilfreich. Man schreitet dabei von übergeordneten Schlüsselbegriffen zu immer spezifischeren Keywords voran. Auf diese Weise erkennt man besser als bei linearen Notizen, ob alle wichtigen Bereiche gleichmäßig abgesteckt sind oder einzelne Äste noch völlig oder vergleichsweise kahl erscheinen. Außerdem zwingt einen diese Methode in besonderer Weise zum Nachdenken, indem man die Map mittels geeigneter Symbole auch hinsichtlich möglicher Querverbindungen, noch vorhandener Fragezeichen bzw. Wenn-dann-Bedingungen strukturieren kann und soll (◘ Abb. 8.2).

Aus den über- und untergeordneten Schlüsselbegriffen ergeben sich dann die einzelnen Gliederungspunkte, wobei deren Reihenfolge natürlich noch festgelegt werden muss.

> **❗ Achtung!**
> — Füge den einzelnen Gliederungspunkten von Anfang an die ungefähre Seitenzahl hinzu!
> — Halte die Seitenzahl so knapp wie möglich! Arbeiten schwellen erfahrungsgemäß ganz von selbst an!

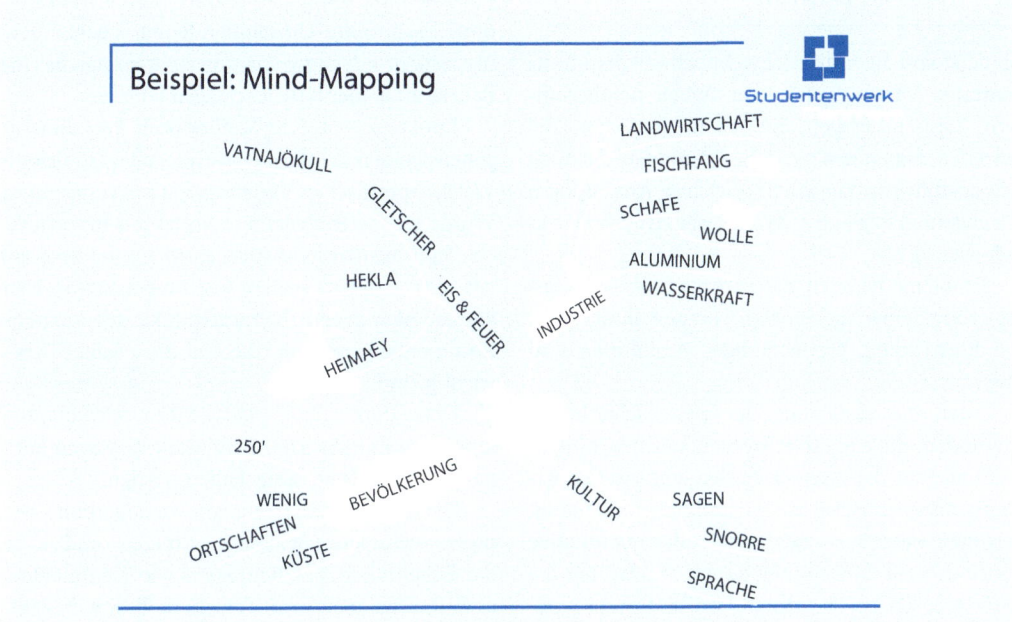

• Abb. 8.2   Mind-Map zu Island. (Aus Svantesson 1993, mit freundlicher Genehmigung)

– Der jeweilige Umfang der verschiedenen Ober- bzw. Unterkapitel soll nicht beträchtlich voneinander abweichen!

Mit der Festlegung der ungefähren Seitenzahl ist erstens garantiert, dass man sich an den meist vorgegebenen Gesamtumfang der Abschlussarbeit hält. Außerdem verhindert man von Anfang an, ständig neu entscheiden zu müssen, wie viel man zu einzelnen Punkten schreiben soll. Außerdem beugt man der Gefahr vor, sich beim Schreiben zu »vergaloppieren«, indem man beispielsweise zu einem verhältnismäßig unwesentlichen Unterpunkt, der einem persönlich aber sehr spannend erscheint, am Ende zehn Seiten geschrieben hat, die dann größtenteils wieder gelöscht werden müssen.

Für die Zuweisung der Seitenzahlen kann man vorhandene Arbeiten mit einer ähnlichen Thematik zu Rate ziehen. Selbstverständlich ist der Umfang eines Großkapitels größer als der eines Unterkapitels. Ein Unterpunkt auf der dritten Ebene kann unter Umständen auch nur eine halbe Seite umfassen.

Beispiel: Vorläufige Zuweisung von Seitenzahlen bei einer Masterarbeit im Fach Anglistik (Noelle Crist-See, mit freundlicher Genehmigung)
Thema: German Immersion and Second Language Teaching Methods: Which teaching methods are the best in the immersion school classroom?
1. Introduction: ca. 1
2. Advantages of Bilingualism from a German perspective: ca. 5
3. Teaching foreign languages: ca. 5
4. History of laws allowing instruction through a foreign language: ca. 5
5. Teaching methods according to Teresa Kennedy (2005): ca. 10
6. The methodology: ca. 3
7. Different Approaches to Evaluation: ca. 3–5
8. German Immersion Schools: ca. 13
9. Math Teacher/Science Teacher Interviews: ca. 10
10. Implications of Results: ca. 1
11. Conclusion: ca. 1–2
12. Bibliography: ca. 5–7

8.2.3 Was ist zentral?

Manche von euch tun sich sehr schwer damit, die zentralen Versatzstücke einer Arbeit herauszufiltern. Typische Fragen, die den theoretischen Teil betreffen, lauten u. a.: Welche Positionen muss ich wie ausführlich darstellen? Welchen Ansatz kann ich eventuell weglassen? Woher weiß ich, was wirklich wichtig ist?

Probleme bereiten daneben vielfach die Konzipierung einer geeigneten Fragestellung bzw. die Entwicklung eigenständiger Annahmen und Hypothesen.

Auch die Festlegung der wissenschaftlichen Methoden, die eingesetzt werden sollen, schütteln nicht alle aus dem Ärmel. In den empirischen Fächern muss zunächst die Grundsatzentscheidung getroffen werden, ob qualitative oder quantitative Methoden zur Anwendung kommen. Darüber hinaus ist zu klären, ob auf standardisierte oder (vielleicht ergänzend) selbst konstruierte Verfahren zurückgegriffen wird.

8.2.4 Herzstücke der Arbeit definieren

Das tragende Gerüst der Arbeit besteht aus dem Theorieteil, den Annahmen und Hypothesen sowie in der Methodik.

Theorieteil
Um den theoretischen Überbau der Arbeit abzustecken und inhaltlich zu füllen, bietet es sich an, die Literatur zunächst nach folgenden Kriterien zu durchforsten:

Drei-Punkte-Strategie

> **Drei-Punkte-Strategie (in Anlehnung an Esselborn-Krumbiegel, 2002, S. 84)**
> 1. Was will der Autor herausfinden?
> 2. Wie geht der Autor vor?
> 3. Zu welchen Ergebnissen kommt der Autor?

Punkt 1 meint das Erkenntnisinteresse, von dem sich die Autoren leiten lassen. Aus welchen Motiven heraus erfolgte die Untersuchung, welche Fragestellung soll genau geklärt werden? Hier eröffnen sich unter Umständen bereits Lücken bzw. übersehene oder ausgeklammerte Aspekte, die eine Brücke zu deiner Arbeit schlagen können.

Punkt 2 zielt auf die Methodik ab. War die Vorgehensweise rein interpretativ oder aber empirisch? Welche spezifischen Verfahren hat man eingesetzt? Wurde auf bereits veraltete Verfahren bzw. einfache Signifikanztests zurückgegriffen oder aber auf ein sehr anspruchsvolles Instrumentarium? Hier können sich eventuell Ansatzpunkte für kritische Kommentare ergeben, die für die eigene Thesis wichtig sind.

Unter Punkt 3 fasst man die Resultate kurz und knapp zusammen. Die wichtigsten Aussagen können dabei als Zitate festgehalten werden.

Für die Identifizierung von wichtigen und weniger wichtigen Forschungsbeiträgen sind u. a. die Bekanntheit des Beitrags sowie Kommentare und Rezensionen von Forscherkollegen bedeutsam. Entsprechende Infos lassen sich leicht über das Internet einholen. Eine Studie, die kaum zitiert oder nur negativ kommentiert wird, eignet sich kaum als theoretischer Basistext für deine eigene Arbeit.

Eigenes Ordnungssystem finden
In einem zweiten Schritt ordnest du die Beiträge erneut nach einem von dir zuvor festgelegten System, das in einem sinnvollen Bezug zu deiner Arbeit steht. Dieses System kann z. B. in dem Erscheinungsdatum der Publikationen bestehen – ein Vorgehen, das bei einer forschungsgeschichtlichen Arbeit sinnvoll ist – oder in den Positionen, die vertreten werden.

> **Beispiel: Ordnungssystem nach Forschungspositionen im Fach Medizin (Bachelorarbeit)**
> Thema: Wenig beachtete Risikofaktoren bei koronarer Herzkrankheit
> Forschungspositionen:
> – Positionen, die organische Variablen betonen
> – Positionen, die psychische Variablen betonen
> – Vermittelnde Positionen: Diathese-Stress-Modell

Das Flaschen-Modell

In einem dritten Schritt sortierst du die Sekundärliteratur danach, welche Beiträge direkt oder weniger direkt Bezug auf deine Arbeit nehmen bzw. deine eigenen Überlegungen unterstützen.

Alle Beiträge, die direkt mit dem Ansatz deiner Abschlussarbeit befasst sind und diesen argumentativ unterstützen, haben den höchsten Bedeutsamkeitsgrad. Sie bilden gewissermaßen den Flaschenhals. Beiträge, die sich zwar direkt auf dein Thema beziehen, deinen Ansatz aber nicht unterstützen, sind bereits weniger wichtig, müssen aber selbstverständlich beachtet und bearbeitet werden. Beiträge, die nur indirekt Bezug auf die Thematik der Thesis nehmen, sind am wenigsten wichtig und befinden sich daher auf dem Flaschenboden.

Beim Ausformulieren des theoretischen Teils gehst du ähnlich vor. Die Beiträge, die im »Hals stecken« werden breit ausgeführt, jene, die sich am Boden befinden, nur knapp abgehandelt.

Auch wenn die eigenen Annahmen und Hypothesen im Einzelnen noch nicht klar umrissen sind, ist diese Vorgehensweise dennoch praktikabel, indem man die Fertigstellung des theoretischen Teils in diesem Fall nicht an den Anfang, sondern an das Ende stellt. Es ist bei empirischen Arbeiten gar nicht so selten, dass der Theorieteil erst geschrieben wird, wenn bereits Ergebnisse vorliegen.

Annahmen und Hypothesen

Hier empfiehlt sich ein gestuftes Vorgehen, das vom Allgemeinen zum Besonderen voranschreitet. Zunächst notiert man die Fragestellung, dann erste, eigene Ideen und leitet anschließend spezifische Annahmen bzw. bei empirischen Arbeiten konkrete und überprüfbare Hypothesen ab.

Beispiel: Hypothesenfindung im Fach Medizin (Doktorarbeit)

Thema: Paradoxon: Myokardinfarkt bei Personen ohne medizinisch bedeutsame Risikofaktoren
- Erste Ebene: Fragestellung: Wie kommen paradoxe Fälle bei Herzinfarktpatienten zustande?
- Zweite Ebene: Eigene Idee(n): Psychische Variablen tragen zur Entstehung des Infarkts bei.
- Dritte Ebene: Spezifizierung: Unter diesen Variablen spielt das Persönlichkeitsmerkmal »Represser« eine entscheidende Rolle.
- Vierte Ebene: Hypothetische Ableitungen: Menschen, die »Represser« sind, neigen dazu, ungesund zu leben, keine Vorsorgeuntersuchungen wahrzunehmen und Warnsignale des Körpers zu überhören.

Meistens genügen hinsichtlich des Differenzierungsgrades einer Annahme/Hypothese die oben vorgestellten vier Ebenen.

Methodenteil

Die Methodik einer wissenschaftlichen Abschlussarbeit kann je nach Fachbereich sehr unterschiedlich sein. Vor allem finden sich deutliche Diskrepanzen zwischen geisteswissenschaftlichen und empirischen Fächern.

Entscheidungen treffen Sollte dir die Entscheidung überlassen sein, ist zunächst zu beschließen, ob du statistische Verfahren einsetzen oder darauf verzichten möchtest. Falls eine numerische Datenanalyse ansteht – in empirischen Fächern ist sie in der Regel ein Muss – empfiehlt es sich, schon bei der Erstellung des Untersuchungsplans festzulegen, welches Instrumentarium zum Zuge kommen soll, denn davon hängt der Aufbau der Studie ab. Da statistische Verfahren unterschiedliche Skalenniveaus und Stichprobengrößen voraussetzen (▶ Abschn. 8.1.2, Methodenteil), müssen die Datenerhebung und der Gesamtplan der Arbeit entsprechend ausgerichtet sein. Um ein metrisches Skalenniveau zu erhalten, über das nur Intervall- und Verhältnisskalen verfügen, ist z. B. ein Fragebogen, der nur die Alternativen »stimmt« oder »stimmt nicht« vorsieht, ungeeignet. Alle diese Probleme sollten gemeinsam mit dem Betreuer diskutiert und abgeklärt werden.

Aufwand und eigene Kompetenz In jedem Fall ist der vermutete Aufwand zu berücksichtigen und das eigene Potenzial adäquat einzuschätzen. Wenn dir zu Auswertungszwecken z. B. ein wenig bekanntes, kompliziertes Computerprogramm als methodisches Highlight empfohlen wurde, du dich aber durchaus nicht als »Hobby-Programmierer« verstehst, ist davon eher Abstand zu nehmen oder rechtzeitig ein hilfreicher Geist, sprich »IT-Crack«, aufzutun, der dir mit Rat und Tat zur Seite steht.

Schriftliche Ausarbeitung Die schriftliche Ausarbeitung des Methodenteils ist wiederum relativ leicht zu bewerkstelligen, da es nur um die Darstellung von Fakten geht und dieser Part bisweilen sehr knapp gehalten werden darf. Es kann sinnvoll sein, die Seiten »zwischendurch« zu schreiben, wenn man mit einem komplizierteren Kapitel nicht so recht weiterkommt.

Überraschungen Abschlussarbeiten können hinsichtlich der Methodik Überraschungen in sich bergen. So kann es bei empirischen Arbeiten vorkommen, dass die Auswertungsverfahren nachträglich ergänzt oder geändert werden müssen. Es ist auch möglich, die Hypothesen erst im Nachhinein zu formulieren, d. h. sie den statistischen Ergebnissen anzupassen. Wissenschaftlich ist das natürlich nicht korrekt, aber es gibt Betreuer, die da mitspielen – na ja!

Fallbeispiel
Ein Psychologiestudent wandte sich an die PBS, weil er mit seiner Masterarbeit zum Thema »Self-Handicapping« nicht weiter kam. Er hatte das Thema schon vor einem Jahr abgesprochen, fühlte sich aber völlig blockiert und beschäftigte sich überhaupt nicht mehr mit der Thesis. Die Datenerhebung sollte er mithilfe eines neuartigen Computersystems durchführen, aber er traute sich nicht zu, damit zu arbeiten. Kommilitonen, die er um Rat gefragt hatte, kannten sich mit diesem Programm ebenfalls nicht aus. Andererseits wollte er seinen Professor auf keinen Fall bitten, ein anderes Verfahren einsetzen zu dürfen, da er befürchtete, seine Arbeit werde dann nicht so gut bewertet und er habe als Konsequenz schlechtere Chancen bei der Jobsuche.

Im Rahmen des Schreibcoachings wurden zunächst die konkreten Schritte zur Durchführung der Datenerhebung besprochen und ihre Reihenfolge sowie die zeitliche Terminierung festgelegt. Im Rahmen von »Hausaufgaben« erhielt der Klient den Auftrag, sich zunächst einmal selbst mit dem Programm vertraut zu machen und das Handbuch zu lesen. Außerdem sollte er abklären, wer sich im Bereich der Hochschule mit diesem Programm auskannte und ihn eventuell beraten könnte. Er fand zwei junge Dozenten, die dazu bereit waren.

Da ihm die Anwendung des Programms aber viel weniger Probleme bereitete als befürchtet, war er schließlich auf diese Unterstützung kaum angewiesen. Er beendete die Masterarbeit und erhielt auch die von ihm gewünschte sehr gute Note.

8.2.5 Chaos statt Struktur

Es kommt gar nicht so selten vor, dass Studierende, die sich für ein Schreibcoaching angemeldet haben, während des Gesprächs mit dem Berater darüber klagen, nicht zu wissen, was der rote Faden ist bzw. worauf man in diesem Zusammenhang achten muss.

Der sog. »rote Faden« scheint für einige eine Art Phantom zu sein (▶ Abschn. 8.1.3). Es ist ihnen zwar bewusst, dass es dieses ominöse Konstrukt gibt und dass es ein wichtiges Kriterium für die Bewertung einer schriftlichen Arbeit darstellt, aber das ist oft auch schon alles.

Fallbeispiel
Eine Studentin der Politikwissenschaft stand kurz vor dem Abgabetermin für ihre Bachelor-Thesis, als sie um ein Gespräch bat. Die Arbeit war eigentlich so gut wie abgeschlossen, und sie hatte noch fast 10 Tage Zeit für die Überarbeitung. Verärgert berichtete sie, schon wiederholt die Rückmeldung erhalten zu haben, dass in ihren Hausarbeiten der rote Faden fehle. Kein Dozent habe ihr aber je erklärt, wie sie dieses Problem beheben könne oder irgendwelche praktischen Tipps gegeben. Auf ihre Nachfragen hin habe man eher erstaunt geschaut und gemeint, dass es dafür keine Techniken gebe. Man müsse sich eben mit der Arbeit intensiv beschäftigen und dabei auf den roten Faden achten. Diese Antworten hätten ihr überhaupt nicht weitergeholfen.

Durch die Anwendung der in der Beratung vorgeschlagenen Strategien, die sie sehr rasch umsetzte, fiel es ihr relativ leicht, ihre Thesis noch einmal auf das Vorhandensein des roten Fadens hin zu überprüfen und entsprechende Ergänzungen und Veränderungen vorzunehmen. Sie gab die Arbeit in dem Gefühl ab, dass sie an Qualität gewonnen habe, und freute sich, als sie die Note 1,3 erhielt.

8.2.6 Strukturierungshilfen

> Nutze die folgenden Strategien:
> — Lies die Arbeit wiederholt von Anfang an und lasse sie lesen!
> — Reihe tragende Schlüsselbegriffe kettenartig aneinander!
> — Verfasse ein Abstract von einer halben bis höchstens einer Seite!

Um das Vorhandensein des roten Fadens zu überprüfen, ist es sinnvoll, die Arbeit – zeitversetzt – mehrere Male von Anfang an durchzugehen und sich beim Lesen in die Position eines Menschen zu versetzen, dem die entsprechende Materie fremd ist. Dabei sollte man nicht allzu sehr ins Detail gehen, also nicht Wort für Wort und Satz für Satz lesen, sondern versuchen, die übergeordneten Textbausteine zu erfassen. Es empfiehlt sich auch, die Arbeit von anderen lesen zu lassen, z. B. von Kommilitonen, die rasch merken, wenn ein Text »schwarze Löcher« aufweist oder ein Kapitel nicht auf dem anderen aufbaut.

Um den roten Faden aufleuchten zu lassen, ist es außerdem hilfreich, die wichtigsten Inhalte anhand von kettenartig aneinandergefügten Stichworten zu notieren. Dabei ist auf eine logische Abfolge zu achten. Die so gefundenen Schlüsselwörter stellen die logische Sinnfolge, sprich, den roten Faden dar, der sich durch die Arbeit ziehen soll.

Beispiel für eine Schlüsselwortkette im Fach Psychologie
Thema: Netzwerkmerkmale bei Depressiven und Nichtdepressiven (Masterarbeit)
  Theoretischer Hintergrund → Die klassische Netzwerkforschung → Die Social-support-Forschung → Die kognitive Depressionsforschung → Eigene Annahmen → Annahmen zu objektiven Netzwerkmerkmalen → Annahmen zu kognitiven Repräsentationen → Annahmen zu Idealvorstellungen von Netzwerkmerkmalen → Untersuchungsplan → Stichproben → Untersuchungsmethoden → Fragebogen → Qualitatives Interview → Auswertungsmethoden → Inhaltsanalyse → t-Tests → Diskriminanzanalyse → Multiple Regressionsanalyse → Fazit und Ausblick

Eine andere Möglichkeit, sich des roten Fadens zu vergewissern, besteht darin, von Anfang an ein Abstract »mitlaufen« zu lassen, das mit dem Fortschreiten der Arbeit entsprechend zu ergänzen und zu verfeinern ist. Auch diese Zusammenfassung sollte nicht mehr als höchstens eine Seite umfassen.

Beispiel für ein Abstract

> In meiner Diplomarbeit gehe ich dem Begehren nach Pelzen und Fellen auf den Grund, ohne mich des tierischen Materials zu bedienen. Stattdessen entwickeln sich Flächengestaltungen, die animalischen Oberflächen aus künstlich hergestelltem Material wie Neopren oder Latex in gewisser Weise nahe kommen, ohne sie zu imitieren. Es kommt zu philosophischen Grundfragen, der Auseinandersetzung mit inneren Konflikten, polaritäre, rationale und irrationale Gedanken, deren Co-Existenz und Spannungskraft.
>   Meine Diplomarbeit ist als künstlerische Arbeit zu verstehen und beschäftigt sich mit einem Thema, das seit der Antike, und dort vor allem in der Liebeslyrik, zu den uralten Traditionen der Menschen gehört: Liebe und Kampf. Als Titel wählte ich Armor & Amour: Armor & Amour erzählt von den Reizen und der Anziehungskraft des Glamourösen und des Fetischhaften, vom Schein der Dinge, deren Annehmlichkeit und Irritation. Es erzählt von Machtanziehung und Unterwerfung und der Gefahr, der man sich aussetzt, will man begehrenswert sein. Armor (brit. Engl.: armour) bedeutet sich rüsten, panzern gegen einen vermeintlichen Feind. Amour auf der anderen Seite bezeichnet den universellen Begriff der Liebe. Armor, die Rüstung und Panzerung, und Amour, die Liebe, erscheinen im ersten Moment konträr zueinander zu stehen. So steht die Liebe für positive Gefühle wie glücklich sein, sich geborgen fühlen, geliebt werden. Der Mensch strebt nach diesen Gefühlen und setzt sich dabei immer wieder dem Risiko aus, verletzt zu werden. Armor errichtet eine Schutzmauer, die der Abwehr dient.
>   In der Polarität der beiden Begriffe Armor & Amour liegt der Reiz meiner Arbeit. Sie gestattet mir, zwischen zwei scheinbar gegensätzlichen Polen zu wandern. Gegensätze bauen ein Spannungsfeld auf, in dessen Mitte ich spiele, mich

austoben kann. Die Möglichkeiten sind schier unendlich und ich bekomme plötzlich ein Gefühl von Freiheit (Katja Leander – Zusammenfassung der Abschlussarbeit *Armor & Amour*, mit freundlicher Genehmigung; weitere Informationen unter http://www.katjaleander.com). »

Merke!
- Das Inhaltsverzeichnis muss inhaltlich und optisch übersichtlich gegliedert sein!
- Zur Einordnung der Sekundärliteratur kann als erstes Ordnungssystem die Drei-Punkte-Strategie dienen!
- Annahmen und Hypothesen sind der Kompass einer wissenschaftlichen Arbeit!
- Bei der Formulierung von Annahmen und Hypothesen schreitet man von globalen zu spezifischen Aussagen voran!
- Zur Qualität einer Thesis trägt wesentlich der »rote Faden« bei!
- Zur Überprüfung des »roten Fadens« eignen sich wiederholtes Lesen, Verfassen eines Abstracts und die Bildung einer Schlüsselwortkette!
- Bei empirischen Arbeiten müssen Aufbau und Auswertungsverfahren aufeinander bezogen sein!

Literatur

Bortz J, Schuster C (2010) Statistik für Human- und Sozialwissenschaftler (Lehrbuch mit Online-Materialien), 7. Aufl. Springer, Berlin Heidelberg New York

Esselborn-Krumbiegel H (2002) Von der Idee zum Text. Eine Anleitung zum wissenschaftlichen Schreiben. Schöningh (UTB), Paderborn

Kornmeier M (2011) Wissenschaftlich schreiben leicht gemacht für Bachelor, Master und Dissertation, 4. Aufl. UTB/Haupt, Stuttgart

Krämer W (2009) Wie schreibe ich eine Seminar- oder Examensarbeit? Campus, Frankfurt/M

Nerdinger F, Blickle G, Schaper N (2011) Arbeits- und Organisationspsychologie, 2. Aufl. Springer, Berlin Heidelberg New York

Raab-Steiner E, Benesch M (2010) Der Fragebogen. Von der Forschungsidee zu SPSS/PASW-Auswertung, 2. Aufl. UTB, Stuttgart

Rossig WE, Prätsch J (2008) Wissenschaftliche Arbeiten: Leitfaden für Haus-, Seminararbeiten, Bachelor- und Masterthesis, Diplom- und Magisterarbeiten, Dissertationen, 6. Aufl. Teamdruck, Weyhe/Bremen

Svantesson I (1993) Mind Mapping und Gedächtnistraining 2. Aufl. Gabal, Offenbach, S 49

Zwerenz K (2011) Statistik: Einführung in die computergestützte Datenanalyse, 5. Aufl. Oldenbourg, München

8.2.7 Belohnung

Die Seiten dieses Kapitels wurden von dir sorgfältig gelesen und die darin enthaltenen Tipps beachtet und umgesetzt. Dann hast du dir wieder eine Belohnung verdient!

Ich belohne mich, indem ich
_____
_____
_____

Lass den Zweig grünen – Rohfassung erstellen

9.1	**Anforderung: Mutation zum Schriftsteller – 117**
9.1.1	Erster Schritt – 117
9.1.2	Zweiter Schritt – 117
9.1.3	Dritter Schritt – 117
9.1.4	Vierter Schritt – 117
9.1.5	Fünfter Schritt – 117
9.1.6	Belege nicht vergessen – 118
9.1.7	Wissenschaftssprache verwenden – 118
9.1.8	Fachtermini – 118
9.1.9	Beispiel: Wissenschaftssprache Veterinärmedizin – 119
9.1.10	Objektivität – 119
9.1.11	Präzision – 119
9.1.12	Sachlicher Stil – 119

9.2	**Probleme und Lösungen – 119**
9.2.1	Mangelndes Know-how – 119
9.2.2	Zum Wissenden werden – 120
9.2.3	Erster Schritt – 120
9.2.4	Zweiter Schritt – 120
9.2.5	Dritter Schritt – 120
9.2.6	Sprachliche Defizite – 120
9.2.7	Expertenhilfe und Nachteilsausgleich – 121
9.2.8	Schreibblockaden – 121
9.2.9	Der Kardinalfehler – 121
9.2.10	Five-step- und Worst-text-Methode – 122
9.2.11	Angst vor dem leeren Blatt – 123
9.2.12	Clustering und linkshändiges Schreiben – 123
9.2.13	Schreiben und Gefühl – 124
9.2.14	Mit »heißer Nadel« schreiben – 125
9.2.15	Die heilige Zahl Sieben – 125
9.2.16	»Aufschieberitis« – 126
9.2.17	Planung und »Kerkerhaft« – 127

9.3	**Psychische Blockaden – 129**
9.3.1	Angst – 129
9.3.2	Die Angst an die Kette legen – 130
9.3.3	Einsamkeit – 131
9.3.4	Austausch und Geselligkeit – 131
9.4	**Hilfsangebot Schreibwerkstatt – 131**
9.4.1	Kreative Schreibwerkstatt – 132
9.4.2	Wissenschaftliche Schreibwerkstatt – 132
9.4.3	Belohnung – 133

Literatur – 133

Dünge deinen Zweig und gieße ihn regelmäßig, sodass sich neue Triebe und frische grüne Blätter bilden können.

9.1 Anforderung: Mutation zum Schriftsteller

» Steter Tropfen füllt das Fass! (Sprichwort) «

In ▶ Kap. 1 wurde darauf eingegangen, dass verschiedene Textsorten in unterschiedlicher Weise zu Schreibproblemen beitragen und man Schreibprobleme nicht losgelöst von der Art des zu verfassenden Schriftstücks betrachten kann.

Neben unterschiedlichen Arten von Texten gibt es aber auch unterschiedliche Schreibstadien, die mehr oder weniger ausgeprägt mit der Entstehung von Schreibblockaden zusammenhängen können. So treten Schreibblockaden vor allem in der eigentlichen Schreibphase auf, in der die Literatur bereits gesichtet und/oder empirische Daten erhoben wurden.

In dieser Phase empfiehlt sich ein Vorgehen, das vom Groben zum Feinen führt und den Schreibprozess in mehrere Etappen unterteilt.

9.1.1 Erster Schritt

Das Inhaltsverzeichnis sollte in diesem Stadium zu 80–90 Prozent – keinesfalls aber hundertprozentig! – feststehen. Nimm dir die Gliederung des Kapitels vor, mit dem du beginnen willst. Erstelle eine Ideensammlung, indem du zu den einzelnen Überschriften inhaltliche Stichpunkte notierst, die in dem betreffenden Kapitel ausgeführt werden sollen.

9.1.2 Zweiter Schritt

Formuliere die Stichwörter in ganze Sätze um und ergänze sie durch zusätzliche Einfälle, die dir während des Schreibens häufig unkontrolliert durch den Kopf schießen, denn Schreib- und Denkprozesse sind nicht nur miteinander verzahnt, sondern befruchten sich auch gegenseitig. Es stört die Ideenproduktion, wenn in diesem Stadium bereits in übertriebener Weise auf Grammatik, Ausdruck, Stil etc. geachtet wird.

9.1.3 Dritter Schritt

Nun überprüfst du das Geschriebene auf inhaltliche Richtigkeit, Logik und Stringenz, und zwar weiterhin, ohne dich besonders um Grammatik, Rechtschreibung und Zeichensetzung zu kümmern.

> **Achtung!**
> Auf wörtliche Zitate und Belegstellen ist diese Strategie nicht anzuwenden. Diese sollten von Anfang an sorgfältig eingegeben und unmittelbar danach noch einmal Korrektur gelesen werden. Warum? Weil es sehr mühsam und zeitaufwendig ist, ein wichtiges Zitat, dessen Quelle man »verschusselt« hat, aus einem Stapel von Büchern, Kopien und virtuellen Akten herauszufischen.

9.1.4 Vierter Schritt

Erst jetzt überträgst du deine inhaltlichen Ausführungen in korrektes Deutsch (oder Englisch), d. h., du überprüfst und verbesserst Grammatik, Rechtschreibung und Zeichensetzung.

9.1.5 Fünfter Schritt

Nun begib dich wie der Goldschmied, der ein selbstgefertigtes Schmuckstück am Ende liebevoll poliert, an den Feinschliff des Geschriebenen und bringe deinen Text in ein stilistisch ansprechendes Deutsch (oder Englisch). Beachte dabei das einer Abschlussarbeit angemessene Sprachniveau und überprüfe, ob du die Termini technici deines Fachs korrekt verwendet hast.

Die eben erläuterten Schritte sind im Übrigen idealtypisch voneinander getrennt. Du solltest dich zwar bei der Ausarbeitung der einzelnen Kapitel überwiegend an diese Reihenfolge halten, dies aber nicht zwanghaft tun. Wenn dir z. B. bei Schritt 3 ein

Abb. 9.1 Schreiben, bis der Arzt kommt!

grottenfalsch geschriebenes Wort fürchterlich «aufstößt», kannst du es auch sofort korrigieren.

Generell solltest Du auf Deinem Weg zum Schriftsteller folgende »goldene Regeln« verinnerlichen:

— Du sollst nicht auf dem Schreibtisch schlafen.
— Du sollst nicht essen und nicht trinken.
— Du sollst auch nicht … (du weißt schon was) … begehren.
— Du sollst schreiben, schreiben und nichts als schreiben! (Abb. 9.1)

9.1.6 Belege nicht vergessen

Wissenschaftliches Schreiben unterscheidet sich von anderen Textsorten u. a. dahingehend, dass Aussagen, die nicht dem persönlichen Ideenrepertoire entstammen, belegt werden müssen, und eigene Denkansätze, Ergebnisse usw. auf schon vorhandenen wissenschaftlichen Theorien und Resultaten fußen sollten.

> Beim Schreiben muss immer unterschieden werden zwischen fremdem und eigenem geistigem Eigentum! Fremdes geistiges Eigentum – ▶ Abschn. 7.1.4 – **muss in jedem Fall als solches kenntlich gemacht werden. Inwieweit man Forschungsbeiträge direkt oder in eher indirekter Form einfügt, bleibt weitgehend einem selbst überlassen. Es gibt verschiedene Möglichkeiten des Einwebens in den Text.**

Das wörtliche Zitat

Achte darauf, dass sich nicht zu viele Zitate in die Thesis einschleichen. Sie könnten den Gutachter zu der Frage verleiten, worin nun eigentlich deine eigene Leistung besteht?

Aber was heißt »zu viel«? Je nach Fach und Themenstellung sind die Antworten natürlich auch hier unterschiedlich. In der Regel gilt: Drei Zitate pro Seite sind in jedem Fall zu viel, alle 3–4 Seiten ein Zitat ist meistens o.k. Zitate sollen wichtige Aussagen transportieren und illustrieren. Man setzt sie ein, um Inhalte in besonderer Weise auf den Punkt zu bringen oder zu veranschaulichen.

Zu den formalen Zitiervorgaben befrage bitte ▶ Abschn. 7.1.4 und/oder die dort angegebene Literatur.

Indirekte Rede

Hier bemühst du den Konjunktiv I, um fremde Inhalte vorzustellen, hältst dich dabei aber eng an die Formulierungen des Sekundärbeitrags.

Paraphrase

Eine Paraphrase ist eine Art Nacherzählung oder Zusammenfassung der wichtigsten Inhalte eines Forschungsbeitrags, auf den du dich beziehen oder den du widerlegen möchtest. Auch in diesem Fall ist es wichtig, die Quelle korrekt zu benennen und dich nicht mit fremden Federn zu schmücken.

9.1.7 Wissenschaftssprache verwenden

Bei der Abfassung der Abschlussarbeit wird von dir erwartet, dass du die Spielregeln des wissenschaftlichen Schreibens beherrschst.

9.1.8 Fachtermini

Die Wissenschaftssprache zeichnet sich vor allem durch den Gebrauch von Fachtermini aus, deren Bedeutung genau definiert und meist nur Insidern vertraut ist, ohne sich dem Laien ohne Weiteres zu erschließen. Diese besondere Begrifflichkeit dient dazu, Wissenschaftlern weltweit eine gemeinsame

Verständigungsplattform zu eröffnen. Mit diesem Ziel hängt auch zusammen, dass die Bedeutung der Nationalsprachen immer weiter zugunsten der Weltsprache Englisch zurückgeht. In einigen Fächern – etwa Medizin – ist das formalisierte Schreiben sehr verbreitet, in anderen – etwa Geschichte – tritt es aus Gründen der Allgemeinverständlichkeit zurück.

9.1.9 Beispiel: Wissenschaftssprache Veterinärmedizin

Beispiel: Zusammenfassung einer veterinärmedizinischen Arbeit

» Die Arbeit kennzeichnet mit Hilfe von histologischen und glykokonjugat-histochemischen Methoden die spezielle Struktur des Ösophagus des Netzpythons (Python reticulatus) unter besonderer Berücksichtigung des Epithels und seiner Hauptaufgaben. Die mehrreihige Lamina epithelialis besitzt Becherzellen sowie Kinozilien tragende Zellen und tritt in zwei verschiedenen Strukturtypen auf. Der am häufigsten vorhandene Epitheltyp 1 zeigt viele schlanke Becherzellen, gleichartig in Form und Farbe, die Kinozilien tragenden Epithelzellen bleiben unauffällig. Der Epitheltyp 2 besteht aus voluminöseren Becherzellen sowie gut erkennbaren, wenngleich oft Sanduhr-ähnlich zusammengepressten Epithelzellen mit Kinoziliensaum und findet sich in der Regel nach der Fütterung.

[…]. Die Verwendung klassischer Glykokonjugat-Färbungen (AB pH 1,0 und 2,5; AB 2,5/PAS) hebt die Entwicklung eines durchlaufenden Zyklus hervor, der sich im Inhalt der Becherzellen farblich von blau (sauer, unreif) bis dunkelviolett (neutral, ausgereift) entwickelt. Erst durch Fütterung, die zur Abgabe der reifen Schleimsekrete führt, wird offenbar ein neuer Zyklus angeregt. Die Tatsache, dass nicht alle Mukus produzierenden Anteile des Epithels immer im gleichen Zyklusstadium sind, verweist dabei auf einen Mechanismus, der den Netzpython befähigt, nach langen Fresspausen den zum Transport der verschlungenen Beute zwingend notwendigen Schleim sofort bereitzustellen (Meyer et al., 2009, mit freundlicher Genehmigung). «

9.1.10 Objektivität

Anekdoten aus deinem Leben, die Schilderung persönlicher Eindrücke sowie subjektive Stellungnahmen haben innerhalb einer wissenschaftlichen Arbeit so gut wie keinen Raum. Hier geht es darum, überindividuell gültige Ergebnisse zu präsentieren.

9.1.11 Präzision

Es ist das Ziel einer jeden wissenschaftlichen Arbeit, zu möglichst klaren Aussagen mit wenigen, am besten gar keinen Einschränkungen zu gelangen. Versuche daher, alle deine Statements genau auf den Punkt zu bringen.

9.1.12 Sachlicher Stil

Der Stil von wissenschaftlichen Arbeiten ist informativ und nüchtern, er will nicht unterhalten, sondern informieren. Daher wird auf eine bildhaft-expressive Ausdrucksweise, wie sie für manche Romane typisch ist, verzichtet. Bestimmte in der Belletristik und Poetik verwendete Stilelemente – etwa Anakoluth (Satzbruch) oder Ellipse (grammatisch unvollständiger, aber verständlicher Satz) – sind in der Regel verpönt.

9.2 Probleme und Lösungen

Und jetzt beschäftigt uns wieder die Frage, welche Probleme entstehen können und wie man sie am besten beheben kann.

9.2.1 Mangelndes Know-how

Eine gewisse Unsicherheit über das angemessene Vorgehen beim Abfassen schriftlicher wissenschaftlicher Arbeiten zeichnet wohl die Mehrzahl der Studierenden, wenigstens unmittelbar nach der Immatrikulation, aus.

Davon abgesehen klagen darüber vor allem jene, die Fächer belegt haben oder an Hochschulen immatrikuliert sind, deren Leistungsnachweise hauptsächlich aus Klausuren mit Multiple-Choice-Aufgaben bestehen. Solche Studenten studieren oft mehrere Semester lang, ohne eine schriftliche Arbeit verfassen zu müssen. Wenn diese Form der Prüfung dann plötzlich ansteht, reagieren einige verständlicherweise mit Angst, da ihnen die Aufgabe nicht vertraut ist und daher als unüberwindbarer Berg erscheint.

9.2.2 Zum Wissenden werden

Wenn das nötige Know-how zur Erstellung einer wissenschaftlichen Arbeit fehlt, sollte man zunächst grundlegende Informationen einholen.

9.2.3 Erster Schritt

Es bietet sich an, als Erstes die praktischen, einfach zu befolgenden Vorgaben zu erkunden, d. h. die Seitenzahl, die vorausgesetzt wird, die gewünschte Schriftart und -größe, die Beschaffenheit von Rand und Zeilenabstand usw. Die meisten Fachbereiche haben mittlerweile Anleitungen zum Abfassen einer schriftlichen Arbeit zum kostenlosen Download ins Netz gestellt.

Beispiele
Universität Kiel
Europäische Ethnologie/Volkskunde

» Anleitung für die Abfassung von schriftlichen Arbeiten im Bachelorstudiengang «

Universität Magdeburg
Psychologie

» Die Anfertigung schriftlicher Arbeiten in der Psychologie. Ein Leitfaden «

9.2.4 Zweiter Schritt

Wenn man sich diesbezüglich informiert hat, besteht der nächste Schritt darin, vergleichbare Arbeiten zu lesen, um sich einen Eindruck über den Aufbau, den sprachlichen Anspruch, die Art der Argumentation usw. zu verschaffen. Seminararbeiten zu den unterschiedlichsten Themen können online unter www.hausarbeiten.de gegen ein geringes Entgelt gelesen und ausgedruckt werden.

9.2.5 Dritter Schritt

Zuletzt ist im Gespräch mit dem Betreuer abzuklären, welche spezifischen Erwartungen an die Arbeit gestellt werden. Ergänzend kann man noch Auskünfte bei Kommilitonen einholen, die bei dem betreuenden Dozenten bereits eine Haus- oder Seminararbeit geschrieben haben. Auf diese Weise erweitert man, wenn man Glück hat, sein spezielles, nicht allen zugängliches Insider-Wissen. Wenn an der Hochschule, die man besucht, ein derartiges Angebot existiert, sollte man in jedem Fall zusätzlich einen Schreibkurs besuchen.

9.2.6 Sprachliche Defizite

Es gibt Absolventen, die kreative Ideen haben, eine fundierte Gliederung erstellen und ihre Arbeit sehr gut strukturieren können. Dennoch scheitern sie manchmal an dem Projekt Abschlussarbeit oder entwickeln zumindest beträchtliche Ängste, wenn es um die verbale Ausarbeitung geht.

Es sind Studenten, die sich mit der deutschen Sprache schwer tun, etwa weil ihre Begabungsschwerpunkte und Interessen auf einem anderen Gebiet liegen oder weil Deutsch nicht ihre Muttersprache ist. Da viele Bachelor- und Masterarbeiten mittlerweile in Englisch verfasst werden, gehören auch solche Studis dazu, die mit Fremdsprachen auf Kriegsfuß stehen. Die dritte Gruppe schließlich bilden jene Studierenden, die an einer angeborenen Lese- und Rechtschreibschwäche leiden.

Was ist Legasthenie?

» Unter Legasthenie bzw. Lese-Rechtschreibstörung versteht man eine schwerwiegende Problematik beim Erlernen der Lese- und Rechtschreibfertigkeiten. Es handelt sich um eine Störung hinsichtlich der Transformation gesprochener Worte in die geschriebene Sprache und vice versa, wofür keine allgemeinen Intelligenzdefizite verantwortlich sind. Hingegen werden genetische Einflüsse bzw. eine Störung der visuellen und auditiven Verarbeitung von Wahrnehmungsprozessen als verursachend angenommen. Ca. 4% der Schülerinnen und Schüler in Deutschland leiden unter Legasthenie. Kinder aus Risikofamilien, die in der Phase des Spracherwerbs unkontrolliert sehr viele und qualitativ minderwertige Fernsehsendungen konsumieren, scheinen besonders gefährdet zu sein (Bensberg u. Messer, 2010, S. 233). «

Solltest du den Verdacht haben, dass diese Störung bei dir vorliegt, ohne dass dies bislang überprüft wurde, unterziehe dich bitte einer entsprechenden Diagnostik. Es gibt verschiedene Stellen, die solche Tests anbieten, z. B. vielerorts die Arbeiterwohlfahrt.

9.2.7 Expertenhilfe und Nachteilsausgleich

Sprachliche Defizite kann man »im höheren Lebensalter« kaum mehr »ausbügeln«, vor allem nicht in kurzer Zeit. Besteht eine derartige Problematik, ist es sinnvoll, sich einen Experten zu suchen, der die Thesis wie ein Lektor auf sprachliche Schnitzer hin liest und korrigiert. Du solltest dich aber vorher vergewissern, dass die betreffende Person tatsächlich über eine hohe Sprachkompetenz verfügt.

Viele Bundesländer bieten Studierenden mit einer nachgewiesenen Lese- und Rechtschreibschwäche einen sog. »Nachteilsausgleich« im Rahmen der Gleichstellung mit Nichtbehinderten an. Dies kann bedeuten, dass die Zeitvorgabe bei Klausuren eventuell erweitert und die Bearbeitungszeit für die Thesis verlängert wird bzw. man dich nicht schriftlich, sondern mündlich prüft. Ein Nachteilsausgleich wird immer individuell beurteilt und entschieden. Da die Hochschulen hier unterschiedlich verfahren, solltest du rechtzeitig entsprechende Erkundigungen einholen.

> **Nachteilsausgleich**
> Sowohl das Grundgesetz als auch das Allgemeine Gleichbehandlungsgesetz schreiben die Gleichberechtigung von Behinderten und Nichtbehinderten vor. So lautet Artikel 3 des Grundgesetzes:
>
> » Alle Menschen sind vor dem Gesetz gleich. [...] Niemand darf wegen seiner Behinderung benachteiligt werden. «
>
> Abgesehen von diesen übergeordneten Bestimmungen ist die juristische Basis des Nachteilsausgleichs für Studierende im Hochschulrahmengesetz (HRSG) verankert. Das Landeshochschulgesetz (LHG) des Landes Baden-Württemberg beispielsweise verpflichtet die Hochschulen, dafür Sorge zu tragen,
>
> » dass behinderte Studierende in ihrem Studium nicht benachteiligt werden und die Angebote der Hochschule möglichst ohne fremde Hilfe in Anspruch nehmen können [...] (§ 2, Art. 3, LGH Ba-Wü). «

9.2.8 Schreibblockaden

Was genau ist eine Schreibblockade?
Edmund Bergler, ein US-amerikanischer Psychoanalytiker, prägte die Bezeichnung »Schreibblockade« und formulierte drei Kriterien, die gegeben sein müssen, damit man die entsprechende »Diagnose« stellen kann:
1. Jemand schreibt eine Arbeit nicht, obwohl er von der Vorbildung und dem Intellekt her dazu imstande wäre.
2. Die Person hat das Gefühl, entweder überhaupt keine oder nur wirre Einfälle zu haben.
3. Die Person leidet beträchtlich unter dem Nichtschreiben.

9.2.9 Der Kardinalfehler

Viele Studierende begehen den Kardinalfehler, von Beginn an – also bereits mit der ersten Zeile – ausformulierte, tadellose Sätze bilden zu wollen. Sie verhalten sich damit wie ein Bauherr, der nach Fertigstellung des Rohbaus anfängt, einzelne Fenster einsetzen, streichen und dekorieren zu lassen, was als Arbeitsschritt eigentlich viel, viel später sinnvoll ist. Perfekte Sätze und Passagen sind das Ziel einer jeden Schreibarbeit, sie stehen aber niemals am Anfang, sondern bilden das Endprodukt vieler vorausgegangener Arbeitsschritte.

Zunächst müssen nämlich die Inhalte geklärt und zu Papier gebracht werden – ein Vorgang, der mit vielen Umstellungen und Umarbeitungen sowie dem Einfügen und Löschen ganzer Abschnitte und Seiten verbunden ist. Daher erscheint es auch vollkommen unsinnig, zu Beginn des Schreibens als erstes eine schöne Einleitung verfassen zu wollen, die dann nicht mehr verändert werden soll. Die Einleitung schreibt man am Schluss, wenn die einzelnen Kapitel konzipiert sind und der rote Faden so leuchtend wie einst der Sonnenwagen des Helios seine Bahn durch die Thesis zieht.

Fallbeispiel
Einer Studentin der Sozialwissenschaften fiel es ausgesprochen schwer, sich von der Konzentration auf die formale Richtigkeit ihrer Sätze beim Einstieg in ein Schreibprojekt zu lösen, um sich stattdessen vorwiegend mit den Inhalten zu beschäftigen. Das Schreiben der Abschlussarbeit war daher für sie ein äußerst frustrierender und zeitaufwendiger Prozess, ja eine Tortur.

Es dauerte relativ lange, mit ihr in der Beratungsstelle eine andere Herangehensweise an ihre Thesis zu erarbeiten. Ein falsch geschriebenes Wort stehen zu lassen, schaffte sie zunächst nur in Gegenwart der Beraterin. Die Aufgabe, einfach einmal ins Blaue hinein zu schreiben, konnte sie ebenfalls nur in den Sitzungen erfüllen, wobei sie immer wieder beteuerte, wie schwer es ihr falle, Sätze, die gegen Rechtschreibregeln verstießen, nicht sofort korrigieren zu dürfen. Als sie diese Schwierigkeitsstufe bewältigt hatte, wurde vereinbart, dass sie zu Hause und in der Bibliothek »worst texts« (s. unten) produzieren und der Beraterin mailen solle. Auch diese Aufgabe stellte eine kaum zu überwindende Hürde dar. In der Bibliothek wählte sie anfangs einen möglichst weit von ihren Kommilitonen entfernten Platz, da sie Angst hatte, jemand könnte die »falschen Sätze« sehen, sie darauf aufmerksam machen und schlimmstenfalls für »dumm« halten. Es bedurfte mehrerer Anläufe, bis es ihr gelang, der Beraterin einen selbstständig verfassten, längeren »worst text« zu senden.

9.2.10 Five-step- und Worst-text- Methode

Five-step-Methode
Die Fünf-Schritte-Methode, die bereits ausführlich beschrieben wurde, ist das alternative Vorgehen für alle, die das Pferd nicht von hinten aufzäumen wollen. Es ist die Methode der Wahl, um eine schriftliche Arbeit zügig voranzubringen. Also lies am besten noch einmal in ▶ Abschn. 9.1 nach!

Worst-text-Methode
Eine weitere Strategie, deren Einsatz manchmal große Überwindung kostet, besteht darin, sich selbst die Erlaubnis zu geben, einen völlig inakzeptablen Text zu verfassen.

Es wirkt dem eigenen Perfektionismus entgegen, wenn man sich ausdrücklich zugesteht, etwas völlig Unbrauchbares zu schreiben, was im Übrigen großen Spaß machen kann. Indem du Überlegungen darüber anstellst, was einen schlechten Text eigentlich ausmacht, lernst du implizit zugleich, was gute von schlechten Texten unterscheidet, und diese wachsende Sicherheit kann die Angst vor dem Schreiben schon ein Stück weit reduzieren. Normalerweise fühlt sich auch niemand überfordert, wenn er sich die Aufgabe stellt, etwas ganz Unqualifiziertes zu produzieren, sodass ein Transfer der Situation des angstfreien Schreibens auf den »Ernstfall«, in dem ein angemessener Text verfasst werden soll, erfolgen kann.

Als Thema ist der Gegenstand der zu schreibenden Arbeit zu wählen, über den man dann mindestens im Umfang einer gedruckten Seite so mies zu schreiben versucht, dass sich der Dozent bei der Lektüre sämtliche, vielleicht gar nicht mehr vorhandenen Haare raufen würde.

Einige Kriterien für »worst texts« im Wissenschaftsbereich:
– Rechtschreibung, Zeichensetzung und Grammatik katastrophal
– Umgangssprache, »Kiezdeutsch«
– Inhalt wirr, roter Faden fehlt
– Unqualifizierte persönliche Stellungnahmen
– Behauptungen ohne Belege usw.

Diese Kriterien kann und sollte man durch eigenes Nachdenken selbst noch erweitern, auch das ist eine gute Übung, um die grauen Zellen im Gehirn schon einmal in sanften Trab zu versetzen.

Beispiel für einen »*worst text*«
Auf der Welt geht ess unterschiddlich zu.Die einen kommen immer krass pünktlich, dass es einem auf den Wecker geht, d ie andern sind voll unpünktlich, oder kommen gar nicht, was voll unverschämt ist und die dritten sind so mittendrin.

Es gibt gruppen, Völker, Kulturen, Stämme – weiß nicht so genau -, die machen immer eins nach dem anderen also sind ätzendlangweilig, die andern machen ganz viele sachen zur sElben zeit, verzetteln sich dabei oft und quatschen auch viel rum, was ebenfalls voll auf die nerven get, und die dritten sitzen da wie die Säulenheiligen und glotzen nur blöd, ohne was zu sagen.

9.2.11 Angst vor dem leeren Blatt

Schreibblockaden treten in unterschiedlichen Formen auf und ordnen sich einem weiten Spektrum zu. Es kann sich dabei auch um die berühmte Angst vor dem leeren Blatt handeln, die meist mit einem Stocken des Ideenflusses einhergeht. Der Student starrt auf die weißen Seiten bzw. den leeren Bildschirm, vermag aber keinen einzigen Satz zu schreiben. Manche verbringen auf diese Weise halbe Tage vor dem Computer oder an ihrem Schreibtisch und werden dabei immer verzweifelter und panischer.

Für einige dieser Studierenden ist typisch, dass sie Überlegungen zu ihrem Thema mündlich adäquat formulieren und anderen mitteilen können, aber völlig blockiert sind, wenn sie dieselben Inhalte in die Schriftform bringen sollen. Bei anderen erzeugt die Situation des »Schreibenmüssens« einen derartigen Druck, dass auch die Ideenproduktion gelähmt ist und ihnen der Kopf wie leergefegt erscheint.

Je mehr sie sich anstrengen, interessante, inhaltlich anspruchsvolle Gedanken zu Papier zu bringen, desto weniger Einfälle haben sie. Das kann psychologisch leicht erklärt werden, ist es doch generell so, dass der Ideenfluss eher in einer entspannten, angstfreien Atmosphäre in Gang kommt.

Daher sind als Gegenstrategien Schreibübungen geeignet, die einen etwas spielerischen Charakter haben. Es eignen sich u. a. die Clustermethode und das linkshändige Schreiben.

9.2.12 Clustering und linkshändiges Schreiben

Das Clustering ist eine einfache, aber äußerst effiziente Methode zur Überwindung von Schreibblockaden und geht zurück auf Gabriele L. Rico, Dozentin für Anglistik und Kunstpädagogik an der San José State University, die diese Technik in den 1970er Jahren entwickelte.

Clustering: Wie geht man vor?

Du nimmst ein leeres Blatt und trägst im oberen Drittel oder in der Mitte das Thema ein, mit dem du dich näher beschäftigen willst. Ausgehend von diesem Zentrum fügst du nach und nach die Wörter, die dir assoziativ dazu einfallen, wie Klumpen (Übersetzung von engl. *cluster*) an, umrahmst sie und ziehst Verbindungslinien. Du bewegst dich mehr oder weniger konzentrisch zum Rand vor und beziehst schließlich auch die an der Peripherie liegenden Wörter mit ein.

Es ist wichtig, beim Clustern die bewusste Kontrolle auszuschalten und sich von seinen Einfällen treiben zu lassen, also spielerisch an die Aufgabe heranzugehen. Dabei gibt es kein Richtig oder Falsch, und es ist auch nicht notwendig, sich besonders zu konzentrieren.

Das zunächst entstehende scheinbare Chaos stellt den schöpferischen Humus dar, aus dem die wissenschaftliche Arbeit schließlich erwächst. Normalerweise sammelt man beim Clustering recht schnell viele Ideen.

Die Zeit, in der du »clusterst«, sollte auf ca. 15 Minuten begrenzt sein, denn es ist wichtig, das Ein- und Aussteigen beim Verfassen von Texten zu üben, d. h. eine Schreibarbeit auch unterbrechen und später wieder aufnehmen zu können, obwohl man sich zwischenzeitlich mit anderen Aufgaben befasst hat.

» Es gibt keine richtige und keine falsche Art, ein Cluster zu bilden. Es ist alles erlaubt. Das Cluster ist die Kurzschrift Ihres bildlichen Denkens, und das weiß, wohin es steuert, auch wenn es Ihnen selbst noch nicht klar ist. Haben Sie Zutrauen zu ihm. Es verfügt über eine eigene Weisheit und entwickelt Ziele, die Sie jetzt noch nicht richtig beurteilen können. Dieses Wissen hat jedoch beileibe nicht mit Logik zu tun: Sollten Sie versuchen, Ihre gerade festgehaltenen Einfälle logisch zu überprüfen, dann wird diese instinktive Sicherheit zerstört. Fangen Sie also einfach an zu schreiben. Die Worte werden sich schon einstellen. Der Schreibvorgang übernimmt die Führung und ‚schreibt sich selbst' (Rico, 1984, S. 35). «

Je häufiger man das Clustern durchführt, desto mehr wächst das Vertrauen in die eigene Fähigkeit, Ideen zu produzieren. Außerdem überbrückt man mit dieser Methode die Kluft zwischen Wissenschaftssprache und dem individuellen Ausdrucksvermögen. Man setzt bei der Konzeption der Arbeit bei individuellen Erfahrungen, Gewichtungen und Gefühlen an, und das ist genau der richtige Ausgangspunkt. Die Strukturierung des Textes, die logische Argumentation und die Transponierung in einen angemessenen Sprachstil sind – wie schon gesagt – spätere Arbeitsschritte.

9.2.13 Schreiben und Gefühl

» Es wäre irrig anzunehmen, Gefühle seien allein Sache des poetischen Schreibens oder gehörten in Liebesbriefe. Wissenschaftliche Schriften erscheinen zwar an der Oberfläche als emotional gereinigte Texte, die den Anschein erwecken sollen, sie seien ‚sine ira et studio' verfaßt (also ‚ohne Ärger und Eifer', d. h. ohne Gefühlsbeteiligung), im Produktionsprozeß aber ist das Schreiben allemal ein emotionaler Akt. Alle Wissenschaftlerinnen und Wissenschaftler entwickeln intensive emotionale Beziehungen zu den Ideen, Theorien, Methoden, ja manchmal auch zu einzelnen Begriffen, mit denen sie arbeiten. In der Druckfassung sind diese Emotionen gut versteckt (Kruse, 1993, S. 45-46). «

Linkshändiges Schreiben

Beim »linkshändigen« Schreiben wird jeweils mit der nichtdominanten Hand geschrieben, bei nicht umerzogenen Linkshändern wäre dies somit die rechte Hand.

Das Thema sollte wieder mit der Thesis in Zusammenhang stehen, die Zeitvorgabe ist ähnlich knapp bemessen wie bei den schon genannten Schreibtechniken. Das verlangsamte Schreiben, das mit der nichtdominanten Hand einhergeht, erzeugt meistens den Effekt, dass Ideen und Einfälle rascher sprudeln, als man sie niederschreiben kann, und diese Erfahrung trägt erheblich dazu bei, Schreibblockaden abzubauen.

Das Schreiben mit links hat außerdem den Effekt, dass die rechte Hirnhälfte, die für Ideen, Emotionen, Einfälle usw. mehr verantwortlich ist als die linke, aktiviert wird, was ebenfalls dazu führt, dass mehr und oft auch bessere Einfälle produziert werden.

Der innere Zensor

Anderen Studierenden fällt es durchaus nicht schwer zu schreiben. Sie verfassen Seite für Seite, aber sie sind mit dem, was sie geschrieben haben, niemals zufrieden. Der innere Zensor führt dazu, dass sie ihre Texte immer wieder überarbeiten bzw. eliminieren. Im Extremfall gehen sie so weit, eine abgeschlossene Seminar- oder Bachelor- oder gar Masterarbeit am Ende wieder zu löschen. Auf diese Weise versäumen sie Abgabetermine und blockieren den normalen Studienverlauf. Die überkritischen, negativen Selbstbeurteilungen ihrer Arbeiten entbehren meist eines realistischen Hintergrunds. In der Regel handelt es sich um Realitätsverzerrungen aufgrund überhöhter und/oder wirklichkeitsferner Ansprüche.

Fallbeispiel

Ein überdurchschnittlich guter Jura-Absolvent schrieb, als man noch ohne Zeitbegrenzung frei promovieren konnte – seit Bologna sind Promotionen zunehmend an zeitlich terminierte Studiengänge und die Integration in ein Graduiertenkolleg gebunden –, schon seit 5 Jahren an seiner Doktorarbeit, als er sich erstmals entschloss, eine Beratungsstelle aufzusuchen. Er beschäftigte sich jeden

Tag intensiv mit der Dissertation, dachte nach, recherchierte, las, machte sich Notizen und schrieb. Die Arbeit war inzwischen auf mehr als 1000 Seiten angewachsen – üblich sind 200 bis ca. 400 Seiten – und die Anzahl der gekauften Bücher derart angestiegen, dass er viele aus Platzgründen in der Garage seiner Eltern stapeln musste. Dennoch hatte er das Gefühl, noch ganz am Anfang zu stehen. Es war ihm unmöglich, die Dissertation abzuschließen und bei seinem Doktorvater einzureichen.

Objektivierung tut not

Studierenden mit einem sehr lebendigen und zudem übermäßig strengen inneren Zensor hilft es am ehesten, wenn sie die Inhalte ihrer Arbeit mit fachlich kompetenten Personen diskutieren und die schriftlichen Ausführungen gegenlesen lassen. Vor allem sollten sie den Betreuer einbeziehen und ihn bitten, den Entstehungsprozess der Arbeit intensiv zu begleiten und die Kapitel einzeln zur Überprüfung einreichen zu dürfen. Viele Hochschuldozenten sind dazu bereit, manche bieten diese Art Dienstleistung bereits bei der Absprache des Themas selbst an. Es ist die beste Methode, um den inneren Zensor in Schach zu halten. Meist erhalten nämlich gerade Studierende mit einem sehr hohen Anspruch an die eigene Leistung positive Rückmeldungen und gelangen zu der Einsicht, dass die Inhalte, die sie zu Papier gebracht haben, sooo schlecht ja gar nicht sind.

9.2.14 Mit »heißer Nadel« schreiben

Andere Studis haben überhaupt keine Schreibprobleme im Sinne von Blockaden. Es fällt ihnen im Großen und Ganzen leicht, in den Schreibprozess einzusteigen. Sie schreiben oft frisch von der Leber weg und gehen ähnlich »locker« auch mit der Forschungsliteratur um. So ist es ihnen möglich, in relativ kurzer Zeit recht umfangreiche Texte zu verfassen.

Was die Kommilitonen mit dem »inneren Zensor« zu viel haben, haben diese Studierenden zu wenig: nämlich eine selbstkritische Haltung gegenüber den eigenen Schreibprodukten.

Sie begnügen sich meist mit höchstens zwei Überarbeitungen, da sie ihre Texte selbst im Rohzustand schon überzeugend finden. Manche, etwas narzisstische Zeitgenossen, sind sogar derart von der Qualität ihrer Arbeiten überzeugt, dass sie zweifelnde Äußerungen anderer gar nicht zulassen. Neben einer gesunden selbstkritischen Haltung mangelt es solchen Studierenden an Sorgfalt und Perfektionismus – Eigenschaften, die in der Ausarbeitungsphase schriftlicher Arbeiten nicht nur von Vorteil, sondern unabdingbar für das Gelingen sind.

Meist befinden sich die Noten dieser Studis in einem mittleren Bereich, und sie erhalten bei Hausarbeiten oft das Feedback, ihre Arbeiten seien etwas »oberflächlich« bzw. mit »heißer Nadel« gestrickt.

9.2.15 Die heilige Zahl Sieben

Schreiben ist ein zwar faszinierender, aber auch mühsamer Prozess selbst für Vielschreiber, denen dieses Handwerk Spaß macht. Während es Komponisten gibt, die in einer Mammutaktion in einer einzigen Nacht ein umfangreiches Musikstück mit Ewigkeitswert komponieren, ist eine vergleichbare Leistung der Zunft der Schreibenden, zumindest wenn längere Texte produziert werden sollen, kaum möglich. Alles, was Buchcharakter hat, also auch eine Bachelor- oder Master-Thesis, erfordert einen ungleich höheren bis sehr hohen Zeitaufwand.

Das mag das Herz meiner Leserinnen und Leser nicht erfreuen, ist aber so! Daraus folgt wieder mit bestrickender Logik, dass solche Texte mehrfach überarbeitet werden müssen, dass an ihnen zu feilen und zu polieren ist, bis am Ende ein edles Teil in die Welt entlassen wird, das auch ästhetischen Ansprüchen genügt.

Die Arbeit wie eine Klausur herunterzuschreiben und vielleicht noch höchstens ein- bis zweimal kritisch durchzulesen, ist also ein »No-Go«! Es bedarf vieler, vieler Überarbeitungsschritte, bis ein Werk als vollendet gelten kann. Professionelle Lektoren überarbeiten wissenschaftliche Texte nach bestimmten Kriterien, die du bei der Überarbeitung deines eigenen Textes berücksichtigen solltest.

Stellvertretend für viele andere sei hier das Angebot einer wissenschaftlichen Schreibwerkstatt genannt:

Wissenschaftliche Schreibwerkstatt Berlin
Korrektur A (deutsch)

[…] Die stilistisch-logische Überarbeitung des Textes macht Ihren Text in seiner Gesamtheit und seinen Teilen dem Zweck entsprechend verständlicher. Geprüft und korrigiert wird Ihr Text hinsichtlich: des Gesamtzusammenhangs und der Logik, inhaltlicher Lücken und unnötiger Exkurse, verständlicher Textübergänge und eindeutiger Bezüge, der richtigen Kapitelabfolge, der Passgenauigkeit der Überschriften, Satzbau/-logik, der treffenden Wortwahl, der Stimmigkeit des Stils, der Einhaltung der Konventionen wissenschaftlicher Texte.

Korrektur B (deutsch)

Die formale Überarbeitung umfasst die Korrektur von Fehlern der deutschen Rechtschreibung nach der gewünschten Norm, der Grammatik und der Zeichensetzung.
(http://www.WissenschaftlicheSchreibwerkstatt.de/Texte/text.html, mit freundlicher Genehmigung)

◼ **Abb. 9.2** Was ich heute könnt' besorgen, das verschiebe ich auf morgen!

Eine grobe Richtlinie ist dabei die Zahl Sieben. Professionelle Wissenschaftslektoren (s. oben) wissen, dass ein wissenschaftlicher Text im Durchschnitt ca. siebenmal überarbeitet werden muss, bis ein wünschenswertes wissenschaftliches Niveau erreicht ist.

In diesem Stadium der Thesis kannst du dich mit einem Pilger auf dem Jakobsweg vergleichen, der schon einen guten Teil des Weges zurückgelegt hat. Dein Ziel ist der Abschluss der Thesis, die Etappen des Weges sind die einzelnen Kapitel, die Schritte auf dem Weg stellen die Wörter und Sätze dar, die du niederschreibst.

9.2.16 »Aufschieberitis«

Andere Studierende mit Schreibblockaden kommen gar nicht erst so weit, sich an den Schreibtisch oder vor den PC zu setzen, obwohl auch sie den Willen haben, ihre Abschlussarbeit fertigzustellen und termingerecht abzugeben. Diese Studierenden schieben die konkrete Beschäftigung mit der Abschlussthesis immer wieder hinaus, finden stets neue Entschuldigungen, warum es ihnen nicht möglich ist, mit dem Schreiben zu beginnen, und flüchten in alternative Tätigkeiten, wobei sich mit dem Verstreichen der Zeit das schlechte Gewissen immer häufiger meldet und die Angst vor den Folgen des Nichtschreibens wächst.

Bei Referaten gingen sie gewöhnlich erst wenige Tage vor dem Abgabetermin zum ultimativen Start über, schrieben dann rund um die Uhr und legten sogar Nachtschichten ein, bei denen sie sich mit Unmengen von Kaffee oder schlimmstenfalls auch Koffeintabletten und sonstigen Aufputschmitteln wach hielten. Es ereignete sich auch, dass sie eine Sekunde vor einer Präsentation – die Professorin schaute schon ungeduldig auf ihre Uhr – mit dem USB-Stick in der Hand in den Vorlesungssaal oder Seminarraum stürmten. Meist schafften sie es mit dieser Strategie, kleinere Arbeiten gerade noch rechtzeitig abzugeben und womöglich eine ganz gute Note zu erhalten. Diese Kommilitonen mit »Aufschieberitis« wurden für ihr Verhalten also oft belohnt, d. h. in der Verhaltenspsychologie »positiv verstärkt«, was es ihnen verständlicherweise erschwert, sich alternative Vorgehensweisen anzueignen.

Was ist Aufschieberitis?

Eine typische und schwerwiegende Form der Schreibstörung ist die »Aufschieberitis«, mittlerweile meist vornehm mit dem aus dem Englischen stammenden Begriff »Prokrastination« umschrieben (◼ Abb. 9.2). Dieses Phänomen tritt gerade an

Hochschulen so häufig auf, dass es auch als »Studentensyndrom« bezeichnet wird ▶ Abschn. 3.3.1. Man versteht darunter die Unfähigkeit, Arbeiten – vor allem schriftliche – zu einem vorgegebenen Termin fertigzustellen.

Erst wenn es um die Abschlussarbeit geht, stoßen diese Studenten dann nicht selten an ihre Grenzen. Der Grund besteht darin, dass eine Thesis umfangreicher ist als eine Hausarbeit oder eine Präsentation und viel höher gewichtet wird.

»Aufschieberitis« ist, wenn es um Abschlussarbeiten geht, aus mehreren Gründen riskant. Man verschenkt vielleicht, weil man zu spät anfängt, eine gute Note und wenn am Tag X ein Missgeschick passiert, etwa der PC plötzlich ausfällt oder die Sekretärin des Dozenten ihren Dienst eine halbe Stunde früher als gewöhnlich beendet, kann es passieren, dass der Abgabetermin versäumt wird und man einen wichtigen Leistungsnachweis nicht erwirbt. Manche schaffen es auch gar nicht, die Arbeit überhaupt in dem vorgegebenen Zeitraum fertigzustellen.

Die einzelnen Stadien des Phänomens »Aufschieberitis« oder Prokrastination, das in der Studi-Welt weit verbreitet ist und dessen Konsequenzen sehr problematisch sein können, illustriert der folgende Teufelskreis (◘ Abb. 9.3).

Fallbeispiel
Die Bachelor-Thesis einer BWL-Studentin hatte unterschiedliche Formen der Kundenbindung zum Inhalt. Obwohl sie das Thema selbst ausgewählt und frühzeitig abgesprochen hatte und von ihrer Betreuerin auch vorbildlich unterstützt wurde, konnte sie sich nicht dazu aufraffen, wirklich in die Arbeit einzusteigen. Stattdessen vertrödelte sie ihre Zeit damit, Zeitung zu lesen, aufzuräumen, mit dem Hund ihrer Tante Gassi zu gehen und für ihren Freund eine Hausarbeit abzutippen. Als sie in die PBS kam, wurde deutlich, dass sie schon während der Schulzeit unter dem »Aufschieberitis-Syndrom« gelitten und immer nur unter Druck in letzter Sekunde gelernt hatte. Dieses Verhalten baute sich bei ihr über einen sehr langen Zeitraum hinweg auf und stabilisierte sich immer mehr, da sie wiederholt »belohnt« wurde, indem sie bisher noch keinen ernsthaften Misserfolg zu verzeichnen hatte.

9.2.17 Planung und »Kerkerhaft«

Detaillierte Planung der Arbeit
Um die »Aufschieberitis« in den Griff zu bekommen, ist die Beachtung der in ▶ Abschn. 5.1.2 und ▶ Abschn. 5.1.3 empfohlenen Strategien zur Erstellung eines Arbeitsplans und zum Zeitmanagement ganz besonders wichtig. Also bitte dort noch einmal nachlesen!

Außerdem sollte ein engmaschiges »Betreuungsnetz« existieren, etwa regelmäßige Termine mit dem Betreuer und möglichst Verabredungen mit Freunden/Kommilitonen in der Bibliothek zum Schreiben »unter Kontrolle«. Die Arbeitszeiten müssen genau festgelegt sein, wobei man gegenüber sich selbst die Verpflichtung eingeht, sich in diesen Zeiten in jedem Fall mit der Arbeit zu beschäftigen, selbst wenn man es nicht über sich bringt, auch tatsächlich daran zu schreiben.

Der langzeitige Lebensentwurf ist zu beachten und anhand von zielgerichteten Fragen zu aktualisieren.

Hilfreiche Fragen können sein:
– Warum schreibe ich diese Arbeit?
– Inwieweit ist diese Arbeit wichtig für mein weiteres Leben?
– Inwieweit dient diese Arbeit meinem Fortkommen im Studium?
– …

Diese und ähnliche Fragen sollte man sich beantworten und die Frage samt Antwort überdimensional groß ausgedruckt an einem gut sichtbaren Platz in seinem Zimmer/seiner Wohnung anbringen.

»Kerkerhaft«
Des Weiteren muss der Arbeitsort sehr sorgfältig gewählt werden, wobei öffentliche Orte wie Bibliotheken eindeutig vorteilhafter sind als das eigene, stille Kämmerlein mit seinen vielfältigen Ablenkungsmöglichkeiten.

Da bei Studierenden mit dem »Aufschieberitis-Syndrom« die Kapazitäten zur Eigensteuerung meist nicht sehr ausgeprägt sind, ist es für die Betroffenen ausgesprochen schwer und zum Teil unmöglich, sich sozusagen am eigenen Schopf aus dem Sumpf zu ziehen, was ja ohnehin ein schwieriges Unterfangen darstellt. Daher benötigen vie-

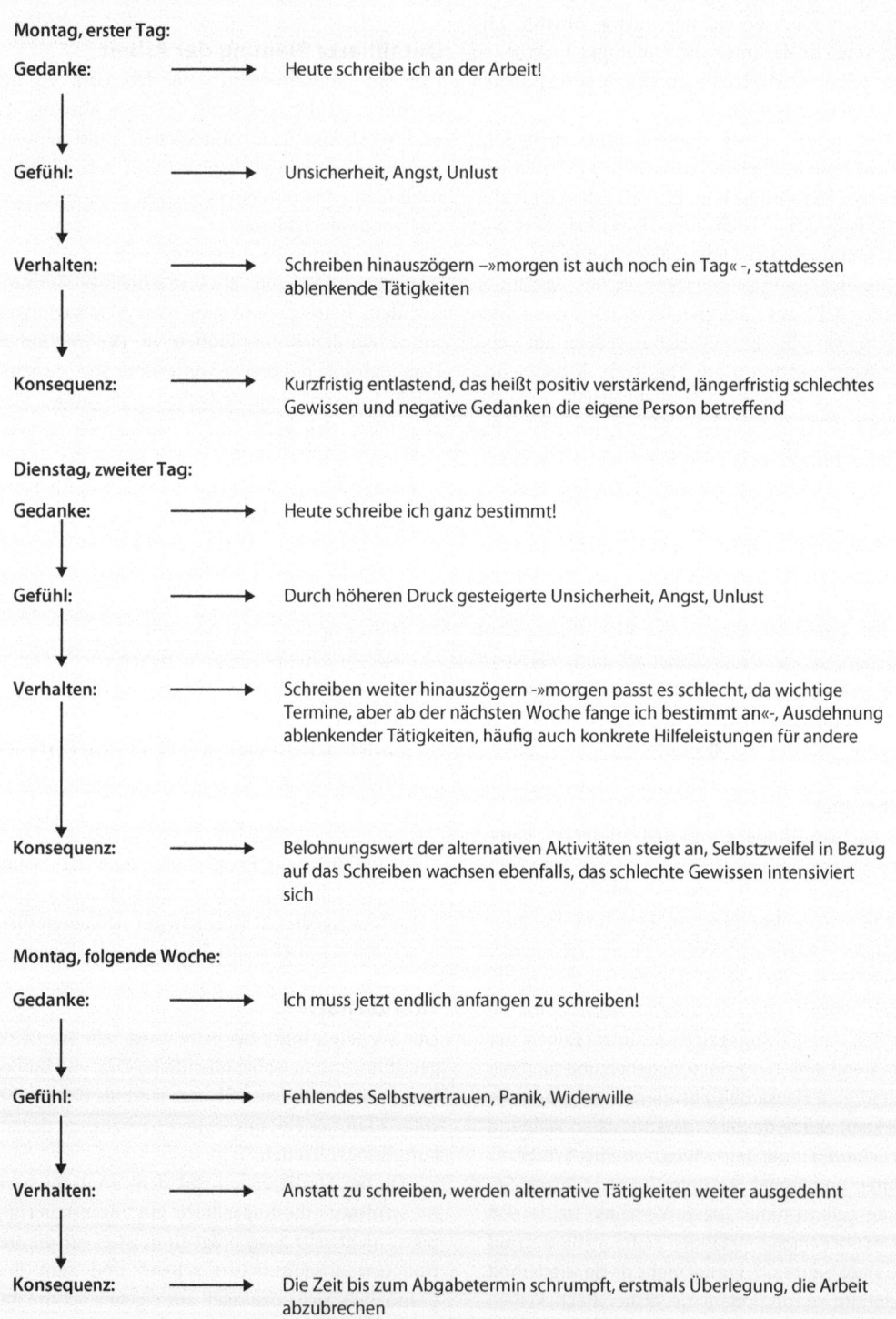

Abb. 9.3 Erste Stationen eines typischen Teufelskreises bei Prokrastination

le Studis professionelle Unterstützung und sollten sich an ein Schreibzentrum bzw. eine Beratungsstelle für Studierende wenden.

Solche Institutionen stellen Betroffenen manchmal zusätzlich zum individuellen Counseling-Angebot einen Raum zur Verfügung, in dem sie schreiben können. Bei diesen Räumen handelt es sich z. B. um einen nur zeitweise genutzten Gruppenraum oder ein Archiv. Die Einrichtung ist meist karg und enthält keine Ablenkungsmöglichkeiten in Form von Fernsehern oder Zeitungen und auch keinen Netzanschluss, um per Laptop im Internet zu surfen. Das Handy von Studierenden mit Prokrastination, die sich zum Schreiben in ihren »Kerker« begeben, sollte entweder zu Hause bleiben oder dem Berater vorher ausgehändigt werden.

Diese Maßnahme ist meist sehr erfolgreich, und man erlebt oft die gar wundersame Verwandlung eines schreibblockierten Studis in einen konzentriert schreibenden Absolventen, wobei die Kombination von Kontrolle und fehlenden alternativen Beschäftigungsmöglichkeiten wohl der Schlüssel zum Erfolg ist.

9.3 Psychische Blockaden

Außer Beeinträchtigungen durch Schreibblockaden gibt es weitere Probleme, die in dieser Phase typischerweise auftreten.

9.3.1 Angst

Ein verbreitetes Phänomen sind massive Ängste, die oft erst in diesem Stadium wirklich fühlbar werden, da man sie in den vorangegangenen Phasen durch viel Aktionismus – Buchbestellungen, Recherchen, Besprechungstermine usw. – erfolgreich verdrängen konnte.

Jetzt sind alle diese Aufgaben erledigt, und man ist über weite Strecken allein mit sich und der Arbeit.

Typische Ängste während der Schreibphase sind:
- den Abgabetermin nicht einhalten zu können,
- an dem Anspruch der Wissenschaftlichkeit zu scheitern,
- schlecht benotet zu werden,
- keinen bzw. nicht den gewünschten Job zu finden.

Ängste, die sich primär auf die Arbeit selbst beziehen, intensivieren sich noch, wenn der Kontakt zum Betreuer nur rudimentär oder gestört ist. Vielleicht erscheinen einem die Ansprüche zu hoch, er macht ironische Bemerkungen oder ist einfach nie erreichbar.

Auch die Furcht, beruflich auf der Strecke zu bleiben, kann lähmend wirken. Gesteigert werden solche Befürchtungen, wenn man sich nicht sicher ist, für welchen Tätigkeitsbereich man sich entscheiden und bewerben soll. Unter diesen Umständen kann es scheinbar das kleinere Übel sein, den Kopf in den Sand zu stecken und die Arbeit nicht zu Ende zu schreiben, um der sich anschließenden, womöglich frustrierenden Phase erfolgloser Bewerbungen bzw. Unsicherheiten der Jobwahl zu entgehen ▶ Abschn. 5.1.5.

Unabhängig von beruflichen Entscheidungsproblemen plagt viele Bachelor-Studenten die Angst, keinen Arbeitsplatz zu finden, wenn sie nicht den Master anschließen.

Diese Befürchtung scheint jedoch mittlerweile glücklicherweise etwas überholt zu sein.

》 Mit dem Bachelor ist auf dem Arbeitsmarkt kein Blumentopf zu gewinnen, lautet das gängige Vorurteil. Drei Viertel der Studenten wollen ein Master-Studium anschließen. Dabei ist der Bachelor besser als sein Ruf. Laut der beiden Studien beträgt die Arbeitslosigkeit unter den Absolventen gerade einmal drei Prozent. Das entspricht der allgemeinen Akademikerarbeitslosigkeit.

Zwar müssen 31 Prozent ein niedrigeres Einstiegsgehalt hinnehmen als Träger eines Diploms. Im Umkehrschluss heißt das aber, dass fast 70 Prozent genauso viel verdienen wie jene, die zwei Jahre länger studiert haben. Nach drei bis fünf Jahren gibt es fast keine Einkommensunterschiede mehr. 85 Prozent der Unternehmen geben an, dass Bachelor-Absolventen natürlich höhere Positionen offen stehen. ‚Die Unternehmen achten auf die Qualifikationen, nicht mehr auf die Abschlusstypen', sagt Arend Oetker vom Stifterverband (Vitzthum, 2011). 《

Abb. 9.4 Auch der höchste Berg besteht nur aus Steinen!

9.3.2 Die Angst an die Kette legen

Die genannten Ängste, die zum Teil einen zwar verständlichen und realistischen Hintergrund haben, nichtsdestotrotz aber den Schreibfluss stören, kann man mithilfe bestimmter Strategien in Schach halten.

Angst, die Arbeit nicht termingerecht zu beenden?
Trage den Berg ab, indem du planst. Erstelle, wie in ▶ Abschn. 5.1.3 ausgeführt, Wochen- und Tagespläne, denen du – sofern noch möglich – Pufferzeiten einfügst. Liste deine Aufgaben und Arbeitsziele genau auf und unterteile sie in Haupt- und Zwischenschritte. Auf diese Weise lässt sich auch der höchste Berg abtragen (◘ Abb. 9.4).

Angst vor den Herausforderungen einer wissenschaftlichen Arbeit?
Hier handelt es sich oft um Furcht vor dem Unbekannten. Sie tritt vor allem bei Absolventen von Studienfächern auf, in denen kaum Haus- bzw. Seminararbeiten geschrieben werden.

Zunächst solltest du umfassende Informationen zu den mit einer wissenschaftlichen Arbeit in deinem Fach verbundenen Vorgaben, Anforderungen, Beurteilungskriterien etc. einholen. Wahrscheinlich stellst du dabei fest: Es wird nichts so heiß gegessen, wie es gekocht wurde! Zusätzlich kann man eine Liste mit Fragen erstellen und diese dann sukzessive – z. B. im Rahmen von Besprechungsterminen mit dem Betreuer – abarbeiten.

Außerdem reduzieren sich Ängste aufgrund mangelnder Vertrautheit mit einem Gegenstand am ehesten, indem man sich diesen Gegenstand nach dem Steigerungsprinzip immer mehr aneignet, bis man am Ende auf Du und Du mit ihm steht. Das heißt konkret: dehne die Zeiten, in denen du dich mit der Arbeit beschäftigst, immer weiter aus und nimm dir gleichzeitig immer anspruchsvollere Aufgaben vor! Der Start kann beispielsweise in einer halben Stunde bestehen, in der du nur Literaturstellen eingibst. Eine Woche später bist du dann vielleicht schon so weit, dich vier Stunden lang mit der Thesis auseinanderzusetzen und in dieser Zeit ein neues Kapitel zu konzipieren.

Angst, eine schlechte Note zu erhalten?
Beachte alle Hinweise in diesem Buch, und die Möglichkeit, eine »schlechte« Arbeit zu schreiben, ist bei zumindest gut durchschnittlicher Intelligenz deinerseits höchst unrealistisch!

Angst vor dem Danach?
Beschäftige dich neben deiner Thesis mit Fragen der Berufsfindung. Was sind deine Stärken, welche Interessen hast du, welche Jobs gibt es, die dir Spaß machen könnten? Steige am besten schon während der Schreib- auch in die Bewerbungsphase ein. Selbst für die Aufnahme eines konsekutiven Masterstudiengangs ist es notwendig, sich zu bewerben und entsprechende Nachweise zu erbringen. Lass dich von Experten wie etwa den Hochschulteams der Agentur für Arbeit beraten! Unterziehe dich geeigneten Testverfahren! Es gibt einige sehr aussagekräftige berufsbezogene Interessen- und Motivtests, die auch online bearbeitbar sind.

Der Orientierungstest »Durchblick im Studium. Der neue Orientierungstest (OT)« wurde von den Hochschulen des Landes Baden-Württemberg und dem Ministerium für Wissenschaft, Forschung und Kunst erstellt. Du findest diesen Test unter der Internet-Adresse http://www.was-studiere-ich.de.

9.3.3 Einsamkeit

Ein weiteres Problem, das während langer Schreibperioden auftreten kann, nennt sich Einsamkeit. Da die Zeit bis zum Abgabetermin oft knapp bemessen ist und noch knapper wird, wenn man auch nur an leichten »Aufschieberitis-Symptomen« leidet, verbringen Absolventen in der eigentlichen Schreibphase oft viele Stunden vor dem PC und fahren Anzahl und Intensität ihrer Außenkontakte nolens volens herunter.

In der Bibliothek ist es wegen ständiger Unterbrechungen – Kommilitonen kommen und gehen, flüstern miteinander, lassen ein Buch fallen usw. – schwierig, Texte stilistisch zu überarbeiten und in eine angemessene Endform zu bringen. Daher sollte die Bib in dieser Schreibphase nur als Notbehelf für jene fungieren, die zu Hause überhaupt nicht aus den Startlöchern kommen – eben die »Prokrasti-Studis« –, sondern im Sumpf von Internetspielen, Zeitungslektüre und Sonstigem versinken.

Diese Situation – das Alleinsein mit sich und der Arbeit über einen langen Zeitraum hinweg – empfinden manche als sehr belastend. Sie sind frustriert und haben das Gefühl, ihr Leben ziehe ungelebt an ihnen vorüber.

9.3.4 Austausch und Geselligkeit

In der wirklich »heißen« Schreibphase muss zwar manche Liebesnacht mit dem Partner/der Partnerin ebenso wie der tägliche, stundenlange Handyplausch mit der besten Freundin/dem besten Freund blutenden Herzens (schluchz! schluchz!) aufgeschoben werden, aber es ist trotzdem möglich, sich so einzurichten, dass man in diesen Wochen und Monaten nicht jede Lebensqualität und -freude einbüßt.

Erste Strategie Halte dich an deinen Arbeitsplan mit seinen Pufferzeiten. Auf diese Weise gerätst du weniger unter Druck. Je großzügiger du planst und je früher du in die Arbeit einsteigst, desto mehr Zeit bleibt für die Pflege deines sozialen Netzwerks.

Zweite Strategie Definiere Treffen mit Freunden oder anderen wichtigen Personen zu einer Belohnung um, die dir nicht selbstverständlich zusteht, sondern die du dir erst nach dem Erreichen bestimmter Arbeitsziele verdient hast und dann ganz bewusst gönnst. Treffen mit Netzwerkpersonen erhalten dann aufgrund ihrer Begrenztheit – eine Grundregel für Genuss ist Limitiertheit – einen ganz besonderen Stellenwert. Außerdem fördern Belohnungen die Motivation und helfen dir somit, den Abschluss deiner Arbeit voranzutreiben.

Dritte Strategie Ritualisiere deine Kontakte! Das heißt: spreche, simse oder maile während der Schreibphase nicht länger nach Lust und Laune mit deinen Freunden und/oder Eltern, sondern begrenze diese Aktivitäten auf höchstens eine Stunde zu einer ganz bestimmten Tageszeit.

9.4 Hilfsangebot Schreibwerkstatt

In den USA und auch in Großbritannien gehören Schreibwerkstätten, Kurse, in denen die Techniken des wissenschaftlichen Schreibens vermittelt werden, zum selbstverständlichen Angebot. Gerade Hochschulen, die wie z. B. Cambridge den Ruf von Eliteeinrichtungen haben, offerieren Studierenden solche Zusatzqualifikationen.

In Deutschland existieren erst an einigen Hochschulen vergleichbare Zentren, die noch weit davon entfernt sind, eine selbstverständliche Einrichtung zu sein. Dozenten fordern zunehmend, derartige Schreibwerkstätten, wie sie im angelsächsischen Ausland selbstverständlich sind, verstärkt auch an bundesrepublikanischen Hochschulen einzuführen, was m. E. ein unterstützenswertes Vorhaben ist. Wissenschaftliches Schreiben ist nämlich weniger eine Kunst, sondern eher ein Handwerk und damit wie jedes andere Handwerk auch prinzipiell erlernbar. Allerdings gilt auch hier wie in allen Bereichen des Lebens, dass es auf diesem Gebiet Begabte und weniger Begabte gibt.

Spezielle Angebote für all jene, die Schreibblockaden überwinden oder ihren Schreibstil verbessern bzw. das literarische oder wissenschaftliche Schreiben erlernen möchten, rangieren meist unter der Bezeichnung Schreibwerkstatt. Im Rahmen einer Schreibwerkstatt trifft sich in regelmäßigen Abständen eine Gruppe Schreibinteressierter unter

Leitung eines methodisch versierten Experten, um diverse Texte anzufertigen, wobei bestimmte Themen vorgegeben sein können. Es lassen sich vorwiegend kreative bzw. literarische von wissenschaftlichen Schreibgruppen unterscheiden.

9.4.1 Kreative Schreibwerkstatt

Kreative Schreibwerkstätten wollen durch phantasieanregende Angebote und interaktive Strategien wie Pantomime oder szenische Darstellungen einen Schreibprozess in Gang setzen und Schreibhemmungen abbauen. Weitere zum Einsatz kommende Kreativitätstechniken sind u. a. Freewriting, Clustering und Brainstorming. Auch diverse Schreibspiele sind zu Auflockerungszwecken häufig integriert.

In diesen Gruppen geht es zum Teil einfach darum, Spaß am Schreiben und am Umgang mit Sprache zu vermitteln, zum Teil besteht die Zielsetzung aber auch darin, literarisch anspruchsvolle Texte zu produzieren, die besprochen und kommentiert werden.

9.4.2 Wissenschaftliche Schreibwerkstatt

Einige Hochschulen und Studentenwerke bieten Studierenden gezielt Unterstützung beim Verfassen ihrer wissenschaftlichen Arbeiten an.

Die erste Universität, die dies unternahm, war die Universität Bielefeld. Hier etablierte man nach dem Vorbild der *Writing Centers* an amerikanischen Elitehochschulen 1993 erstmals ein Sprachlabor, das nicht nur für Studierende, sondern auch für Lehrende Angebote bereithält. In den zugehörigen Workshops, welche die Techniken des wissenschaftlichen Schreibens vermitteln, wird an Beispielen veranschaulicht, wie man eine wissenschaftliche Arbeit plant und abfasst sowie Schreibprobleme in den Griff bekommt. Auch kreative Übungen sind Bestandteil dieser Kurse (http://www.uni-bielefeld.de/Universitaet/Studium/SL_K5/slab/skriptum/index.html).

Die Studierwerkstatt der Universität Bremen veranstaltet u. a. Workshops und Seminare zur Einführung in das wissenschaftliche Schreiben. Ein

■ **Abb. 9.5** Lange Nacht der ungeschriebenen Hausarbeiten im Studierhaus der Universität Bremen (Foto: Gabi Meihswinkel, Bremen, mit freundlicher Genehmigung)

innovatives Angebot, das erstmals am 14. Januar 2011 realisiert wurde, nennt sich »Lange Nacht der ungeschriebenen Hausarbeiten« (■ Abb. 9.5). Zwischen 20 Uhr abends und 6 Uhr morgens konnten interessierte Studis im Studierhaus der Hochschule an ihren Schreibprojekten arbeiten und wurden dabei fachlich durch zwei Schreibtrainerinnen unterstützt. Fast 50 Studentinnen und Studenten nutzten das Angebot und gaben den Initiatoren eine überwiegend positive Rückmeldung (http://www.uni-bremen.de/studierwerkstatt.html).

Bielefeld schloss sich an und veranstaltete im März 2011 ebenfalls eine »Lange Nacht der aufgeschobenen Hausarbeiten«, in der neben professioneller Begleitung auch »Schreibtisch-Yoga« und ein Nachtspaziergang auf dem Programm standen.

Die Schreibwerkstatt der Universität Duisburg-Essen bietet diverse Workshops zum Thema Schreiben an, etwa »Grundlagen wissenschaftlichen Schreibens« und »Wissenschaftssprache Deutsch«. Außerdem können Rückmeldungen zu individuellen Texten im Rahmen von Einzelberatungen eingeholt werden, in denen Berater konkrete Feedbacks zu einer schriftlichen Arbeit abgeben. Fragen, die in den Sitzungen besprochen werden, sind u. a.: Wie wirkt der Text auf den Berater? Existieren Brüche und Gedankensprünge? Gibt es langweilige, da redundante Passagen? usw. (http://uni-due.de/schreibwerkstatt/).

Die Psychosoziale Beratungsstelle des Studentenwerks Köln hält für Studierende nicht nur

Lernberatungen im Einzelsetting bereit, sondern betreibt auch ein sog. »Schreibzentrum«, das von einer Germanistin und ehemaligen Dozentin geleitet wird, die sich auch als Autorin von Fachbüchern und Ratgebern rund um das Thema Studieren und Schreiben einen Namen gemacht hat. Sie gestaltet Workshops und Kurse zu Themen wie: »Grundlagen wissenschaftlichen Schreibens«, »Neue deutsche Rechtschreibung«, »Spezialtraining zur Zeichensetzung« usw. (http://www.schreibzentrum.com/).

Sollte es an deiner Hochschule ein solches oder ähnliches Angebot geben, so sei dir geraten, es in Anspruch zu nehmen! Du kannst davon nur profitieren!

Merke!
- Beachte das Motto: »Zuerst die Ideen, dann die Formulierung« oder »Erst der Inhalt, dann die Form«!
- Schreibblockaden entstehen oft durch den Anspruch, jeder Satz müsse von Anfang an perfekt formuliert sein!
- Wirksame Strategien zur Auflösung von Schreibblockaden sind Five-step-Methode, Worst-text-Methode, Clustering und linkshändiges Schreiben!
- Gegen »Aufschieberits« helfen eine detaillierte Planung, ein gutes Zeitmanagement und ein engmaschiges Betreuungsnetz! Als Arbeitsort eignet sich am besten ein öffentlicher Raum!
- Beim konzentrierten Schreiben sollte man allein sein!
- Nutze Unterstützungsangebote wie Schreibwerkstätten!

9.4.3 Belohnung

Du hast viele Hinweise dieses Kapitels umgesetzt? Dann solltest du dich wieder belohnen!

Ich belohne mich, indem ich
_____
_____
_____

Literatur

Bensberg G, Messer J (2010) Survivalguide Bachelor. Springer, Berlin Heidelberg New York

Esselborn-Krumbiegel H (2002) Von der Idee zum Text. Eine Anleitung zum wissenschaftlichen Schreiben, 3. Aufl. UTB, Stuttgart

Kruse O (1993) Keine Angst vor dem leeren Blatt. Ohne Schreibblockaden durchs Studium. Campus, Frankfurt/M (die 12. Auflage ist 2011 erschienen)

Meyer W, Luz S, Schnapper A (2009) Zur Struktur und Funktion des Ösophagus des Netzpythons (Python reticulatus) unter Berücksichtigung spezieller Anforderungen durch den Nahrungstransport. Kleintierpraxis 54(4): 213–220

Pyerin B (2007) Kreatives wissenschaftliches Schreiben. Tipps und Tricks gegen Schreibblockaden, 3. Aufl. Juventa, Weinheim

Rico GL (1984) Garantiert schreiben lernen. Sprachliche Kreativität methodisch entwickeln – ein Intensivkurs auf der Grundlage der modernen Gehirnforschung. Rowohlt, Reinbek

Vitzthum T (2011) Wer hat Angst vor dem Bachelor? Nachrichten print – DIE WELT/5.5.2011

Lass den Zweig blühen – kreativ schreiben

10.1 Anforderung: Ineinandergreifende Zahnräder – 136
10.1.1 Lernforschung: Abwechslung tut not – 136
10.1.2 Kreativitätsforschung: Vielfalt ist wichtig – 136
10.1.3 Der Humus wechselnder Arbeitsschritte – 137
10.1.4 Lebe mit der Arbeit – 139
10.1.5 Stelle die Weichen für die Zukunft – 140

10.2 Probleme und Lösungen – 142
10.2.1 Mangelnde Flexibilität des Verhaltens – 142
10.2.2 Abwechslungsreiche Tagespläne erstellen – 142
10.2.3 Mangelnde Flexibilität des Denkens – 142
10.2.4 Kreativitätsübungen einfügen – 143
10.2.5 Angst und Unsicherheit – 144
10.2.6 Angstbewältigungsstrategien einsetzen – 144
10.2.7 Belohnung – 145

Literatur – 145

Du sorgst gut für deinen Zweig, und er bildet erste weiße Blüten. Wenig später wird aus dem Zweig eine wunderschöne Gesamtkomposition aus Braun, Grün und Weiß.

10.1 Anforderung: Ineinandergreifende Zahnräder

» Wer an der Küste bleibt, kann keine neuen Ozeane entdecken. (Ferdinand Magellan) «

» Abwechslung ist immer süß! (Euripides) «

In diesem Arbeitsstadium ist die Thesis zu 70–80 Prozent fertiggestellt. Du befindest dich also bereits auf der Zielgeraden. Allerdings gibt es typischerweise noch genügend »Baustellen«, mit denen du dich beschäftigen musst. So fehlt vielleicht das Fazit, und das eine oder andere, eigentlich abgeschlossene Kapitel sollte überarbeitet werden. Außerdem bist du demnächst kein Student mehr und solltest dich daher um deine akademische oder berufliche Zukunft kümmern.

In dieser Phase ist es ratsam, einzelne Arbeitsgänge ineinander zu verschränken und nicht nur konvergent – also logisch und folgerichtig –, sondern auch divergent – also originell und ungewöhnlich – zu denken.

10.1.1 Lernforschung: Abwechslung tut not

◘ Abb. 10.1 zeigt Sisyphus, eine Gestalt aus der griechischen Mythologie. Sisyphus war ein verschlagener Grieche, der für diverse Vergehen von den Göttern die Strafe erhielt in der Unterwelt ununterbrochen einen schweren Stein einen Hang hinaufzuschieben, der kurz vor dem Ziel stets wieder hinunterrollte, sodass er mit der Aufgabe erneut beginnen musste und sie nicht zu Ende bringen konnte.

Derart monotone und dabei anstrengende Arbeitsformen sind der Lernfähigkeit abträglich und sorgen auf emotionaler Ebene für Frustration. Das menschliche Gehirn benötigt, um sich optimal zu entwickeln und seine Leistungsfähigkeit auf einem hohem Niveau zu erhalten, ständige Anregungen.

Intelligente und/oder kreative Kinder wachsen meist in Umgebungen auf, die ihnen vielfältige Spiel- und Erfahrungsmöglichkeiten bieten. Auch im Erwachsenenalter sind intellektuelle Herausforderungen und geistige Anstrengungen notwendig, damit das Gehirn seine Funktionsfähigkeit nicht nur behält, sondern noch auszubauen vermag. Menschen, die sich geistig in keiner Weise mehr anstrengen, »verblöden«.

Wenn wir etwas Neues lernen, bildet unser Gehirn Synapsen, das heißt Verkabelungen zwischen Nervenzellen, aus. Je häufiger und intensiver man sich kognitiven Herausforderungen stellt, desto mehr Nervenverbindungen werden geschaffen, die aufgrund elektrischer und chemischer Reize und Reaktionen unzählige Informationen organisieren und verwalten.

Langeweile sowie öde, sich stets wiederholende Aufgaben sind für unser Gehirn schädlich. Sie verhindern die Bildung neuer Synapsen und führen dazu, dass nicht genutzte Verbindungen allmählich »verrotten«. Damit aber verfügen wir über weniger Wissensbälle, mit denen es sich jonglieren lässt, und als Konsequenz über reduzierte Möglichkeiten, intelligent und kreativ zu agieren.

10.1.2 Kreativitätsforschung: Vielfalt ist wichtig

Was ist eigentlich Kreativität?

» ... the ability to produce work that is novel (i.e., original, unexpected), high in quality, and appropriate (i.e., useful, meets task constraints) (Sternberg et al., 2002, S. 1). «

Auf einen einfachen Nenner gebracht, versteht man darunter also die Fähigkeit, etwas Neues zu schaffen, das zudem originell und außerdem brauchbar bzw. nützlich ist.

Kreative Menschen zeichnet eine höhere kognitive Feldunabhängigkeit aus, d. h., ihre Wahrnehmung ist weniger holistisch (das Ganze betreffend) und kaum durch den übergeordneten Bezugsrahmen beeinflusst. Stattdessen verfügen

Abb. 10.1 »Sisyphus« von Tizian.
(© Interfoto, mit freundlicher Genehmigung)

Kreative über die Fähigkeit, einzelne Informationen aus einem komplexen Umfeld herauszulösen, ohne sich dabei durch dieses irritieren zu lassen. Außerdem prüfen sie Hypothesen eher simultan als sukzessiv, sie gehen also ein höheres Risiko bei der Suche nach einer optimalen Lösung ein. Dabei sind sie reflexiver und verbringen mehr Zeit mit einer Aufgabe als impulsive Menschen, denen es gar nicht schnell genug gehen kann.

Durch ihre Kreativität berühmt gewordene Personen waren vielfach auf mehreren Gebieten aktiv und vollbrachten dabei überdurchschnittliche Leistungen. Alexander Solschenizyn zeichnete sich nicht nur als Literat aus, sondern unterrichtete auch Mathematik und Physik. Hermann Hesse verfasste hochkarätige belletristische Werke und war zudem ein begabter Maler. Elias Canetti erhielt nicht nur 1981 den Nobelpreis für Literatur, sondern war auch promovierter Chemiker.

Daher lässt sich folgendes Fazit ziehen:

» … *what our research shows [...] that is that creative people integrate apparently disparate skills, talents, and activities into a synergistic whole* (Root-Bernstein u. Root-Bernstein, 2004, S. 144). «

10.1.3 Der Humus wechselnder Arbeitsschritte

Leitstern Assoziation
Gedächtnisinhalte werden zu einem Großteil mithilfe von Assoziationen konsolidiert und abgerufen. So lassen sich Assoziationen im Rahmen des Fremdsprachenunterrichts beispielsweise mittels der Schlüsselwortmethode (Bensberg u. Messer, 2010, Abschn. 16.5.6) bewusst zur Erhöhung des Lernerfolgs und der Behaltensleistung einsetzen. Die Schlüsselwortmethode besteht aus drei Schritten:

1. Man übersetzt die fremdsprachige Vokabel.
2. Man sucht zu der Vokabel ein ähnlich klingendes Wort in seiner Muttersprache, das sog. Schlüsselwort.
3. Man findet ein Bild, das beide Wörter miteinander verbindet. Dieses Bild sollte plastisch und ungewöhnlich sein.

Die Fähigkeit, zahlreiche und zudem ungewöhnliche Assoziationen evozieren zu können, ist auch eine wesentliche Voraussetzung, um zu kreativen Lösungen zu gelangen.

- Beispiel für eine einfache Assoziation: Der Duft von knusprig gebratenem Fleisch steigt dir in die Nase und du assoziierst den Geschmack eines Schnitzels, das du auf der Zunge spürst.
- Beispiel für eine komplexe Assoziation: Du betrachtest im Schaufenster eine Flasche Champagner und assoziierst eine noble Abendgesellschaft, die als facettenreiches Bild vor deinem inneren Auge erscheint.

Assoziationen lassen sich auch für die Optimierung einer Abschlussarbeit gut nutzen. Hierbei ist es hilfreich, zwischen einzelnen Arbeitsschritten zu »springen«.

Beispiel für eine extern ausgelöste Assoziation
Empirische Thesis im Studiengang Tiermanagement an der Van Hall Larenstein University in den Niederlanden
 Thema: Attitudes against domestic animals of adolescents and older persons
 Gerade bist du dabei, die Durchführungsmodalitäten deiner bereits abgeschlossenen Befragung schriftlich festzuhalten. Dein Zimmer liegt an einer belebten Straße und als du aus dem Fenster schaust, fällt dein Blick auf eine Gruppe von Kommilitonen, die sich lebhaft miteinander unterhalten.
 Assoziativ schießt der Gedanke durch deinen Kopf, dass die Ergebnisse deiner Arbeit vielleicht verzerrt sind, weil du zu viele Studentinnen und Studenten in die Studie integriert hast.
 Du unterbrichst den Schreibvorgang und liest nach, was eine verzerrte Stichprobe ausmacht und welche Konsequenzen sich für deine Untersuchung ergeben. Anschließend überlegst du, wie du diesen Kritikpunkt entkräften kannst. Vielleicht besteht ja die Möglichkeit, die Hypothesen nachträglich auf adoleszente Studierende einzugrenzen.

Mit der oben beschriebenen Vorgehensweise erweiterst du dein Wissen und trägst zugleich zur Verbesserung deiner Thesis bei.

Beispiel für eine intern ausgelöste Assoziation
Empirische Thesis im Studiengang Tiermanagement an der Van Hall Larenstein University in den Niederlanden
 Thema: Attitudes against domestic animals of adolescents and older persons
 Nehmen wir an, du bist mit der Überarbeitung des Theorieteils beschäftigt. Während des Schreibens musst du wieder einmal daran denken, dass du ein sehr anspruchsvolles Auswertungsverfahren nicht eingesetzt hast aus Angst, damit überfordert zu sein. Du gerätst ins Grübeln und legst den Theorieteil beiseite. Stattdessen machst du einen kleinen Spaziergang und trinkst einen Latte macchiato in dem Internetcafé in deiner unmittelbaren Nachbarschaft. In Gedanken beschäftigt dich dieses vermeintliche Defizit deiner Arbeit aber weiter, und du suchst im Internet nach Informationen zu diesem Verfahren. Dabei stößt du auf einen kritischen Beitrag, der dich auch inhaltlich überzeugt.

Du machst vor Freude einen kleinen Luftsprung und beschließt, dir diese Argumentation zu eigen zu machen und sie mit »knackigen« Zitaten zu untermauern. Auf diese Weise lässt sich der kleine Mangel deiner Arbeit gekonnt umschiffen, und du hast dir vielleicht noch einen Bewertungsbonus verschafft, indem du nachweist, dass du dich mit dieser Methode auseinandergesetzt hast.

Manchmal ist es für die Ausarbeitung der Thesis von Vorteil, wenn man sich zwischendurch einmal mit etwas ganz anderem beschäftigt.

Beispiel für interruptiv ausgelöste Assoziationen
Empirische Thesis im Studiengang Tiermanagement an der Van Hall Larenstein University in den Niederlanden
 Thema: Attitudes against domestic animals of adolescents and older persons
 Es ermüdet dich, die Fakten des Methodenteils niederzuschreiben, sodass du beschließt, eine Pause zu machen und im Internet auf Stellensuche zu gehen. Dabei stößt du auf ein Unternehmen mit einer Ausschreibung, die dir auf den Leib geschneidert zu sein scheint. Die begründete Aussicht, diesen Job zu ergattern, versetzt dich in Hochstimmung. Du lässt die Thesis Thesis sein und beschäftigst dich für den Rest des Tages mit der Zusammenstellung deiner Bewerbungsunterlagen. Erst am anderen Morgen wendest du dich wieder dem Methodenteil zu. Die positive Stimmung des Vortags wirkt noch nach. In deinem Kopf sprudeln die Einfälle, und deine Finger fliegen nur so über die Tastatur. Seit Tagen bist du nicht mehr so gut vorangekommen.

Die Wirkung von Assoziationen ist in wissenschaftlicher Sicht natürlich noch viel komplexer, indem Rückkopplungsmechanismen und komplizierte Vernetzungen mit schon vorhandenen Wissensbahnen wirksam werden.
 Gegenüber diesen kreativen Arbeitsformen erheben Studierende typischerweise oft folgende Einwände:
– Wenn ich unterbreche, komme ich nur ganz schwer wieder rein in den Stoff.

– Wenn ich mich mit einem Thema längere Zeit nicht mehr beschäftige, fange ich quasi bei Null an.

Auch gegen solche Probleme ist ein Kraut gewachsen. Hilfreich sind vor allem folgende Strategien:
– Lege ein gedankliches Lesezeichen an! Bevor du deine Arbeit unterbrichst, rekapitulierst du kurz, an welcher Stelle du dich gerade befindest und wie du später fortfahren möchtest. Du nimmst dir bewusst vor, diese Informationen gedanklich zu speichern bzw. notierst sie schriftlich, falls du deinem Gedächtnis nicht allzu sehr vertraust.
– Deponiere den Stoff in einem ganz bestimmten Fach deines Gehirns! Es hilft, wenn man sein Gehirn in der Vorstellung mit unterschiedlichen Fächern und Schubladen versieht, die sämtlich von einem selbst geöffnet und geschlossen werden können. Den Stoff, mit dem du dich für eine Weile nicht mehr beschäftigst, legst du in einem besonderen Fach ab, die alternative Tätigkeit in einem anderen.

Da das menschliche Gehirn über unendliche Kapazitäten verfügt, die niemand voll ausschöpft, ist diese Vorstellung gar nicht so unrealistisch.

Leitstern Ordnung

» Ordnung braucht nur der Dumme, das Genie beherrscht das Chaos! (Albert Einstein) «

Vielleicht runzelst du jetzt die Stirn und denkst: »Hach, da widerspricht sie sich aber. In ▶ Abschn. 7.1.2 rät sie noch, Chaos zu vermeiden und die Sekundärliteratur ordentlich abzuheften, und jetzt so ein Zitat.« Womöglich klatscht du sogar innerlich in die Hände und sagst zu dir selbst: »Häh, ich hab' s doch gleich gewusst, ordentliche Menschen sind nur zu faul zum Suchen, und kreative Geister brauchen keine Ordnung.«
Aber leider muss ich dir widersprechen. Erstens sind wir im Gegensatz zu Einstein wohl alle keine Genies, und zweitens findest du die Antwort in dem folgenden Kasten!

Abb. 10.2 O Ordnung, segensreiche Himmelstochter!

Fromme Juden legen Teffilin!
Teffilin oder Phylakterien bestehen aus zwei an Lederriemen befestigten schwarzen Kästchen, die Pergamentrollen mit Bibelzitaten enthalten. Das eine Kästchen binden religiöse männliche Juden auf den Unterarm, das andere auf die Stirn. Sie dienen dazu, sich auch im Alltag immer der Gebote Gottes bewusst zu sein und erinnern zum anderen an die Einhaltung bestimmter Zeitstrukturen.
Interessant ist dabei, dass das für die Stirn bestimmte Kästchen Einbuchtungen hat, das für den Arm vorgesehene aber keine. Die Erklärung der Rabbiner lautet, dass man im Denken vielfältig, aber im Tun entschieden sein soll!

Diese Maxime eines uralten Kulturvolkes lässt sich auch auf den Schreibprozess übertragen. Das Chaos sollte sich bei kreativen Prozessen vor allem »im Kopf« abspielen, anschließend bedürfen mögliche Lösungen der rationalen Kontrolle und sollten systematisch und planvoll umgesetzt werden. Und natürlich ist auch der Zeitplan, den du dir selbst gegeben hast, dabei nicht aus den Augen zu verlieren.

Kreatives Arbeiten gedeiht nicht in einem Messie-Haushalt!
Abb. 10.2.

10.1.4 Lebe mit der Arbeit

Noch ist es möglich, die Qualität der Thesis durch die Einfügung interessanter Artikel oder die geschickte Positionierung origineller eigener Gedanken zu steigern. Hierfür ist aber Voraussetzung, dass die Arbeit zu einem wichtigen Bestandteil deines Lebens geworden ist.

Lebe nicht ohne die Arbeit!
Wer ohne die Arbeit lebt, verdrängt die Tatsache, dass eine Thesis zu verfassen ist, die zu einem bestimmten Zeitpunkt abgegeben werden muss. Die möglichen Folgen einer solchen Vogel-Strauß-Politik werden z. B. durch ständige Ablenkungen bzw. effiziente Self-Handicapping-Strategien ausgeblendet (▶ Kap. 3).

Eine etwas abgemilderte Form der Abdrängung der Arbeit aus dem eigenen Leben kann darin bestehen, außerhalb der PC- und Schreibtischstunden jeden Gedanken an die Inhalte der Thesis auszublenden und damit auch latent vorhandene kreative Ideen abzublocken, ganz nach dem Motto der drei Affen, die sich Augen, Ohren und den Mund zuhalten.

Lebe nicht für die Arbeit!
Am anderen Ende des Pols befinden sich Absolventen, deren – ich übertreibe ein wenig – ganzer Lebenssinn nur noch um die Abschlussarbeit kreist. Tagein tagaus sind sie aktional und kognitiv mit der Thesis beschäftigt und bekommen schon ein schlechtes Gewissen, wenn sie sich auf dem Weg zum Bäcker, anstatt über die verbleibenden Restarbeiten bzw. die Optimierung der schon geschriebenen Seiten nachzudenken, gedanklich mit dem Problem beschäftigen, ob sie sich eine frische Butterbrezel oder aber lieber einen süßen Berliner einverleiben sollen.

Diese Studis stellen für die Arbeit alle sonstigen Interessen, Kontakte zu Freunden und Familie, ihren Sport usw. hintan. Unsichtbar schwebt über ihren Häuptern der Satz: Arbeit, Arbeit über alles! Dieses Verhalten erwächst manchmal aus übergroßem Ehrgeiz, ist in vielen Fällen aber angstgesteuert. Es geht meist mit erheblichen Frustrationen einher, da die Lebensqualität absinkt und Überforderungen gang und gäbe sind.

Lebe mit der Arbeit!
Statt ohne die Arbeit oder für sie zu leben, solltest du mit der Thesis leben. Was heißt das? Es bedeutet, einen Mittelweg zwischen den genannten Extremen zu beschreiben, also die Arbeit weder während der Freizeit oder in den Pausen völlig aus deiner Gedankenwelt hinauszukatapultieren noch auf einer Szene-Fete ein einsames Eck zu suchen, um geradezu zwänglerisch über ihre Inhalte zu grübeln. Sei stattdessen offen für Anregungen, die dir vielleicht in einer Situation, in der du nicht damit rechnest, begegnen. Greife sie auf und webe sie in dein Werk ein.

Fallbeispiel
Als ich im Rahmen der Manuskripterstellung mit Kapitel 15 befasst war und mich in diesem Zusammenhang mit der Bedeutung autobiographischer Notizen beschäftigte, hörte ich eines Morgens mit halbem Ohr im Frühstücksfernsehen, dass Facebook eine »Timeline« einrichten werde, damit jeder Nutzer seine Vita ins Netz stellen kann.

Ich stellte den Fernseher sofort lauter, hörte zu und freute mich über diese interessanten News. Auf dem Weg zur Arbeit dachte ich dann darüber nach, ob und ggf. in welcher Weise ich diese Informationen auswerten und in das Buch einfügen sollte. Eine Brücke war geschlagen zwischen der einsamen Arbeit am PC und den realen Entwicklungen in der virtuellen Facebook-Welt.

10.1.5 Stelle die Weichen für die Zukunft

Da die Abschlussarbeit – wie der Name schon sagt – signalisiert, dass der Abschluss des Studiums bevorsteht, ist es in dieser Phase an der Zeit, die Zukunft ins Visier zu nehmen. Jetzt – spätestens – ist der Zeitpunkt gekommen, um Entscheidungen über das weitere akademische oder berufliche Fortkommen zu treffen und erste Bewerbungen zu verschicken.

Es macht auf potenzielle Arbeitgeber einen schlechten Eindruck, wenn du damit bis zur Zeugnisausstellung wartest. Verfährst du so, handelst du dir gleich Minuspunkte ein. Also besser jetzt schon – und zwar zackig – in die Gänge kommen!

Erste Aufgabe: Nachdenken und recherchieren!

Mit welchen Zukunftsplänen gehst du schwanger? Möchtest du dich nach dem erfolgreichem Abschluss deines Bachelorstudiengangs noch mit einem Master schmücken? Zieht es dich zu Vater Staat, sodass dem Bachelor noch das Staatsexamen folgen muss? Willst du nach dem Einreichen der Masterarbeit promovieren oder endlich einmal Praxisluft schnuppern? Und welcher Ort, welche Hochschule, welcher Arbeitgeber soll es sein?

Beschäftige dich zunächst mit dir selbst und versuche, deine individuellen Präferenzen und Voraussetzungen zu klären! Außerdem bietet sich zur Beantwortung dieser Fragen eine ausgedehnte Recherchetätigkeit über Suchmaschinen an, denn die meisten Hochschulen, Unternehmen, Einrichtungen des öffentlichen Dienstes, Kliniken und Kanzleien sind virtuell präsent.

Zweite Aufgabe: Entscheidung treffen!

Hast du ausreichend über deine Neigungen, Fähigkeiten und Zukunftswünsche reflektiert, besteht der nächste Schritt darin, eine Entscheidung zu treffen. Falls du ein »Entscheidungsvermeider« bist, orientiere dich an den Strategien in ▶ Abschn. 6.2.2.

Dritte Aufgabe: Bewerbungsunterlagen zusammenstellen!

Die beiden zuvor genannten Schritte entfallen selbstverständlich, wenn dir schon seit Langem klar ist, welche Stationen du nach dem Examen anpeilen willst. In diesem Fall gilt es, sofort die Bewerbungsunterlagen zusammenzustellen und Informationen über das Bewerbungsprocedere einzuholen. Manchmal sind z. B. nur Online-Bewerbungen möglich, bisweilen wird man dich mit einem Telefon-Interview überraschen, oder es ist erst ein virtuelles Assessment Center zu durchlaufen, bevor du die nächste Sprosse des Auswahlverfahrens erklimmen darfst. Vielerorts sind auch noch wohlbekannte, traditionelle Bewerbungsmappen gefragt. Bei der Bewerbung um ein weiterführendes Studium ist das sog. Motivationsschreiben gang und gäbe, das sich nicht in 10 Minuten verfassen lässt, sondern wohl bedacht, psychologisch überzeugend aufgebaut und perfekt formuliert sein will.

Vierte Aufgabe: Bewerbung optimieren!

Es ist in jedem Fall empfehlenswert, Trainingsangebote von Experten zur Optimierung deiner Unterlagen und deines Auftretens während des Bewerbungsprozesses in Anspruch zu nehmen. Es kann nie schaden, das eigene Selbstmarketing zu toppen, und in Zeiten großer Konkurrenz ist es ein Muss! Die meisten Hochschulen verfügen über Career Centers, die solche Trainings in Form von Seminaren oder Workshops organisieren und z. B. in Zusammenarbeit mit einem Unternehmen ganztägige Assessment Centers simulieren. Auch die Agenturen für Arbeit und unabhängige Anbieter bieten Absolventen entsprechende Trainingsmöglichkeiten an, entweder zum Nulltarif oder zu studentenverträglichen Preisen.

Career Service der Universität Mannheim (mit freundlicher Genehmigung)
Der Career Service der Universität Mannheim (http://www.career.uni-mannheim.de) subsumiert z. B. im HS 2011 unter dem Link Career Counselling folgende Angebote:
- Bewerben auf Englisch
- Einstieg in die Unternehmensberatung
- Berufsstarter-/Bewerbungstraining
- Basiswissen Verlage: Wege in die Verlagsbranche, Programmplanung und Produktion
- Geistreich zum Ziel – Projektmanagement für Geisteswissenschaftler
- Workshop mit Solon Management Consulting

Fünfte Aufgabe: Bewerbungen verschicken

Der fünfte und letzte Schritt besteht in der realen Bewerbung. Falls der Berufseinstieg ansteht und du damit rechnest, viele Einladungen zu Auswahlverfahren zu erhalten, solltest du die Anzahl der Bewerbungen in dieser Phase, in der die Thesis noch nicht abgeschlossen ist, reduzieren, damit der Schreibprozess durch die Wahrnehmung von Vorstellungsterminen, die vielleicht weit entfernt von deinem Wohnort stattfinden, nicht allzu sehr verkürzt wird.

10.2 Probleme und Lösungen

Auch in dieser Schreibphase, wenn dir das Ziel schon eine Kusshand zuwirft, können Probleme und Selbstblockierungen auftreten. Und selbstverständlich hält dieses Buch auch hier Lösungen und Gegenstrategien parat.

10.2.1 Mangelnde Flexibilität des Verhaltens

Menschen sind in ihrem Verhalten mehr oder weniger starr. Manche glauben, sie müssten Pläne zu mindestens 100 Prozent und Zeitvorgaben auf die Sekunde genau einhalten. An anderer Stelle (▶ Abschn. 5.2) wurde bereits darauf hingewiesen, dass solche Vorgaben übertrieben und kaum realisierbar sind, da man immer mit unvorhergesehenen Ereignissen im Sinne von Störungen rechnen muss.

Eine andere Variante von Verhaltensstarrheit besteht darin, sich selbst zu verpflichten, stets erst eine Aufgabe abzuschließen, bevor man mit der nächsten beginnt, und niemals zwei Tätigkeiten abwechselnd auszuüben. Diese Selbstverpflichtung ist meist kulturell überformt, d. h., wir sind so »geeicht«, weil uns wohlmeinende Erzieher in Kindheit und Jugend geraten haben: »Kind, tue immer eins nach dem anderen!«

Im letzten Drittel der Abfassungszeit einer Thesis ist es ratsam, von dieser Methode ein wenig abzuweichen und sich stattdessen die Lern- und Arbeitsweise kreativer Menschen zu eigen zu machen. Es kommt dir selbst und der Qualität der Arbeit zugute!

Verhaltensregularien sind meist leichter zu verändern als fixierte Denkstrukturen, sodass du beim konkreten Tun ansetzen kannst, und zwar indem du in deine tägliche To-do-Liste bewusst wechselnde Arbeitsinhalte einbaust.

> ❗ **Achtung!**
> Diese Vorgehensweise ist nicht mit einem sog. Multitasking im engeren Sinne zu verwechseln, das vorsieht, verschiedene Aktivitäten zur gleichen Zeit auszuüben, also beim Schreiben einen Film anzuschauen oder zu telefonieren. Das menschliche Gehirn ist für parallel ablaufende Tätigkeiten wenig geeignet.

Tab. 10.1 Beispieltag

Uhrzeit	Beschäftigung
09:00	Aufstehen, frühstücken
10:00	Thesis: vorletztes Kapitel schreiben
11:00	Thesis: Kapitel 1–3 Korrektur lesen und überarbeiten
12:00	Thesis: Kapitel 1–3 Korrektur lesen und überarbeiten
13:00	Mittagspause
14:00	Termin beim Fotografen; Bewerbungsfotos anfertigen lassen
15:00	Thesis: vorletztes Kapitel schreiben
16:00	Fernsehdiskussion zum Thema der Thesis anschauen
17:00	Anregungen aufgreifen und in die Arbeit einfügen
18:00	Abendessen
19:00	Internetrecherchen zum Wunschunternehmen
Ab 20:00	Freizeit

10.2.2 Abwechslungsreiche Tagespläne erstellen

Tagespläne, die Raum für unterschiedliche Inhalte lassen, können einen Veränderungsprozess einleiten, indem z. B. Stunden oder Halbtage für Aktivitäten reserviert werden, die der Zukunftsplanung dienen (◘ Tab. 10.1).

10.2.3 Mangelnde Flexibilität des Denkens

Viele Studierende klagen darüber, dass sie sich auf ständig wechselnde Lehrstoffe einstellen müssen.

Diese Studis haben Probleme damit, ein bestimmtes Fach gedanklich abzuhaken und sich rasch auf ein neues einzustellen bzw. zwischen verschiedenen Stoffen zu »switchen«.

»Kaum bin ich richtig in die Materie eingestiegen, muss ich mich schon wieder mit etwas ganz anderem beschäftigen, obwohl ich eigentlich bei der Thematik bleiben möchte«, lautet eine typische Klage solcher Studenten.

Die Problematik kann in dem schon erwähnten Kulturstandard wurzeln, der systematisches, konsekutives Arbeiten als allein angemessen proklamiert. Mit der Beschränkung auf diese Vorgehensweise können beim Verfassen schriftlicher Arbeiten jedoch keine überragenden Ergebnisse erzielt werden, denn das Schreiben ist ein lebendiger Prozess, bei dem wie in einem Garten diverse Pflanzenarten zu unterschiedlichen Zeiten wachsen, grünen und blühen und als Gesamtheit eine wunderschöne, je nach Jahreszeit wechselnde Komposition ergeben.

Menschen, die mit dem »Switchen« Probleme haben, gehören meist zu jenen, die ein konvergenter Denkstil auszeichnet. Es sind Studis darunter, die über einen sehr hohen IQ verfügen, aber wenig kreativ sind. Die Verbindung zwischen Intelligenz und Kreativität wird in der psychologischen Forschung als sog. Schwellenmodell visualisiert, d. h., bedeutende kreative Leistungen sind ohne eine zumindest höhere Intelligenz nicht möglich, während es andererseits hochintelligente Individuen gibt, die nicht zu kreativen Lösungen befähigt sind.

10.2.4 Kreativitätsübungen einfügen

Um Denkprozesse zu flexibilisieren, damit sie ausgetretene kognitive Trampelpfade verlassen, ist es hilfreich, Kreativitätstechniken einzusetzen. Einige Ansätze eignen sich gut, um eine Abschlussarbeit aus einer ganz anderen Perspektive heraus zu betrachten.

Provokationstechnik

Bei der Provokationstechnik werden sog. Selbstverständlichkeiten bewusst infrage gestellt und mental absurde Thesen zugelassen, um eine eingefahrene »Denke« aufzubrechen. Diese Technik ermöglicht es dir, zentrale Annahmen deiner Arbeit sowie scheinbar unumstößliche Fakten, auf denen diese Annahmen beruhen, zu hinterfragen. Auf diese Weise kann die Arbeit in einem neuen Licht erscheinen und die Chance, kreative Ideen, aber auch ein vertieftes Verständnis der Inhalte zu entwickeln, steigt.

Beispiel zur Provokationstechnik
(▶ Abschn. 8.1.2)
Thema: Der Einfluss von Geschlecht, Lebensalter, physischer Attraktivität und deren subjektiver Wichtigkeit auf die Verarbeitung des Alterungsprozesses (Diplomarbeit)

Verkehrung der zugrundeliegenden Annahmen:
- Nur Menschen, die mindestens 100 Kilogramm wiegen, gelten als attraktiv!
- Ausschließlich Männer interessieren sich für ihr Äußeres, Frauen nicht!
- Alte Frauen sind schöner und begehrenswerter als junge!

Wenn du diesen Statements auf den Grund gehst, wirst du u. a. feststellen, dass es tatsächlich Gesellschaften gab und gibt, in denen die Gleichung »korpulent = schön« gilt. Du wirst aber auch auf Forschungsbefunde stoßen, die belegen, dass ältere Frauen zu keiner Zeit und in keiner Kultur attraktiver erschienen als junge, was mit den Bedingungen der menschlichen Reproduktion zusammenhängt. Derartige weiterführende Aspekte können der Arbeit eingewoben werden und ihr eine besondere Akzentsetzung verleihen.

Negativkonferenz

Bei einer Negativkonferenz sammelst du zunächst sämtliche Kritikpunkte, die dir in Bezug auf deine Thesis einfallen. Du versuchst, in die Rolle eines bissig-bösartigen Kritikers zu schlüpfen, der alles daran setzt, deine Arbeit »madig« zu machen.

Beispiel zur Negativkonferenz (▶ Abschn. 8.1.2)
Thema: Die Suizidalität im Leben und Werk Ernst Ludwig Kirchners (Doktorarbeit)
Kritikpunkte:
- Freuds Gedankengebäude ist empirisch nicht überprüfbar, und daher sind sämtliche, hierauf

basierenden pseudowissenschaftlichen Ergebnisse Makulatur, hähä!
- Die erhaltenen Tagebücher und Notizen Kirchners waren wahrscheinlich teilweise für eine posthume Veröffentlichung geplant. Vor diesem Hintergrund ist die Diagnose einer narzisstischen Persönlichkeitsstörung nicht zu rechtfertigen, da die Inhalte womöglich verzerrt sind!
- Die Behauptung des Verfassers, in Kirchners Werk stoße man auf Zeichen von Oberflächlichkeit, wird nicht von allen Kunsthistorikern geteilt. Diese Hypothese basiert einzig und allein auf Otto Kernbergs nicht bewiesener Überzeugung, dass eine schwere narzisstische Störung echte kreative Potenziale blockiere.

Nachdem du sämtliche Gegenargumente notiert hast, verfasst du eine geharnischte Verteidigungsrede und lernst auf diese Weise, den Argumentationssträngen deiner Arbeit noch mehr Stringenz zu verleihen und die einzelnen Ergebnisse weiter zu fundieren.

Zufallstechnik

Die Zufallstechnik wird explizit zur Ideenfindung eingesetzt. Das praktische Vorgehen besteht darin, zufällig ausgewählte Texte, Sätze, Fotos usw. auf sich wirken zu lassen, um mithilfe dieser Anregungen in einen schöpferischen Prozess einzutreten, an dessen Ende die Lösung für ein Problem oder ein kreativer Einfall stehen.

> **Dir fehlt noch eine zündende Idee zum Aufpeppen deines Fazits?**
> Wähle folgendes Vorgehen: Gib z. B. unter Google Bilder zentrale Stichwörter ein, die du für dein Fazit nutzbar machen möchtest und lasse die Abbildungen auf dich wirken. Bilder, die dich besonders ansprechen, speicherst du, um sie dir wiederholt anschauen zu können. Auf diese Weise lassen sich innovative Ideen zu einem Kapitel entwickeln. Allerdings bedarf es dazu der Geduld, denn kreativen Endprodukten gehen vier Phasen voraus:
> 1. Vorbereitungsphase: Problemdefinition und angestrengte Suche nach Lösungen
> 2. Inkubationsphase: Innere Verarbeitung und scheinbarer Stillstand
> 3. Illuminationsphase: Unerwartet auftauchende kreative Lösungsidee
> 4. Verifikationsphase: Ausarbeitung und kritische Prüfung der Lösung

10.2.5 Angst und Unsicherheit

Die schwerwiegendsten Gründe, die junge Menschen daran hindern, sich rechtzeitig mit ihrer beruflichen oder akademischen Zukunft zu beschäftigen, sind Angst und Unsicherheit.

Die Angst kann sich auf die Bewerbungsphase selbst mit ihren besonderen Herausforderungen und möglichen Enttäuschungen in Form von ins Haus flatternden Absagen richten oder aber auf den Berufseinstieg, dem man sich vielleicht noch nicht gewachsen fühlt. Die Angst kann auch die Befürchtung beinhalten, aufgrund eines nicht so beeindruckenden Notendurchschnitts bzw. fehlender Praktika oder Auslandsaufenthalte über wenige bis keine Zukunftschancen zu verfügen.

Unsicherheiten betreffen in vielen Fällen die Berufs- oder weitere Studienwahl. Entweder weiß man noch nicht genau, an welchem Ufer man anlegen möchte, oder man mag sich zwischen mehreren verlockenden Alternativen nicht entscheiden. Dahinter kann sich eine auf obige Fragen beschränkte Unsicherheit oder aber eine generelle Entscheidungsproblematik verbergen.

Diese Ängste und Unsicherheiten können derart lähmend wirken, dass Betroffene den Kopf in den Sand stecken und behaupten, die Abfassung der Thesis sei derart kräftezehrend, dass sie momentan – leider, leider – für nichts anderes Zeit hätten.

10.2.6 Angstbewältigungsstrategien einsetzen

Gegen diese Art Lebensangst helfen keine Entspannungstechniken oder Beruhigungspillen. Hier sind andere Strategien gefragt.

Erste Gegenstrategie: Begib dich in die Höhle des Löwen und damit in das Herz der Gefahr!

Stelle dich der Wirklichkeit und überprüfe deine düsteren Gedanken und Befürchtungen auf ihren Realitätsgehalt. Es kann nämlich sein, dass du dir unnötige oder doch zu viele Sorgen machst. Zum Beispiel sind seitens der Wirtschaft nicht, wie einige Absolventen meinen, nur Einserkandidaten gefragt, sondern auch solche, die zwar kein so gutes Abschlusszeugnis vorlegen, dafür aber »außeruniversitäres Engagement«, wie es so schön heißt, nachweisen können. Wenn du also nur eine »Zwei« vor dem Komma nach Hause trägst, muss das nicht zugleich das Aus für eine große Karriere bedeuten.

Zweite Gegenstrategie: Führe eine schrittweise »Desensibilisierung« durch!

Eine psychologisch wirkungsvolle Angstbewältigungsstrategie besteht darin, sich dem Angstreiz peu à peu anzunähern. Die Erfahrung, den am wenigsten gefährlichen Stimulus bewältigt zu haben, baut Ängste ab und motiviert, die nächsthöhere Angststufe zu erklimmen.

Pirsche dich also allmählich an die Situation heran, indem du einzelne, sich vom Schwierigkeitsgrad her steigernde Schritte festlegst.

- Stelle zunächst deine Bewerbungsunterlagen zusammen!
- Nimm an Bewerbungstrainings teil und betrachte sie als ungefährliche »Trockenübung«!
- Bewirb dich dann für eine Stelle oder für eine Hochschule, die für dich völlig uninteressant sind!
- Versende drei Bewerbungen auf Ausschreibungen hin, die dir in mittlerem Maße interessant erscheinen!
- Bewirb dich für deinen Traumjob oder deine Traumuni!

Dritte Gegenstrategie: Arbeite mit zukunftsgerichteten positiven Selbstinstruktionen!

Liste deine persönlichen Stärken und Studienerfolge auf, lerne sie auswendig, trage sie auf Zetteln in deiner Mantel- oder Hosentasche bei dir, benutze sie als Bildschirmschoner.

Drei positive Selbstinstruktionen eines Absolventen, der im Produktmarketing Fuß fassen möchte!

1. In den Marketingfächern habe ich in meinem Zeugnis die besten Noten.
2. Man hat mir in meinem Leben schon oft rückgemeldet, dass ich kreativ bin.
3. Wenn ich mich für etwas engagiere, kann ich sehr hart arbeiten.

Vierte Gegenstrategie: Setze die Strategien zur Selbstwertsteigerung ein!

▶ Abschn. 7.2.10

Merke!
- Lass die Arbeit Teil deines Lebens sein!
- Verschränke unterschiedliche Arbeitsvorgänge ineinander!
- Wähle einen kreativen Arbeitsstil!
- Erstelle abwechslungsreiche Tagespläne!
- Erweitere deine Sicht der Thesis mithilfe von Kreativitätstechniken!
- Kümmere dich um deine akademische oder berufliche Zukunft!
- Lebensangst lässt sich durch gezielte Konfrontationen bewältigen!

10.2.7 Belohnung

Und wie belohnst du dich nach der Lektüre dieses Kapitels?

Ich belohne mich, indem ich
_____
_____
_____

Literatur

Bensberg G, Messer J (2010) Survivalguide Bachelor. Springer, Berlin Heidelberg New York

Hesse J, Schrader HC (2010) Beruf & Karriere Bewerbungs- und Praxismappen: Die perfekte Bewerbungsmappe für Hochschulabsolventen: Die 50 besten Beispiele erfolgreicher Kandidaten. Stark, Hallbergmoos

Lefrancois GR (2006) Psychologie des Lernens, 4. Aufl. Springer, Berlin Heidelberg New York

Lewis RD (2000) Handbuch internationale Kompetenz. Mehr Erfolg durch den richtigen Umgang mit Geschäftspartnern weltweit. Campus, Frankfurt/M

Püttjer C, Schnierda U (2010) Das große Bewerbungshandbuch, 6. Aufl. Campus, Frankfurt/M

Root-Bernstein R, Root-Bernstein M (2004) Artistic scientists and scientific artists: the link between polymathy and creativity. In: Sternberg RJ, Grigorenko EL, Singer JL (eds) Creativity from potential to realization. American Psychological Association, Washington, DC, pp 127–151

Schroll-Machl S (2002) Die Deutschen – Wir Deutsche. Fremdwahrnehmung und Selbstsicht im Berufsleben. Vandenhoeck & Ruprecht, Göttingen

Sternberg RJ, Kaufman JC, Pretz JE (2002) The creativity conundrum: a propulsion model of kinds of creative contributions. Psychology Press, New York

Sternberg RJ, Grigorenko EL, Singer JL (Hrsg) (2004) Creativity. From potential to realization. American Psychological Association, Washington, DC

Weidenmann B (2010) Handbuch Kreativität. Beltz, Weinheim

Gib den Zweig aus der Hand – Endfassung erstellen

11.1 **Anforderung: Puppenspielertalente entwickeln – 148**
11.1.1 Rote Fäden – 148
11.1.2 Sprachliche Korrektheit – 148
11.1.3 Sprache klingt – 149
11.1.4 Die Augen essen mit – 149
11.1.5 Das Sahnehäubchen – 150
11.1.6 Die Arbeit im »Sonntagskleid« – 151

11.2 **Probleme und Lösungen – 153**
11.2.1 Selbstzweifel – 153
11.2.2 Sei streng mit dir – 153
11.2.3 Das innere Loslassen der Arbeit – 154
11.2.4 Knüpfe ein Band – 154
11.2.5 Alles geht schief – 155
11.2.6 Puffer einplanen und Helfer sichern – 155

11.3 **Der Vorhang fällt – 157**
11.3.1 Deine Thesis ist wichtig – 157
11.3.2 Lass die Thesis Kreise ziehen – 157
11.3.3 Pflanze deinen Zweig im Wissenschaftswald ein – 159
11.3.4 Belohnung – 159

Literatur – 160

Die Zeit des Abschiednehmens ist jetzt nahe. Dein Zweig wird nicht mehr lange in deiner Wohnung im Topf stehen. Er hat sich prächtig entwickelt und ein dichtes Wurzelwerk gebildet, sodass er draußen eingepflanzt werden kann.

» Qualen einer Masterarbeit …
Jeden Tag Druck, jeden Tag schreiben, schreiben, schreiben! Kein Ende in Sicht! Sträflingsarbeit ohne Ende! Zwei Seiten muss ich egal wie jeden Tag mindestens schaffen, damit ich die Arbeit fristgerecht abgeben kann. Draußen scheint die Sonne, die Menschen lachen und essen Eis. Ich komme mir vor wie ein Alien. Tag und Nacht verschwimmen. Montag, Dienstag, Samstag … alles eins. Raus gehe ich nur noch, wenn ich unbedingt einkaufen oder in der Bib ein Buch abholen muss. Irgendwann falle ich ins Bett. Der einzige Lichtblick! Klappe zu, Notebook tot! «

11.1 Anforderung: Puppenspielertalente entwickeln

Begabte Puppenspieler verfügen über die Fähigkeit, mehrere Fäden zugleich bzw. in rascher Folge zu bewegen, um ihren Marionetten Leben einzuhauchen. Ähnliche Geschicklichkeitsübungen werden nun auch von dir verlangt.

Jetzt, ca. eine Woche (Bachelor-Thesis), zwei Wochen (Master-Thesis) oder vier Wochen (Doktorarbeit) vor der Abgabe, geht es nämlich darum, diverse Feinarbeiten auszuführen.

Diese Feinarbeiten umfassen u. a. die Überprüfung des roten Fadens (zieht er sich auch durch die einzelnen Kapitel?), das Feilen hinsichtlich des Stils und der Formulierungen sowie die Endkontrolle von Grammatik, Rechtschreibung und Zeichensetzung.

Die abschließende Politur der Arbeit sollte auch die Eliminierung ästhetischer Unebenheiten einschließen, die den Textfluss stören oder visuell unschön sind, sowie die Zugabe eines kleinen Sahnehäubchens in Form eines Zitats oder des Einflechtens persönlicher Botschaften in den Text. Der endgültig letzte Akt besteht dann im fachmännischen Druck und der anspruchsvollen Bindung der Thesis.

11.1.1 Rote Fäden

Du erinnerst dich vielleicht, dass in ▶ Kap. 8 diverse Abschnitte (▶ Abschn. 8.1.3 bzw. ▶ Abschn. 8.2.5 und ▶ Abschn. 8.2.6) mit den Geheimnissen des ominösen »roten Fadens« befasst waren. Welche Funktion hat er, wie lässt er sich in die Arbeit einfügen usw.? An dieser Stelle war das kräftige Seil gemeint, das sich durch die gesamte Thesis ziehen soll. Wenn dein Werk logisch folgerichtig und auch noch spannungsreich aufgebaut ist, schlängelt sich mit Sicherheit ein dickes, rotes Tau durch die Seiten.

Jetzt geht es darum, auch die Existenz dünner roter Fäden, die einzelne Kapitel und Unterkapitel strukturieren sollen, zu überprüfen. Das wichtigste Hilfsmittel ist wieder, diese Partien getrennt zu lesen bzw. lesen zu lassen und dabei auf die Abfolge der gedanklichen Sinneinheiten zu achten und von Kriterien der Sprachgestaltung abzusehen! Um die logische Sequenz der Textbausteine zu überprüfen, kann man erneut Schlüsselwortketten erstellen (▶ Abschn. 7.2.6). Erfahrungsgemäß genügen bei entsprechender Vorarbeit einige textliche Umstellungen und veränderte Formulierungen, damit auch schmale Schnüre in roter Neonfarbe leuchten.

11.1.2 Sprachliche Korrektheit

Während der Abfassung deines Textes hast du wahrscheinlich eine computerbasierte Überprüfung von Rechtschreibung, Grammatik und Stil durchführen lassen, falls nicht, solltest du spätestens jetzt ein entsprechendes Programm downloaden bzw. kaufen.

Einen Überblick über empfehlenswerte Angebote erhältst du z. B. unter http://www.schreibwerkstatt. de/schreibtipps.php#flro. Durch beigefügte Links wirst du auf die entsprechende Homepage bzw. zu detaillierteren Informationen über die einzelnen Programme weitergeleitet. Auch Informationen über Preise und Rezensionen sind zum Teil integriert.

Diese virtuellen Helfer sind eine wertvolle Unterstützung bei der Abfassung umfangreicher Texte – und zwar nicht nur für Studierende, die sprachlich etwas »schwach auf der Brust« sind. Sie ersetzen aber keinen menschlichen Korrektor.

Komplizierte Satzstrukturen überfordern die Systeme meist, und stilistische Besonderheiten bzw. spezielle Anforderungen an wissenschaftliche Arbeiten werden ebenfalls nicht erkannt. Also obliegt dir selbst sowie einem von dir ernannten »Lektor«, der sich durch hohe Sprachkompetenz auszeichnet, die Aufgabe der letztmaligen Durchsicht des Textes hinsichtlich der oben genannten Kriterien.

11.1.3 Sprache klingt

Sprache transportiert nicht nur wie etwa beim stillen Lesen scheinbar lautlos Botschaften, nein, Sprache klingt auch. So gibt es Sprachen, die den meisten Menschen angenehm ans Ohr tönen wie etwa das Französische. Andere hingegen muten eher monoton an. Bei letzteren handelt es sich oft um Sprachen, in denen einzelne Vokale überwiegen, wie z. B. im Türkischen das »ü«. Inwieweit uns eine Sprache von ihrem Klangcharakter her anspricht, ist natürlich kulturell und individuell beeinflusst.

Prinzipiell gilt aber auch hier wieder der Satz: Varietas delectat, also Abwechslung macht Freude! Das heißt, es wird allgemein als unmelodisch empfunden, wenn sich Wörter und Wendungen in kurzer Abfolge wiederholen. Auch knappe, parataktische Satzsequenzen (d. h. gleichgeordnete Hauptsätze) wirken oft abgehackt und monoton.

Dabei kann es sich durchaus um sprachliche Passagen handeln, die grammatikalisch und hinsichtlich des Sprachniveaus sämtliche Postulate, die sich an wissenschaftliche Texte richten, erfüllen. Aber den darüber hinausgehenden ästhetisch-auditiven Anforderungen genügen sie eben nicht.

Beispiel aus einer Bachelorarbeit, Studiengang Kulturwissenschaft

» In dieser Studie haben die Autoren untersucht, ob der jeweilige kulturelle Rahmen das politische System fördert oder gefährdet. In diesem Zusammenhang haben die beiden Wissenschaftler fünf unterschiedliche Länder analysiert. Dabei haben sie festgestellt, dass die spezifische Kultur, die zur Stabilisierung der demokratischen Verfassung beiträgt, in einer Mischform besteht, die traditionelle und moderne Orientierungen kombiniert. «

Beispiel aus einer Masterarbeit, Studiengang Sozialwissenschaften

» Die Wahl zum siebten Europäischen Parlament fand vom 04.07. bis 07.07.2009 in 27 Mitgliedsstaaten statt. Die 387 Millionen Unionsbürger waren aufgerufen, ihre Stimme abzugeben und über die 736 Parlamentssitze zu entscheiden. Die 10 osteuropäischen Länder, die 2004 bzw. 2007 beigetreten sind, stellen 190 Abgeordnete, was etwas mehr als einem Viertel entspricht. «

Im ersten Beispiel fällt die dreimalige Wiederholung des Verbs »haben« negativ auf. Im zweiten Beispiel sind die stereotypen Satzanfänge mit dem Artikel »Die« unbeholfen und vom Klang her störend. (Diese »Schnitzer« wurden vor der Abgabe der Arbeiten natürlich noch korrigiert!)

Solche Details werden sehr leicht überlesen und fallen am ehesten auf, wenn man sich die Arbeit selbst laut vorliest. Das ist durchaus nicht komisch, sondern trägt zur weiteren Optimierung der Thesis bei!

Es ist natürlich auch möglich, eine Wortwiederholung bewusst als Stilmittel einzusetzen, um eine bestimmte Aussage besonders hervorzuheben, doch sollte man bei wissenschaftlichen Arbeiten hier eher Zurückhaltung wahren.

11.1.4 Die Augen essen mit

Der Mensch ist im Unterschied zu anderen Säugetieren vor allem ein »Augentier«, das sich primär durch Sehen und nicht durch Riechen oder Hören die Welt erschließt.

Natürlich bestimmen bei wissenschaftlichen Abhandlungen in erster Linie Inhalt und Aufbau die Qualität. An zweiter Stelle fallen das sprachliche Ausdrucksvermögen und kompetente Handling von Grammatik, Rechtschreibung und Zeichensetzung ins Gewicht.

Darüber hinaus existieren aber neben den schon erwähnten Klangcharakteristika auch visuelle Gestaltungsmerkmale, die ansprechend oder weniger ansprechend wirken, d. h. den Blick fesseln oder abschweifen lassen.

Wieder gilt hier der Rat, Monotonie zu vermeiden. Das Auge erfreut sich an wechselnden Reizen und ermüdet leicht, wenn der Blick nur über Fließtexte schweift. Hingegen bilden Abbildungen, Zitate, Tabellen usw. – sofern der Inhalt dies erlaubt – reizvolle visuelle Anker.

Die gute Gestalt

» Das Ganze ist mehr als die Summe seiner Teile! (Aristoteles) «

Vor allem Gestaltpsychologen betonen diese auf Aristoteles zurückgehende Erkenntnis, die von der empirischen Wahrnehmungspsychologie bestätigt wird.

Menschen neigen grundsätzlich zu einer holistischen Wahrnehmung, bei der weniger einzelne Elemente, sondern »Gestalten« im Sinne von »Ganzheiten« visuell erfasst werden. So erscheint die Seite einer Thesis nicht als bloße Ansammlung von Wörtern, Sätzen und Abschnitten, vielleicht noch mit einer Abbildung garniert, sondern als in sich geschlossenes Ganzes, eben als eine »Gestalt«. Außerdem ist unsere Wahrnehmung darauf ausgerichtet, »gute Gestalten« zu erkennen. Charakteristika einer »guten Gestalt« sind Symmetrie, Einfachheit und Ausgewogenheit sowie eine mittlere Komplexität, die unsere Gehirntätigkeit anregt, ohne sie zu überfordern. Ein zu hohes Komplexitätsmaß hat den Nachteil, die dahinter verborgene Gestalt aufgrund der Vielzahl verwirrender Einzelheiten kaum wahrnehmen zu können.

Überprüfe deine Thesis hinsichtlich des Vorhandenseins »guter Gestalten«!

- **Beachte bei der Aufteilung und Platzierung von Abbildungen, Tabellen usw. ästhetische Kriterien der Raumaufteilung!**
- **Quetsche nicht eine Abbildung und eine Tabelle auf eine Seite oder stopfe zwei aufeinanderfolgende Seiten mit Tabellen voll!**
- **Setze dir zum Ziel, dass deine Arbeit nicht nur inhaltlich interessant ist, sondern den Leser auch optisch anspricht!**

11.1.5 Das Sahnehäubchen

Die menschliche Sprache verfügt über ein breites Bedeutungsspektrum. Wir vermitteln den Empfängern unserer verbalen Botschaften nicht nur Sachverhalte, sondern auch Wertungen, Beziehungsinterpretationen sowie Wünsche und Bedürfnisse. Dieser Facettenreichtum gilt prinzipiell für das gesprochene wie für das geschriebene Wort.

Selbst eine wissenschaftliche Abhandlung muss sich nicht auf die trockene Darstellung von Fakten beschränken, sondern kann auch interessante Selbstoffenbarungen oder humoristische Passagen enthalten.

Eine Speise mundet manchmal nicht, weil ihr die Würze fehlt. Die Rolle der Gewürze bei den Speisen übernehmen bei Texten ungewöhnliche Zitate, Humor und/oder mehr oder weniger ernst gemeinte Wendungen/Folgerungen im Text. Das sind die »Sahnehäubchen«, welche die Aufmerksamkeit des Lesers fesseln und zur Lebendigkeit eines Schriftstücks beitragen.

Eine persönliche Botschaft innerhalb einer Thesis
Aus der Arbeit von Katja Leander (▶ Abschn. 8.2.6)

» In der Polarität der beiden Begriffe Armor & Amour liegt der Reiz meiner Arbeit. Sie gestattet mir, zwischen zwei scheinbar gegensätzlichen Polen zu wandern. Gegensätze bauen ein Spannungsfeld auf, in dessen Mitte ich spiele, mich austoben kann. Die Möglichkeiten sind schier unendlich und ich bekomme plötzlich ein Gefühl von Freiheit (http://www.katjaleander.com, mit freundlicher Genehmigung). «

Da sich solche »Beigaben« innerhalb einer wissenschaftlichen Arbeit auf vereinzelte Farbtupfer beschränken sollten, wollen Inhalt, Form und Positionierung gut überlegt sein. Vorzugsweise haben solche Einsprengsel in der Einleitung oder im Ausblick ihren Platz.

Beispiel für den humoristischen Selbstbezug eines Professors im Vorwort seines Lehrbuchs

» Daß mir einige Kapitel in diesem Buch besondere Schwierigkeiten und Freude bereitet haben, liegt an meiner narzißtisch-dependenten Persönlichkeitsstruktur. Ich möchte natürlich selbst gern eine Botschaft in dieses Buch einweben und damit auch Anerkennung finden. […]
Meinem narzißtischen Mitteilungsbedürfnis entspricht meine Kränkbarkeit. Jede öffentlich vorgetragene Kritik, besonders die in publizierten Rezensionen wird mich wochenlang nicht zur Ruhe kommen lassen. Sollte dieses Buch je eine zweite Auflage erreichen (und davon ist meine paranoide Persönlichkeitsstruktur fest überzeugt), werde ich darin mit Sicherheit auf alle Einwände und Anregungen genauestens und selbstkritisch eingehen (Fiedler, 1994, S. VIII). «

11.1.6 Die Arbeit im »Sonntagskleid«

In früheren Zeiten gab es arme Menschen, die nur zwei Kleider oder Anzüge ihr eigen nannten. Ein »Dress« war für die Werktage, der andere für die Sonntage bestimmt.

Wenn man seine Thesis wertschätzt und nicht möchte, dass sie versteckt im PC oder Bücherregal vor sich hin gammelt, beschäftigt man sich auch damit, in welchem Outfit man sie präsentieren will.

Eine Thesis ist nicht irgendein Schriftstück, sondern steht am Ende eines Studiengangs. Sie ist also ein bedeutendes Zeugnis deines persönlichen Erfolgs. Und so, wie du dich zu besonderen Anlässen – hoffentlich! – »in Schale wirfst« und dir nicht das Erstbeste, das aus dem Kleiderschrank hervorquillt, umhängst, solltest du auch die Arbeit im Smoking oder Ballkleid erscheinen lassen.

Deckblatt
Beim Konzipieren des Deckblatts bleibt meist nicht allzu viel Raum für eigene Gestaltungsideen, da die einzelnen Posten und manchmal auch ihre Abfolge vorgeschrieben sind. Dennoch lassen sich Eyecatcher z. B. in Form des farbigen Logos der eigenen Hochschule einfügen.

Das folgende Layout-Beispiel bietet Anregungen für die Gestaltung deines Deckblatts; es stellt eine eher konservative Variante dar (◨ Abb. 11.1).

Bindung
Entscheide über die Art der Bindung der Arbeit nicht erst kurz vor der Abgabe – womöglich noch unter großem Zeitdruck –, sondern triff rechtzeitig deine Wahl zwischen den verschiedenen Modellen. Copyshops bieten mittlerweile eine anspruchsvolle Palette unterschiedlicher Bindungsvarianten in verschiedenen Preisklassen an; beispielhaft für viele andere sei das Angebot des Online-Copyshops sedruck.de genannt (http://www.sedruck.de).

Bindungsvorschläge
- Plastikringbindung: Ab ca. 2,50 €; die Blätter werden gelocht und mit einem Plastikring verbunden. Vorteile sind kleiner Preis und die Möglichkeit, einzelne Blätter im Nachhinein auszutauschen.
- Wire O-Bindung: Ab ca. 3,00 €; bei der sog. Drahtkammbindung können Seiten um 360 ° umgeblättert werden. Ein aufgeschlagenes Buch bleibt offen liegen.
- Heißleimbindung: Ab ca. 3,00 €; eine einfache, preiswerte Bindung, deren Haltbarkeit allerdings gering ist, daher für umfangreiche Arbeiten ungünstig.
- Kammbindung: Ab ca. 5,50 €; im Layout ähnlich wie die Heißleimbindung, aber der »Kamm« am Rücken sorgt für mehr Stabilität, daher auch für eine große Anzahl an Seiten/für umfangreiche Arbeiten geeignet.
- Klemmbindung: Ab ca. 7,00 €; transparentes Deckblatt, Rückseite hat Karton in Leinenstruktur. Die Mappe enthält eine Aluschiene, in der die Seiten gepresst werden. Diese Bindung eignet sich auch für breit angelegte Werke.
- Ringhardcover: Ab ca. 8 €; hochwertige Buchbindung mittels eines Metallrings. Die Materialien sind Leinen oder Buchleder. Man kann in dem Buch blättern.
- Hardcover: Ab ca. 14 €; glatte Glanzoberfläche oder Wildlederoptik, edles Design, sehr widerstandsfähig, gibt es mit und ohne Coverdruck.

Universität Duisburg – Essen

Fachbereich Chemie

Studiengang "Water Science"

(Title, Example):

Bestimmung des Cadmium-Gehalts in Wasser

Masterarbeit

zur Erlangung des akademischen Grades eines

Master of Science

vorgelegt von

(Name)

Bearbeitungszeit: von .... bis ....

Betreuer: z.B. Prof. Dr. Flemming

Biofilm Center
oder
Analytische Chemie

Erklärung:
Hiermit erkläre ich, dass ich die Arbeit selbständig verfasst habe. Die verwendeten Quellen sowie die verwendeten Hilfsmittel sind vollständig angegeben.

Duisburg, ... (Unterschrift)

Abb. 11.1 Deckblatt Master-Thesis (mit freundlicher Genehmigung von Professor H.-C. Flemming, Duisburg)

- Handgefertigtes Buch: Ab ca. 19 €; handwerklich hergestellte, zeitintensive Bindung. Die Seiten werden zusammengenäht (sog. Fadenbindung), zurechtgeschnitten und in einer Buchdecke aus Leder oder Leinen eingebunden.

11.2 Probleme und Lösungen

Auch auf der letzten Wegstrecke, die du gemeinsam mit der Thesis zurücklegst, können dir innerseelische und sonstige Probleme das Leben schwer machen.

11.2.1 Selbstzweifel

Oft hindern nagende Selbstzweifel, geboren aus übertriebenem Perfektionismus, Studierende am Abschluss ihrer Thesis. Gerade in diesem Arbeitsstadium, wenn man sein Werk bereits von höherer Warte betrachtet, kommt es häufig vor, dass einen vermeintliche oder reale Schwachstellen der Arbeit innerlich unentwegt beschäftigen.

In den vorangegangenen Schreibperioden war die eigene Aufmerksamkeit noch zu sehr anderweitig gebunden. Man sah einen Berg Arbeit vor sich liegen, fühlte den Druck, viele Seiten schreiben zu müssen, hatte Termine bei seinem Betreuer und musste die Thesis vielleicht auch im Rahmen eines Kolloquiums vorstellen. Diese Anforderungen entfallen jetzt. Dafür jedoch starren so manchen studentischen Verfasser Defizite und Fehler in Bezug auf das fast vollendete Werk wie bösartige Fratzen an.

Dies ist ein verbreitetes Phänomen, das auch vor psychisch stabilen Absolventen nicht unbedingt Halt macht. Zweifel und Selbstvorwürfe werden natürlich noch verstärkt, wenn jemand prinzipiell an der eigenen Leistungsfähigkeit zweifelt. Solche Studierende sind am ehesten durch positive externe Rückmeldungen zu beruhigen.

Perfektionismus und Ängstlichkeit gehen oft Hand in Hand, denn viele Perfektionisten möchten sich durch einen übertrieben sorgfältigen Arbeitsstil vor befürchteten Misserfolgen schützen. Andererseits gibt es auch Perfektionisten, die nicht Furchtsamkeit auszeichnet, sondern hoher Ehrgeiz und ein weit überdurchschnittlicher Anspruch an die eigene Leistung. Diese Gruppe peinigt in der Endphase der Thesis vor allem die Erkenntnis, dass sie einiges anders und besser hätten machen können, wofür es nun zu spät ist. Die Schwächen ihrer Arbeit – und jede Thesis hat Schwächen – erscheinen ihnen in grellstem Licht, und sie leiden beträchtlich darunter, diese nun nicht mehr ausmerzen zu können.

11.2.2 Sei streng mit dir

Wenn du »Mister oder Miss Perfect« bist, musst du dich disziplinieren. Erstens ist der Rat zu beherzigen (▶ Abschn. 9.2.5), die Arbeit zu deiner Absicherung und inneren Beruhigung von Anfang an kapitelweise von dem betreuenden Dozenten gegenlesen zu lassen, sofern dies die hochschulinternen Bestimmungen und die individuelle Gemütsverfassung des zuständigen Hochschullehrers erlauben. Ergänzend können weitere kompetente »Kritiker« wie Kommilitonen, »Sprachmeister« etc. hinzugezogen werden.

Haben dann alle ihr Plazet gegeben, vereinbarst du mit dir selbst, die Thesis von diesem Zeitpunkt an nicht mehr zu überarbeiten. Außerdem nimmst du dir fest vor, dein Werk auf jeden Fall termingerecht einzureichen und keine Verlängerung zu beantragen, um weiter daran zu »feilen«. Diese beiden Termine gibst du deinem Handy ein, markierst sie im Kalender und sprichst sie noch mit einer Person deines Vertrauens ab, deren Aufgabe es ist, zu kontrollieren, ob du auch wirklich entsprechend handelst.

Ergänzend lassen sich erfolgreich autosuggestive Botschaften einsetzen:

Selbstinstruktionen
- Keine Thesis ist vollkommen!
- Es gibt keine völlig fehlerlose Arbeit!
- Ich habe mein Bestes gegeben!

Ergänze die Liste selbst um weitere Punkte:
_____
_____
_____

Sollten deine Probleme aus einer tief verwurzelten Unsicherheit resultieren und auch durch diese Strategien nicht zu beheben sein, dann suche bitte schleunigst die Beratungsstelle für Studierende auf.

11.2.3 Das innere Loslassen der Arbeit

Probleme, sich von der Thesis zu lösen, treten am ehesten bei umfangreichen Schreibprojekten wie einer Masterarbeit oder Dissertation auf.

Hier kommt ein bisher noch nicht genanntes Moment ins Spiel, nämlich die enge Verbundenheit mit der eigenen Untersuchung. Die Thesis stellte vielleicht über einen langen Zeitraum hinweg eine Art Lebensmittelpunkt dar, und man fühlte sich auf seinem Stammplatz in der Bibliothek, umgeben von den vertrauten Gesichtern der Kommilitonen, wie zu Hause. Das Thema hat einen innerlich tief bewegt und war wochen- oder gar monatelang faktisch und gedanklich präsent. Und nun soll man sich von den Seiten, die mit so viel Herzblut geschrieben wurden, trennen, um sie in die kalte Welt zu entlassen, in der sie fremden, womöglich abschätzigen Blicken ausgesetzt sind. Es gibt Absolventen, die davor zurückschrecken. Sie wollen ihr »Baby« gewissermaßen »behalten« und nicht so einfach einem ungewissen Bewertungsschicksal überlassen.

Fallbeispiel
Annabell war eine sehr interessierte und engagierte Psychologiestudentin. Daher konnte es nicht überraschen, dass sie nach dem Master auch noch die Promotion anstrebte.

Sie wählte das Thema Bulimarexie (oder Bulimie, d. h. Ess-Brech-Sucht), da sie selbst als Jugendliche diese Erkrankung durchlebt hatte. Annabell verwendete viel Mühe auf ihr Werk, führte Experteninterviews durch, befragte Betroffene und vereinbarte sogar ein freiwilliges, unbezahltes Praktikum in einer entsprechenden Einrichtung. Es bereitete ihr auch keine Probleme, die Thesis zu schreiben und termingerecht abzuschließen. Wenige Tage vor dem endgültigen Abgabetermin jedoch – die Arbeit war bereits gebunden – erlebte sie eine Art depressiver Episode. Sie hatte das Gefühl, ihr Buch nicht hergeben zu können und hätte es am liebsten für alle Zeiten – so ihre Aussage – in einer verschlossenen Schreibtischschublade aufbewahrt, um es vor kritischen Kommentaren zu schützen. Annabell suchte Rat in der PBS und benötigte drei Gesprächstermine, um eine andere Sichtweise zu gewinnen. Vor allem das Argument, ihr »Baby« habe es verdient, das Licht der Welt zu erblicken, überzeugte sie, sodass sie die Dissertation einreichte und ihre Promotion schließlich erfolgreich beendete.

11.2.4 Knüpfe ein Band

Wenn die Arbeit »dein Baby« war und es dir schwerfällt oder unmöglich erscheint, die Nabelschnur zu durchschneiden, gibt es mehrere Möglichkeiten, die Verbindung aufrechtzuerhalten.

Zunächst einmal kannst du den hohen Stellenwert, den die Arbeit für dich besitzt, zum Ausdruck bringen, indem du sie ganz edel als handgefertigtes Buch binden lässt.

Außerdem spricht letztlich nichts dagegen, die Thesis weiterhin an deinem Leben teilhaben zu lassen. So ist es möglich, eine Bachelor-Thesis zur Masterarbeit auszubauen und diese wiederum als Grundstock für eine Dissertation zu nutzen.

Solltest du von theoretisch-wissenschaftlichen Abhandlungen jedoch genug haben, lässt sich das Thema vielleicht künstlerisch bearbeiten, z. B. in Form von Prosatexten oder moderner Lyrik. Es gibt an vielen Hochschulen und in größeren Städten Literaturgruppen, die sich regelmäßig treffen und zum Teil auch öffentlich auftreten. Andere Initiativen sind online präsent, sodass du dich mit ihnen virtuell vernetzen kannst.

War deine Arbeit ausgesprochen praxisbezogen, solltest du deine Bewerbungen entsprechend ausrichten. Hast du dich im Rahmen deiner Thesis beispielsweise engagiert mit der Analyse und Neustrukturierung des Hochregallagers des ICE-Betriebswerks einer deutschen Großstadt befasst und konntest die Verantwortlichen dort für deine innovativen Ideen begeistern, ist die Deutsche Bahn AG wahrscheinlich der Arbeitgeber deiner Wahl.

Lebensthema

Manche Menschen fesselt eine bestimmte Problematik ihr Leben lang. Das Lebensthema von Prof. Dr. Armin Schmidtke ist beispielsweise der Suizid. Er beschäftigt sich u. a. mit der Aufhellung seiner Hintergründe, Kriterien der Prävention und der Entwicklung erfolgreicher psychotherapeutischer Interventionen bei suizidalen Personen. Schmidtke war bzw. ist stellvertretender Vorsitzender der Deutschen Gesellschaft für Suizidprävention und Vorsitzender des Nationalen Suizid-Präventionsprogramms. Er verfasste und initiierte über viele Jahrzehnte hinweg zahlreiche wissenschaftliche Publikationen zu dieser Thematik und bezieht auch nach seiner Emeritierung in den Medien nach wie vor zu entsprechenden Fragen Stellung.

Manchmal knüpft sich das Band zwischen einem Text und seinem Verfasser auch gegen dessen Willen, denn das geschriebene Wort ist lebendig und kann ein dem Autor verborgenes, intensives Eigenleben führen, wie das nachfolgende Beispiel zeigt.

Verstoßene Kinder

Ruth Klüger, 1931 in Wien als Kind jüdischer Eltern geboren, Professorin für Germanistik in den USA, überlebte als Kind mehrere Konzentrationslager. In Auschwitz schrieb sie zwei Gedichte, die sie nach dem Krieg in einer Zeitung veröffentlichte.

» Etwa vierzehn Jahre später kamen meine verstümmelten und von ihrer Verfasserin verworfenen Verse an die Tür meines kalifornischen Hauses, wie verstoßene, doch hartnäckige Kinder auf der Suche nach ihrer Mutter. Ein fleißiger Sammler hatte sie aufgestöbert und in einem schön gedruckten Band, betitelt ‚An den Wind geschrieben', mit anderen KZ- und Exilgedichten herausgegeben. [...] Seitdem geistern sie hier und da durch eine deutsche Schulklasse, noch ein zweites Mal, wieder ohne mein Wissen, nachgedruckt in einem Band namens ‚Welch Wort in die Kälte gerufen' (Klüger, 1997, S. 201). «

Aber damit nicht genug. Diese Verse verschafften Ruth Klüger, wie sie weiter berichtet, ihre erste Stelle als Hochschulassistentin in Amerika.

11.2.5 Alles geht schief

Im Leben – jeder weiß das – ist man vor Überraschungen nie gefeit. Da fällt aus unerfindlichen Gründen der Bus aus, obwohl in 20 Minuten eine wichtige Klausur ansteht. Triefaugen und eine Nase, die »*Rednosed Rudi*« Konkurrenz macht, signalisieren dir drei Tage vor der Prüfungswoche eine im Anmarsch befindliche Erkältung. Am Abgabetag der Thesis klingelt zu nachtschlafender Zeit deine Schwester, um sich bei dir über das Ende ihrer Beziehung auszuweinen. Derartige Störungen zu einem denkbar ungünstigen Zeitpunkt sind dir aus eigener Erfahrung oder den Erzählungen anderer bestimmt vertraut.

Und so kann es eben auch passieren, dass du am letzten Tag oder an den letzten Tagen vor dem Einreichen der Arbeit anscheinend vom Pech verfolgt wirst. Einige Szenarien aus der Büchse der Pandora können sein: Du bemerkst 10 Minuten bevor du deinen USB-Stick zum Copyshop bringen willst, dass sich trotz mehrfachen Korrekturlesens Fehler in die Arbeit eingeschlichen haben, nämlich eine verrutschte Tabelle und eine fehlende Quellenangabe unter einer Abbildung. (Himmel, wer war noch gleich der Verfasser?)

Ein anderes Szenario: Du hast keine Fehler mehr entdeckt, deinen Stick termingerecht abgegeben, aber der Ausdruck weist Mängel auf. Zwei Seiten erscheinen doppelt, eine andere hingegen fehlt. Ja, ja, all das kommt infolge menschlicher oder maschineller Unzulänglichkeiten vor!

Ein drittes Szenario: Druck und Bindung sind wunderbar, aber als du eine Minute vor Toresschluss vor dem Prüfungsamt eintriffst, um die Arbeit abzugeben, stehst du vor verschlossener Tür (◘ Abb. 11.2). Außerdem hat dein Betreuer gerade eine Dienstreise angetreten und seine Sekretärin in den wohlverdienten Urlaub geschickt. Du schüttelst ungläubig den Kopf? Glaube mir, auch das hat es schon gegeben!

11.2.6 Puffer einplanen und Helfer sichern

Um kurz vor der Deadline solche und ähnliche Katastrophen zu vermeiden, hilft es vor allem,

☐ Abb. 11.2   Wer zu spät kommt, den bestraft das Leben!

einen großzügig bemessenen zeitlichen Puffer einzuplanen. Es empfiehlt sich, für Restarbeiten wie Endkontrolle, Druck und Bindung wenigstens drei Tage zu reservieren. Außerdem sind in diesem Zusammenhang auch zuvor angefertigte schriftliche Gedächtnisstützen nützlich.

Bitte überprüfe und ergänze folgende Checkliste!

Checkliste
- Vor der Erstellung der endgültigen Version:
  - Wie viele Exemplare musst du einreichen?
  - Gibt es Anweisungen für die Art der Bindung?
  - Existieren Vorgaben für die Gestaltung des Deckblatts?
  - Kennst du die Öffnungszeiten des Prüfungsamts?
  - …
- Bei der letzten Durchsicht der Thesis:
  - Sind alle Formatierungen korrekt?
  - Stimmen die Seitenumbrüche?
  - Entsprechen die Angaben des Inhaltsverzeichnisses den Überschriften im Text?
  - Ist das Literatur- und Quellenverzeichnis vollständig?
  - War ein Abkürzungsverzeichnis notwendig und wurde es erstellt?
  - Sind die Abkürzungen durchgängig realisiert, also nicht einmal »z. B.« und an anderer Stelle »zum Beispiel«?
  - Tragen alle Tabellen, Abbildungen und Grafiken einen Titel und sind sie nummeriert?
  - Wurde ein Abbildungsverzeichnis erstellt?
  - Sind ggf. noch Werke, aus denen nicht zitiert wurde – falls nur solche im Literaturverzeichnis erscheinen dürfen –, zu löschen?
  - Sind die Querverweise korrekt oder wurde z. B. nachträglich die Kapitelfolge geändert?
  - Sind geschützte Leerzeichen zwischen Prozentzeichen, Zahlen usw. eingefügt, damit sie bei der Silbentrennung nicht auseinandergerissen werden.
  - Wurde eine Absatzkontrolle durchgeführt, um »Waisenkinder« (die letzte Zeile eines Absatzes erscheint auf der neuen Seite) und »Schusterjungen« (die erste Zeile eines neuen Absatzes steht am Ende einer Buchseite) zu vermeiden?
  - …
- Beim Abholen im Copyshop:
  - Ist die Anzahl der bestellten Exemplare korrekt?
  - Sind sämtliche Seiten nummeriert?
  - Ist keine Seite ausgelassen, doppelt ausgedruckt oder vertauscht?
  - Sind alle eingescannten Abbildungen vorhanden?
  - …

Last, but not least gibt es hoffentlich jemanden, auf den du im Fall der Fälle zurückgreifen kannst. Dieser hilfreiche Engel sollte bereits ein bis zwei Tage vor dem Abgabetermin in den Startlöchern stehen. Er oder sie muss bereit sein, dich notfalls zum Prüfungsamt zu fahren, falls dein eigenes Auto plötzlich den Geist aufgibt, dir Beruhigungstee zu kochen, sofern du doch in arge Zeitnot gerätst, und noch einmal einen kontrollierenden Blick auf das äußere Erscheinungsbild der Thesis zu werfen, denn zwei Augenpaare sehen in der Regel mehr als eines.

11.3 Der Vorhang fällt

Jetzt ist es bald soweit. Die Zeit deiner Liaison mit der Thesis gehört demnächst der Vergangenheit an, und damit geht auch ein wichtiger Abschnitt deines Studienlebens zu Ende. Es bleibt, der Arbeit die Wertschätzung entgegenzubringen, die sie verdient.

11.3.1 Deine Thesis ist wichtig

Deine Thesis ist wie jede einigermaßen anspruchsvolle wissenschaftliche Abhandlung – und sei es auch »nur« eine Hausarbeit – von Bedeutung, denn sie stellt einen kleinen Stein im großen Forschungsmosaik dar. Das gilt sogar für eine schlechte Thesis, denn aus ihr lässt sich ableiten, wie man es nicht bzw. besser machen sollte. Außerdem fließen in die Bewertung immer subjektive Momente ein, so sehr sich Dozenten auch um Objektivität bemühen mögen, und die Anforderungen sind je nach Hochschule oft sehr unterschiedlich. Sollte die Benotung deiner Arbeit also enttäuschend sein, heißt das nicht unbedingt, dass man sie an einem anderen Hochschulort ebenso eingeschätzt hätte. Halte dir dies immer vor Augen!

Darüber hinaus können die Inhalte Schülern und Studierenden, die für eigene Arbeiten das in einer Thesis angesammelte Spezialwissen benötigen, von ganz konkretem Nutzen sein. Aus diesen Gründen ist die Download-Möglichkeit von schriftlichen Arbeiten über www.Hausarbeiten.de sehr beliebt und wird häufig genutzt.

11.3.2 Lass die Thesis Kreise ziehen

Welche Angebote gibt es, um eine Thesis bekannter zu machen? Das Internet bietet diesbezüglich einige Alternativen. Abgesehen von der Möglichkeit, deine Freunde per Facebook zu informieren, kannst du auch im Rahmen geeigneter Foren auf die Arbeit hinweisen. Außerdem steht es dir offen, den Titel unter dem Link »Literatur« in geeignete, nicht schreibgeschützte Wikipedia-Artikel einzufügen, sodass jeder, der sich über das entsprechende Wissensgebiet informieren möchte, auf deinen Beitrag stößt.

Bei Doktorarbeiten, die einem breiteren Publikum zugänglich gemacht werden müssen, akzeptieren mittlerweile viele Hochschulen eine virtuelle Veröffentlichung anstelle der früher üblichen Print-Publikation. Eine URL eröffnet prinzipiell einem Millionenpublikum den Zugang zu einem Buch.

Es steht dir auch frei, deine Arbeit kostenlos im Grin Verlag, der sich in besonderer Weise auf die Publikation von Haus- und Abschlussarbeiten spezialisiert hat, drucken zu lassen (◘ Abb. 11.3).

Auf diese Weise erscheint das Buch bei Amazon oder anderen Online-Buchhändlern, und jeder, der im Umkreis deines Themas einer Forschungsfrage nachgeht, wird auch auf deine Thesis stoßen (Tischer, 2012). Außerdem ist es möglich, um Rezensionen nachzusuchen, die ein Werk zusätzlich aufwerten. Sicher sind einige befreundete Kommilitonen bereit, ein paar positive Worte über deine Abfassung auf der entsprechenden Produktseite einzustellen.

Fürchte dich nicht vor Kritik. Sollte jemand einen »bösartigen« Kommentar verfassen, was soll's? Verinnerliche das Motto »Viel Feind, viel Ehr!« Natürlich sind Verrisse zunächst einmal kränkend, und das Gefühl der Kränkung sollte man auch nicht gleich verdrängen, sondern zulassen. Aber dann gilt es zu überdenken, wie berechtigt die einzelnen Kritikpunkte sind, um sich anschließend entweder in Gelassenheit und »stolzem Schweigen« zu üben oder aber eine passende Erwiderung zu verfassen. Nimm schon einmal vorsorglich den Degen in die Hand und sei bereit, dein Werk zu verteidigen!

Fallbeispiel

Vor allem Beiträge, die etablierte Forschungsmeinungen infrage stellen oder Tabuthemen aufgreifen, werden oft sehr polarisierend rezensiert.

In Bezug auf meine immerhin mit »magna cum laude« (sehr gut) bewertete Dissertation »Die Laxdœla saga im Spiegel christlich-mittelalterlicher

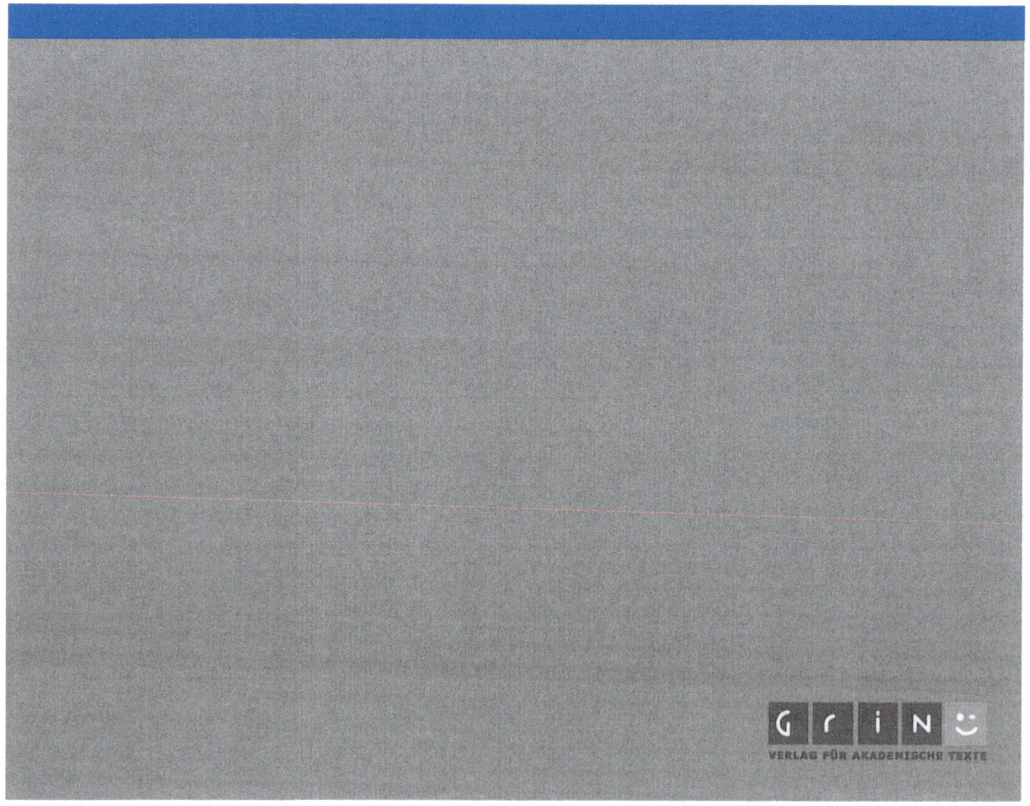

◾ **Abb. 11.3** Beispiel einer professionell gestalteten Studienarbeit mit modernem Layout (Grin Verlag GmbH, mit freundlicher Genehmigung)

Tradition« kritisierte ein Rezensent »fragwürdige oder offenkundig falsche Textinterpretationen« und zog das Fazit:

> Die selbstgewählte einseitige Betrachtungsweise führt kaum zu überzeugenden Ergebnissen, zumal immer wieder der Eindruck entsteht, daß zu viel in die Sagaangaben hineingedeutet wird. «

Ein anderer hingegen meinte

> It would be acceptable in many universities in Europe, North America, and anywhere else where sagas are seriously studied … «

und schloss mit den Worten

> … it offers a reading of LDS. I have my doubts however, whether her book will cause an experienced scholar to look at the saga in a new light. A pity really! «

Nach dem Erscheinen meines historischen Romans »Geliebter, wo kann ich dich finden?« erhielt ich von einer der letzten Überlebenden des Mädchenorchesters von Auschwitz eine Mail, auf die ich im Übrigen sehr stolz bin, mit einer sehr positiven Stellungnahme zu dem Buch:

> Es ist wirklich ausgezeichnet und verdient in andere Sprachen übersetzt zu werden. […] Ihre Beschreibung z. B. der Kristallnacht […] könnte nicht besser wiedergegeben werden. «

Die Frau eines bekannten jüdischen Religionsphilosophen hingegen mailte mir wenig später, dass sie das Buch nicht empfehlen könne, da es historisch schlampig recherchiert sei. Außerdem hielt sie die Geschichte für »arg konstruiert; die Genealogie ist im weiteren Verlauf unschlüssig«.
    That's life!

11.3.3 Pflanze deinen Zweig im Wissenschaftswald ein

Es ist Frühling geworden. Nimm deinen blühenden Zweig und gehe mit ihm in den Wald. Suche dort nach einer passenden Stelle, um ihn einzupflanzen.

● Abb. 11.4 Neuer Spross im Wissenschaftswald

Lehnt sich deine Arbeit eng an sehr basale Studien an, dann sollte er neben einem alten, mächtigen Baum eingepflanzt werden. Ist deine Thesis eher innovativ und provokativ, so suche für den Zweig ein einsames Plätzchen.

Sei ein frecher Spatz und pfeife die Ergebnisse deiner Untersuchung in die Forschungswelt hinaus. Auch dein Werk trägt zum Wachstum des Wissenschaftswaldes bei (● Abb. 11.4), und vielleicht wächst dein kleiner Trieb ja irgendwann noch zu einem großen Baum heran!

Merke!
- Achte bei der letzten Überprüfung der Thesis auf den roten Faden in Kapiteln und Abschnitten!
- Bemühe dich um absolute sprachliche Korrektheit!
- Berücksichtige ästhetische Kriterien wie Klang und Raumaufteilung!
- Präsentiere die Arbeit im »Sonntagskleid«!
- Gegen übertriebenen Perfektionismus helfen gezielte Autosuggestionen!
- Rechne mit den Imponderabilien des Lebens und plane für die Endarbeiten mehrere Tage ein!

11.3.4 Belohnung

Das Werk ist vollbracht, und nun winkt die ultimative Belohnung! Was soll es ein? Das verlängerte Wochenende mit der Freundin in einem Wellness-

Hotel? Rasante Abfahrten im Tiefschnee von Davos? Mit deinen Mädels nächtelang um die Häuser ziehen? Die Riesenfete auf dem Weingut deiner Eltern? EverQuest spielen, bis der Arzt kommt? Womit willst du dich belohnen?

> **Ich belohne mich, indem ich**
> _____
> _____
> _____

Literatur

Fiedler P (1994) Persönlichkeitsstörungen. Beltz, Weinheim
Klüger R (1997) Weiter leben. Eine Jugend. Deutscher Taschenbuch Verlag, München
Krämer W (2009) Wie schreibe ich eine Seminar- oder Examensarbeit? 3. Aufl. Campus, Frankfurt/M
Pachel-Eberhart B (2010) Vier minus drei: Wie ich nach dem Verlust meiner Familie zu einem neuen Leben fand. Integral, München
Seyler A (2003) Wahrnehmen und Falschnehmen: Praxis der Gestaltpsychologie. Formkriterien für Architekten, Designer und Kunstpädagogen. Hilfe für den Umgang mit Kunst, 2. Aufl. Anabas, Wetzlar
Tischer W (2012) Amazon Kindle: Eigene E-Books erstellen und verkaufen. Kindle Edition, Auflage: 6.0 (18. November 2012), literaturcafe.de
Tracy B (2011) Keine Ausreden!: Die Kraft der Selbstdisziplin. Gabal, Offenbach/M

Die Zeit danach

Kapitel 12 Der Tag nach der Abgabe – 163

Kapitel 13 Alles war umsonst: was nun? – 177

Der Tag nach der Abgabe

12.1	**Wie sieht's im Inneren aus? – 164**
12.1.1	Hochstimmung – 164
12.1.2	Kreise ziehen lassen – 164
12.1.3	Herunterspielen – 165
12.1.4	Ein Fest nur für dich – 166
12.1.5	Beispieltag – 166
12.1.6	Leere – 167
12.1.7	Aktive Zukunftsplanung – 167

12.2	**Risse im Beziehungsnetz? – 169**
12.2.1	Abschiede – 169
12.2.2	Balanceprobleme – 169
12.2.3	Neid – 171

12.3	**Einstieg in das Erwachsenenleben – 172**
12.3.1	Jugend ade – mit Ritual – 172
12.3.2	Setze eine Zäsur – 173
12.3.3	Lerne dich kennen – 174
12.3.4	Werte-Fragebogen – 174

Literatur – 176

» Es schreibt keiner wie ein Gott, der nicht gelitten hat wie ein Hund. (Marie von Ebner-Eschenbach) «

» Und müssen nicht Geisteskinder uns viel teurer sein als Leibeskinder, da letztere oft ohne sonderliche Mühe in einer einzigen Nacht gemacht werden, zu erstern aber ungeheure Anstrengung und viel Zeit angewendet wurde? (Heinrich Heine) «

12.1 Wie sieht's im Inneren aus?

Der Tag nach der Abgabe der Thesis wird sehr unterschiedlich erlebt. Die psychische Befindlichkeit ist dabei auch von den vorangegangenen Erfahrungen abhängig. Konnte man die Arbeit in der vorgeschriebenen Zeit und mit einem positiven Gefühl einreichen oder musste Verlängerung beantragt werden – wahrscheinlich hast du dieses Buch zu spät gekauft –, oder wurde das erste Thema sogar zurückgegeben und die Thesis erst im zweiten Anlauf fertiggestellt?

Aber selbst unter optimalen Bedingungen – die Arbeit wird, vielleicht mit einigen Startschwierigkeiten, innerhalb des zeitlichen Limits abgeschlossen und eingereicht – können die Reaktionen je nach der Persönlichkeit des Schreibenden ganz unterschiedlich ausfallen.

12.1.1 Hochstimmung

Manche Studierende – leider sind sie eher in der Minderzahl – heben ein wenig vom Boden der schnöden Realität ab, wenn die Thesis endlich in »trockenen Tüchern« ist. Nach der Abgabe schweben sie wie auf Wolken. Sie gönnen sich all das, was so lange zurückstehen musste, und spazieren mit einem intensiven Strahlen auf dem Gesicht umher.

Es sind vielfach Studierende, die sich auf das Studienende bzw. den nächsten Lebensabschnitt freuen und schon sehr konkrete Zukunftspläne haben. Meist waren sie in der Lage, parallel zur Thesis Bewerbungen zu verfassen, und sie haben wahrscheinlich schon erste Vorstellungstermine notiert bzw. sogar bereits ein Bewerbungsinterview geführt. Das Schreiben fiel ihnen nicht sonderlich schwer, sie konnten sich gut disziplinieren und haben dieses Buch nur prophylaktisch gekauft. Diese Absolventen litten oft unter den vielen Gängelungen des Studentendaseins und trauern ihm daher nicht allzu sehr nach. Meistens zeichnet sie ein ausgesprochen positives Selbstbild aus. Sie vertrauen darauf, dass ihre Arbeit gut bewertet wird und genießen intensiv den erfolgreichen Abschluss des Studiums. Die auf sie zukommenden neuen Aufgaben betrachten sie als eine positive Herausforderung.

12.1.2 Kreise ziehen lassen

Diese Hochstimmung – ein seltenes, aber wunderschönes Gefühl – lässt sich mithilfe bestimmter Strategien noch kreisförmig ausweiten und damit in die Zukunft hinüberretten.

Möglichkeiten zur Steigerung des Glücksempfindens:
- Belohnungen,
- Selbstgespräche,
- Symbole.

Belohnung

Unter allen Umständen solltest du dich für die erfolgreiche Abfassung der Thesis in besonderer Weise belohnen, ganz gleichgültig wie viele Steine du auf dem mühsamen Weg dorthin vielleicht hast beiseite räumen müssen. Solche Belohnungen können mit einem Schatz positiver Erinnerungen einhergehen, den dir niemand mehr rauben kann.

Manche Eltern honorieren den Studienabschluss durch eine finanzielle Zuwendung oder erfüllen dem Sohn/der Tochter einen lang gehegten Wunsch. Je nach elterlichem Hintergrund bzw. deiner eigenen finanziellen Ausstattung – vielleicht hast du regelmäßig gejobbt und das Geld gespart oder von den Großeltern eine bestimmte Summe geerbt – wird diese Belohnung natürlich kleiner oder größer ausfallen.

Selbst wenn deine finanziellen Mittel sehr beschränkt sind, musst du nur aus deiner Studentenbude heraustreten, um dir allerlei zu gönnen. Du wirst vielleicht überrascht sein, was dein Hochschulort so alles zu bieten hat, wenn du einmal entsprechend recherchierst. Da gibt es Live-Konzerte, Baggerseen, Schlittschuhbahnen, Thai-Massagen,

Sehenswürdigkeiten usw. Leider lernen viele Studierende ihren Studienort bis zum Abschluss des Studiums nie richtig kennen, weil sie ihn nur zu Studienzwecken genutzt haben, ohne dort auch zu leben.

Belohnungsvorschläge:
- *Money, money, money*: Auto, Weltreise, Aktienpaket!
- *A little bit money*: Kleinere Reisen, Klamotten, chice Aktentasche!
- *No money*: Urlaub auf Balkonien, Freizeitaktivitäten am Studien- oder Heimatort!

Selbstgespräche

Damit ist natürlich nicht gemeint, dass du plappernd durch die Gegend laufen sollst. Gemeint ist, dass du deinen Erfolg nach innen wirken lässt, was salutogene (gesundheitsfördernde) Auswirkungen auf Körper und Geist hat.

Setze dich in dein Zimmer und erinnere dich bewusst an die schwierigen Stadien der Arbeit, die du erfolgreich gemeistert hast. Rufe dir die lange Zeit des Schreibens, in der du Durchhaltevermögen und Frustrationstoleranz beweisen musstest, ins Gedächtnis zurück. Denke daran, dass du dein Studium jetzt oder in Kürze – falls noch eine Prüfung folgt – erfolgreich beenden wirst, also schon eine beeindruckende Strecke auf der Straße des Erfolgs zurückgelegt hast.

Beispiele für konstruktive Selbstaussagen:
- »Das habe ich sehr gut gemacht!«
- »Ich kann voll stolz auf mich sein!«
- »Ich habe richtig was geleistet!«
- »Jetzt starte ich weiter durch!«

Dabei kannst du dir in der Vorstellung oder auch ganz real auf die Schulter klopfen. Solche Momente stärken das Selbstwertgefühl und sind positive Signale für die Zukunft.

Symbole

Da Menschen durch Bilder zum Teil mehr noch als durch Worte beeindruckbar sind, kann auch diese Taktik eingesetzt werden, um die Abgabe der Arbeit zu etwas Besonderem zu machen. Leiste dir z. B. einen besonders schönen Füllfederhalter, mit dem du Bewerbungen unterschreibst, die du nicht online versendest, und der dich auch in naher Zukunft noch an deine Schreibleistung erinnern wird.

Beispiele für Erfolgssymbole:
- Porsche (Spielzeugmodell): BWL-Absolvent/in,
- Fröhliche Schulkinder (Foto): Lehramtskandidat/in,
- Eiffelturm (Miniatur): Architekturstudent/in.

12.1.3 Herunterspielen

Andere Studis verhalten sich nach der Abgabe der Arbeit ganz anders: Sie heben nicht ab, breiten nicht adlergleich die Flügel aus, sondern erinnern eher an ein Mäuschen, das von einem Mauseloch ins andere huscht und dabei möglichst nicht gesehen werden will. Kennzeichnend für solche Absolventen ist, dass sie die Bedeutung der Abschlussarbeit bzw. ihre eigene Leistung ständig herunterspielen.

Typische Äußerungen sind:
- »Das kann doch jeder!«
- »Es gehört zum Studium eben dazu!«
- »Ich habe mir eigentlich gar keine große Mühe gegeben.«
- »Die Thesis zählt ja gar nicht so viel.«

Es sind junge Menschen, die meist auch in anderen Bereichen des Lebens dazu neigen, ihr Licht unter den Scheffel zu stellen – getreu den Versen, die sich noch in einigen Poesiealben der Großmuttergeneration finden:

> Sei wie das Veilchen im Moose, sittsam, bescheiden und rein und nicht wie die stolze Rose, die immer bewundert will sein. «

Diese Einstellung war früher schon nicht besonders hilfreich, in der heutigen Zeit jedoch, in der von Frauen wie Männern die Befähigung zu kompetitivem Verhalten erwartet wird, ist sie besonders problematisch.

Übertriebene Bescheidenheit erschwert das Fortkommen in der Welt und bringt dich um so manchen realen Erfolg, der dann anderen, die sich besser in Szene setzen können, in den Schoß fällt. Und was vielleicht noch schwerer wiegt: Du gehst mit dir selbst sehr lieblos um, indem du positive Gefühle abwehrst, dein Selbstwertgefühl schwächst und Hochgefühle nach Leistungserfolgen gar nicht erst aufkommen lässt, was im Übrigen natürlich auch eine Verzerrung der Realität bedeutet.

12.1.4 Ein Fest nur für dich

Wie kannst du dich ändern? Ich bin sicher, du willst nicht dein Leben lang derart lieblos mit dir selbst umgehen, deine Erfolge ständig herunterspielen und womöglich zusehen, wie andere, die nicht fähiger und tüchtiger sind als du, aber sich wesentlich besser »vermarkten« können, die Lorbeeren einheimsen, die eigentlich dir zustehen. Die Kunst des »Selbstmarketings«, die bereits bei Bewerbungen oft über Sein oder Nichtsein entscheidet, kann man erlernen, z. B. mithilfe eines guten Coachs. Mit sich selbst wertschätzender umzugehen, ist prinzipiell ebenfalls erlernbar. Du kannst jetzt gleich damit beginnen, indem du die ersten und bekanntlich schwierigsten Stufen auf dem Weg zum Gipfel der Selbstwertschätzung erklimmst.

Unternimm einmal etwas ganz Verrücktes! Tue Dinge, die dir eigentlich peinlich sind. Zelebriere einen Festtag für dich allein, um den Abschluss der Thesis zu feiern!

12.1.5 Beispieltag

Morgens
- Frühstücke im Bett.
- Schmücke das Tablett mit einer Kerze oder Blume.
- Gönne dir ein Glas Champagner oder wenigstens Sekt zum erfolgreichen Abschluss.

Mittags
- Speise in einem Restaurant, in dem es dein Lieblingsmenü gibt.
- Kleide dich besonders gut und lege, wenn du eine Frau bist, Make-up auf.
- Wähle einen Tisch in der Mitte.

Die Aufgabe, in einem öffentlichen Lokal eine Mahlzeit einzunehmen, ist eine gute Übung zur Be-

Abb. 12.1 Einfach ich!

kämpfung von Auftrittsängsten (Abb. 12.1). Gerade Selbstunsichere neigen dazu, möglichst nicht aufzufallen und scheuen sich in der Regel, allein ein Restaurant oder Café aufzusuchen, weil sie befürchten, andere könnten die Tatsache, dass sie nicht in Begleitung sind und/oder sie selbst »komisch« finden.

Nachmittags
- Suche einen ruhigen, schönen Ort auf.
- Beschäftige dich in Gedanken mit deinen bisherigen Erfolgen: Was hast du in deinem Leben schon alles erreicht?
- Erinnere dich an deine schulischen, studienbezogenen, sportlichen und sonstigen Leistungen, zu denen auch solche im zwischenmenschlichen Bereich gehören (z. B. die aktive Unterstützung einer Freundin in einer familiären Notlage).
- Versetze dich innerlich so konkret wie möglich in die entsprechenden Situationen: An welchem Ort hast du dich aufgehalten? Wer war anwesend? Welche Gefühle, welche Gedanken hattest du?

Abends
- Jetzt lässt du es so richtig krachen, z. B. in einem Club oder Szenelokal.
- Gehe mit Freunden oder auch allein dorthin.
- Sage deinen Freunden, was du zu feiern hast.
- Wenn du allein aufbrichst und mit Fremden ins Gespräch kommst, teile ihnen mit, dass du die Abgabe der Thesis feierst.

— Formuliere die entsprechenden Sätze vor, dann bringst du sie leichter über die Lippen.

Die folgende Zusatzaufgabe löst oft einen wirkungsvollen, selbstwertsteigernden »Aha-Effekt« aus in dem Sinne: »Wenn ich richtig nachdenke, habe ich doch so einiges zu bieten, was mir bisher gar nicht klar war.«

Zusatzaufgabe
Setze mindestens drei der in ▶ Abschn. 7.2.10 beschriebenen Strategien zur Stärkung des Selbstbewusstseins ein!

Praktiziere in jedem Fall die leicht umsetzbare Übung »Das weiße Blatt«!

> Wenn du es schaffst, wenigstens 60 Prozent dieser Vorschläge in die Tat umzusetzen, hast du schon die ersten Schritte auf dem Weg zu mehr Selbstwertschätzung zurückgelegt, ja, du bist ein wenig in ein neues Leben aufgebrochen.

12.1.6 Leere

Andere Studierende, die nicht unbedingt selbstunsicher sind, empfinden nach dem Einreichen der Abschlussarbeit ebenfalls keine Freude, sondern leiden eher unter Gefühlen von Leere, Monotonie und Langeweile. Ihr Leben kreiste wochen- oder monatelang um die Thesis, mit der sie jeden Tag beschäftigt waren, und jetzt tut sich ein Betätigungsloch auf. Sie wissen oft gar nicht mehr, womit sie sich alternativ beschäftigen sollen. Fast haben sie den Eindruck, der bisherige Sinn ihres Lebens – die Arbeit – sei ihnen plötzlich entzogen worden, und sie stünden jetzt vor dem Nichts. Es ist für sie völlig ungewohnt, mit einem Mal wieder viel Zeit zu haben?

Von dieser Problematik sind vor allem jene betroffen, die nach der Abgabe der Thesis keine weitere Prüfung zu absolvieren haben, also Studierende, die sich jetzt unweigerlich mit dem Studienende konfrontiert sehen.

12.1.7 Aktive Zukunftsplanung

Um diesem unangenehmen Gefühl der Leere zu entgehen, solltest du dir klarmachen, dass die Einreichung der Thesis nur eine Station auf deinem Weg in die Zukunft ist. Diese Station hast du jetzt erreicht, und nun gehst du weiter und nimmst die nachfolgenden Stationen in Angriff. Stelle dir die nächsten 5 Jahre deines Lebens vor: Wie sollen sie verlaufen? Was erwartest du von der Zukunft? Beschäftige dich mit dir selbst und deinen Zielen! Versuche, deine Ziele zu konkretisieren!

Ziele festlegen
Hilfestellung bei deiner Zukunftsplanung kann das Ziele-Blatt (◘ Abb. 12.2) leisten.

Bei der Aufgabe, das persönliche Lebensmotto zu finden, tun sich einige Studierende recht schwer.

Um der eigenen Handlungsmaxime auf die Spur zu kommen, sind folgende Fragen und Denkanregungen nützlich:
— Wie sollte die Rede sein, die jemand über dich an deinem Grab hält?
— Welcher Sinnspruch sollte auf deinem Grabstein stehen?
— Wenn du unheilbar erkrankt wärest und hättest nur noch ein halbes Jahr zu leben, was würdest du auf alle Fälle noch tun, was wäre dir vor allem anderen wichtig?
— Welche Lebensregel möchtest du deinen Enkeln mit auf den Weg geben?

Beispiele für ein Lebensmotto
— Lebe deinen Traum!
— Carpe diem!
— Sei du selbst!
— Suche nach dem Sinn der menschlichen Existenz!

Die Stufen des Lebens
Versuche dir dein Leben als eine Art Treppe vorzustellen. Fasse dabei eine Stufe als Zeitraum von fünf Jahren auf. Frage dich, worauf du am Ende der kommenden 5, 10 und mehr Jahre zurückblicken möchtest. Finde ein passendes Motto oder geeignete Stichwörter, das/die du dann auf der jeweiligen Stufe einträgst (◘ Abb. 12.3).

```
Meine Ziele

Lebensmotto finden
_____
_____

Studienbezogene bzw. berufliche Ziele

Kurzfristig (ca. 6 Monate) _____
Mittelfristig (ca. 2-3 Jahre) _____
Langfristig (ca. 5 Jahre) _____

Private Ziele

Kurzfristig (ca. 6 Monate) _____
Mittelfristig (ca. 2-3 Jahre) _____
Langfristig (ca. 5 Jahre) _____

Welche Stärken habe ich, die mir helfen, meine Ziele zu erreichen?
_____
_____
_____

Welche Schwächen habe ich, die mich daran hindern, meine Ziele zu erreichen?
_____
_____
_____
```

Abb. 12.2 Ziele-Blatt

Nehmen wir an, du bist jetzt 23 Jahre alt. Wie soll dein Leben aussehen, wenn du deinen 28. Geburtstag feierst? Willst du vor allem einen interessanten Job haben? Denkst du eventuell schon an Familiengründung? Schwebt dir vor, in diesem Alter noch als Single durch die Welt zu jetten und im internationalen Businessbereich tätig zu sein?

Welches Leben willst du im Alter von 33 Jahren führen? Möchtest du deine Karriere weiter vorantreiben oder planst du, für einige Jahre auszusteigen, um dich um den Nachwuchs zu kümmern?

Willst du spätestens mit Beginn der Dreißiger Führungsverantwortung übernehmen oder ist es dir wichtiger, mit inhaltlich interessanten Aufgaben betraut zu sein?

Aufgabe
Stelle und beantworte dir folgende Frage:
Was muss ich heute, an diesem Tag, in dieser Stunde, in diesem Moment tun, um in 5 Jahren

12.2.1 Abschiede

Der Studienabschluss, der mit der eingereichten Thesis entweder erfolgt oder aber in greifbare Nähe gerückt ist, geht auch mit Trennungen einher.

Ein Grund hierfür ist u. a. die meist notwendig werdende Ortsveränderung, denn das erste Jobangebot winkt dir oder deinen besten Freunden vielleicht am anderen Ende Deutschlands oder gar im Ausland. Gehörst du zu jenen, die einen Lehramtsstudiengang oder das Studium der Rechtswissenschaft abgeschlossen haben und jetzt monatelang auf den Beginn des Referendariats warten müssen, kann es sein, dass du dich plötzlich allein in einer großen Wohnung wiederfindest, weil deine WG-Partner aus den genannten Gründen sämtlich ausgezogen sind.

Das Studienende bedeutet folglich Abschiednehmen, Abschied vom Studienort, von Kommilitonen und guten Freunden, die du in Zukunft vielleicht nur noch einmal pro Jahr treffen wirst. Es ist nicht immer leicht, diese Brüche zu verkraften, aber sie sind typisch für gesellschaftlich normierte Übergänge im Leben des einzelnen.

Wenn du die alten Kontakte auf jeden Fall aufrechterhalten möchtest, solltest du dich rechtzeitig um entsprechende »Erhaltungsstrategien« kümmern. Eine Möglichkeit, in Verbindung mit deiner Hochschule zu bleiben, besteht darin, einem Absolventennetzwerk beizutreten.

Im angelsächsischen Bereich sind die »old boy networks« schon lange eine Selbstverständlichkeit. In Deutschland finden sie immer mehr Anhänger. Ihre Aufgaben sind vielgestaltig: Förderung der nachwachsenden Studierendengeneration, Vernetzung ehemaliger Studierender sowie ihrer Dozentinnen und Dozenten, gegenseitige Unterstützung in beruflichen Kontexten.

Abb. 12.3 Die Stufen des Lebens!

genau dort anzukommen, wo es mich jetzt hinzieht?
_____
_____
_____

Notiere alle deine Ideen, und dann geht es an die Umsetzung. Werde aktiv, packe dein Leben an, und du wirst sehen, das Leeregefühl ist schnell verflogen und bald nur noch eine Chimäre.

Trau dich was, denn es ist die Erfahrung vieler Generationen von Erdenbürgern, dass man am Ende seiner Tage nur das nicht gelebte Leben, selbst die Dummheiten, die zu begehen man sich nicht traute, bereut.

12.2 Risse im Beziehungsnetz?

Das Studienende, aber auch Erfolge oder Misserfolge, die man während der Bewerbungsphase oder nach dem Berufseinstieg zu verzeichnen hat, können in soziale Beziehungen eingreifen.

12.2.2 Balanceprobleme

In der Studienabschlussphase verändert sich manchmal auch die Balance von Beziehungen, und zwar sowohl in Bezug auf Freundschaften als auch im Hinblick auf Partnerschaften.

Freundschaften

Probleme können beispielsweise auftreten, weil man aufgrund sehr guter Leistungen früher den Abschluss und seinen Traumjob in der Tasche hat oder weil man – umgekehrt – dem Abschluss und dem Traumjob hinterherhechelt, während die ehemaligen Kommilitonen schon längst Junior Manager sind sowie geheiratet und eine Familie gegründet haben.

Dies hat zur Konsequenz, dass man beginnt, in unterschiedlichen Welten zu leben. Hinzu kommen Gefühle von Unter- oder Überlegenheit gegenüber den früheren Kommilitonen, je nachdem auf welcher Seite man steht.

Ein Ungleichgewicht ist meist schädlich für Freundschaftsbeziehungen und endet nicht selten damit, dass der real oder scheinbar Unterlegene bzw. Überlegene die Beziehung beendet, d. h. im sozialpsychologischen Jargon »aus dem Feld geht« und sich passendere Freunde sucht.

Ein Verständnis von Freundschaft, das eine gewisse »Ebenbürtigkeit« voraussetzt, postuliert vor allem die sozialpsychologische Equity-Theorie, welche die Bedeutung von Ausgewogenheit und Gerechtigkeit in zwischenmenschlichen Beziehungen thematisiert:

» Diese besagt, daß interpersonale Beziehungen um so wahrscheinlicher entstehen und andauern, je ausgeglichener beziehungsrelevante Austauschprozesse wahrgenommen werden. Homans spezifiziert darüber hinaus, daß Personen sich solche Freunde suchen, deren Status mit ihrem vergleichbar ist (Frey, 1980, S. 235). «

Partnerschaft

Auch die Partnerschaft kann durch Imbalance einer Bewährungsprobe ausgesetzt sein. Mit der Thesis nicht zu Potte kommen, vielleicht sogar per Härtefallantrag den dritten und allerletzten Versuch starten, depressiv gestimmt sein, ständig über die Situation jammern, für nichts und niemanden mehr Zeit haben – all das ist Gift für eine Liebesbeziehung und läutet ihr manchmal das Totenglöcklein.

Vor allem depressive Stimmungen wirken wie ein Virus, die »Miesepetrigkeit« überträgt sich nämlich auf den Kommunikationspartner, weswegen Depressive anfänglich zwar meist getröstet, dann aber eher gemieden werden.

Im Extremfall kann deine Partnerschaft brechen. Die meisten Frauen legen auch in der heutigen Zeit immer noch hohen Wert auf einen akademisch und/oder beruflich erfolgreichen Partner und drohen, wenn der Erfolg ausbleibt, eher als Männer damit, die Beziehung zu beenden. Und manche setzen diese Drohung in die Tat um.

Eine aus dem Gleichgewicht geratene Beziehungskonstellation kann tatsächlich zur Zerreißprobe für eine Partnerschaft werden, wie das folgende Fallbeispiel zeigt.

Fallbeispiel
Eine Psychologiestudentin kam in die Beratungsstelle, um ein Schreibcoaching in Anspruch zu nehmen. Die bisherigen Studienleistungen hatte sie ohne Probleme erbracht. Sie wünschte sich, nach der Abgabe der Masterthesis an einer Beratungsstelle für Kinder, Jugendliche und Eltern zu arbeiten, die sie als Praktikantin kennengelernt hatte. Das Schreibcoaching absolvierte sie sehr erfolgreich und gab ihre Arbeit wie erwartet termingerecht ab. Bald darauf erhielt sie tatsächlich eine Halbtagsstelle an der von ihr präferierten städtischen Beratungsinstitution. So weit so gut! Aber es gab ein Problem. Die Klientin lebte schon seit drei Jahren mit ihrem Freund, einem Informatik-Studenten, zusammen, den sie später heiraten wollte. Ihr Partner aber kam nicht in die Gänge, bummelte sich durch sein Studium und schob den Abschluss immer wieder hinaus. Nachdem die Klientin ihre Berufstätigkeit aufgenommen hatte, begann es in der Beziehung zu kriseln. Der junge Mann konnte es schlecht verkraften, dass seine Freundin ihm in Hinblick auf Studium und Beruf davongeeilt war, zumal seine Eltern sie ihm auch noch als nachahmenswertes Vorbild vor Augen hielten. Seine Freundin begann außerdem, Druck auf ihn auszuüben, nun endlich fertig zu werden, da sie nach dem Abschluss ihrer psychotherapeutischen Zusatzausbildung schwanger werden wollte. Das Verhältnis wurde immer distanzierter, es kam zu Krächen, einem Seitensprung, und das Ruder konnte nur herumgerissen werden, indem sich der junge Mann wegen seiner Studienprobleme an die PBS wandte und sich beide außer-

dem einer Paartherapie unterzogen. Sie blieben zusammen und heirateten, nachdem auch er seinen Abschluss in der Tasche hatte.

12.2.3 Neid

Wenn du erfolgreich sämtliche Tipps dieses Buches umgesetzt, eine tolle Thesis termingerecht eingereicht hast und dafür eine super Note und lobende Worte des Betreuers – vielleicht sogar verbunden mit einem Promotions- oder Jobangebot – einheimsen konntest, musst du in deinem Umfeld natürlich auch mit Neidern rechnen. Neid ist zwar keine schöne Charaktereigenschaft, aber bekanntlich weit verbreitet, und Erfolg ruft immer missgünstige Zeitgenossen auf den Plan, die gerne ebenso erfolgreich wären, aber vielleicht nicht so tüchtig und begabt sind wie du.

Es gibt einige Anzeichen, dass Neid und Konkurrenzdenken unter Studierenden vermehrt auftreten. Das lässt sich u. a. auf die unsicheren Zeiten mit der hohen Überschuldung der Volkswirtschaften zurückführen, die den Apokalyptischen Reiter Staatsbankrott am Horizont erscheinen lassen, auf zunehmende Arbeitsverhältnisse mit zeitlicher Befristung, mit denen sich auch Akademiker konfrontiert sehen, sowie einen Wertewandel, der in der jungen Generation den Postmaterialismus verdrängt und immer mehr Traditionalisten, die vor allem Sicherheit in Beruf und Familie suchen, hervorbringt.

Neid und Konkurrenzdenken an den Hochschulen

» Viele kennen das – den Neid und das Konkurrenzdenken, das an den Unis inzwischen weit verbreitet ist. Am Amerikanistik-Institut der Uni Frankfurt halten Studenten ihre Hausarbeitstexte unter Verschluss, damit ja kein Kommilitone von ihren Ergebnissen profitiert. Im Fach Journalistik an der Uni Dortmund trifft ‚Ich moderiere schon meine eigene Radioshow' auf ‚Ich habe dafür schon für Titanic getextet'. In Augsburg heben sogar die Tutoren, die sich um das kulturelle und soziale Leben in den Wohnheimen kümmern, bei Besprechungen nur noch ihre eigenen Verdienste hervor, anstatt auch die der anderen einmal zu loben (http://www.zeit.de/campus/2009/03/konkurrenz; Inge Kutter, mit freundlicher Genehmigung). «

Ein weiterer Grund sind die studienbezogenen Neuregelungen unter dem Stern von Bologna. Durch die Verschulung der Studiengänge hat jeder Studierende im Vergleich zu früher weit mehr Möglichkeiten, sich mit Kommilitonen zu vergleichen. Außerdem wurden in einigen Studiengängen offizielle Rankings eingeführt, d. h., alle Studierenden werden regelmäßig pro Semester nach ihren Studienleistungen in eine Rangreihe gebracht. Auch solche Maßnahmen schüren die Konkurrenz. Und der zurzeit vielleicht noch wichtigste Faktor ist der anhaltende Run auf die limitierten Masterstudienplätze, für die der Bibelspruch gilt: »Viele sind berufen, aber nur wenige auserwählt!«

In früheren Zeiten war es nicht nur in Deutschland, sondern auch in anderen europäischen Ländern üblich, Schüler einer Klasse anhand ihrer Leistungen in eine Rangreihe zu bringen und den jeweiligen Rang bei der Zeugnisvergabe mitzuteilen. Kinder und Jugendliche, die erste Plätze belegten, kamen oft in den Genuss besonderer »Ehrungen«, sie wurden z. B. mit dem Amt des Klassensprechers/der Klassensprecherin betraut oder erhielten Buchpreise und besondere Belobigungen.

Beispiele
Deutschland im 19. Jahrhundert

» Mein Vater hatte nicht unrecht. Die Algebraaufgaben gerieten mir in den beiden nächsten Tagen so mäßig, daß der Rechenmeister mich von meinem ersten Platz herabzusetzen drohte (Aus *Pole Poppenspäler*, einer bekannten Novelle von Theodor Storm). «

Dänemark in den fünfziger Jahren des 20. Jahrhunderts

» Susi saß in zitternder Aufregung da, als Fräulein Hansen mit den Zeugnissen das Klassenzimmer betrat. Die Lehrerin ging auf das Katheder zu, setzte sich und sagte: ‚Ruhe jetzt!' denn die Mädchen schwatzten an diesem aufregenden Morgen unentwegt miteinander.

Fräulein Hansen räusperte sich, blickte streng über ihren Kneifer hinweg und begann dann die Namen der Mädchen zu verlesen. Zugleich nannte sie den Platz, den die Schülerin von jetzt ab einnehmen würde. ‚Nummer eins Henny, Nummer zwei Olga, Nummer drei Helga.' So verlas sie eine Nummer nach der anderen (Aus *Susi Sausewind*, einem Mädchenbuch, das von der dänischen Autorin Greta Steffens verfasst wurde). **«**

Von einer solchen Rangplatzvergabe hat man einst aus pädagogischen Gründen Abstand genommen, aber siehe da: das Gestern kehrt zurück!

Fallbeispiel
Eine Klientin, die im 3. Semester BWL studierte, äußerte sich in einer Sitzung recht aufgebracht über zwei Kommilitonen und WG-Mitbewohner, die in der »heißen« Prüfungsphase noch ein Wochenende in Paris eingeplant hatten. Bei ihm, so die Klientin, verstehe sie es gar nicht, er sei nämlich nur 104, bei ihr könne sie es noch einigermaßen akzeptieren, denn sie sei immerhin 32.
Da die Beraterin sie wohl etwas verständnislos angeschaut hatte, beeilte sie sich, zu erklären, dass mit den Zahlen die Rangplätze im laufenden Semester gemeint seien.

Neidische Reaktionen deiner Mitmenschen kannst du nicht wirklich verhindern. Betrachte sie als eine gute Möglichkeit, um festzustellen, welche deine wahren Freunde sind. Außerdem denke immer daran: Neid muss man sich verdienen!

12.3 Einstieg in das Erwachsenenleben

Hui, das hört sich etwas dramatisch an, schließlich bist du schon erwachsen, darfst seit dem 18. Lebensjahr wählen, und deine ersten sexuellen Erfahrungen liegen wahrscheinlich auch schon mehrere Jahre zurück. Soweit so gut! Dennoch gilt für Studierende das Gesetz der prolongierten Adoleszenz, will heißen: Junge Menschen werden heutzutage nicht nur langsamer erwachsen und später »flügge« als vorangegangene Generationen, nein, auch der Studentenstatus trägt zusätzlich dazu bei, dich in einem abhängigen und »kindlichen« Status zu halten. Du verdienst noch kein eigenes Geld, bist also darauf angewiesen, aus irgendwelchen Quellen Unterhalt zu beziehen, und es gibt wie in deinen Schülerjahren Lehrerinnen und Lehrer – jetzt Dozentinnen und Dozenten genannt –, die Hausaufgaben erteilen, Prüfungen ansetzen und dich benoten. Mit dem Einstieg in den ersten Job beginnt sich das alles manchmal radikal zu verändern, indem du von einem Tag auf den anderen plötzlich sehr viel Verantwortung übernehmen musst – eine Umstellung, die bisweilen eine krisenhafte Entwicklung einleitet.

Quarterlife Crisis
Der Begriff stammt aus den USA und weist darauf hin, dass die Jahre zwischen dem 25. und 30. Lebensjahr von Krisen geschüttelt sein können. Die Quarterlife Crisis betrifft vor allem junge Akademiker und hängt zusammen mit beruflicher Unsicherheit, unerfüllten Karrierewünschen, dem Druck, eine dauerhafte Partnerschaft einzugehen bzw. die Familiengründung ins Auge zu fassen, ersten sichtbaren Alterserscheinungen und der Notwendigkeit, ein neues Selbstbild zu entwickeln.

» Sie ist also eine Art vorgezogene Midlife Crisis, die meist um den 30. Geburtstag herum zuschlägt. Doch im Gegensatz zu den plötzlich wieder jungen Mittvierzigern stoßen wir bei unserer Umwelt (speziell wenn es sich dabei um unsere Eltern handelt) meist auf Unverständnis. ‚Dir stehen doch alle Möglichkeiten offen, was willst du denn noch?', ‚Deine Probleme möchte ich mal haben' und dann der verhasste, doch ach so gut gemeinte Ausspruch: ‚Zu meiner Zeit …' Bitte ergänzen: a) … wären wir froh gewesen, eine so gut bezahlte Arbeit zu haben; b) … hatten wir mit 30 schon Familie und mussten Verantwortung übernehmen; c) … prüfte man, ob man zusammenpasst, bevor man miteinander ins Bett ging (Adam, 2003, S. 11). **«**

12.3.1 Jugend ade – mit Ritual

Diese Überschrift hört sich vielleicht noch dramatischer an, denn schließlich wirst du über viele Jahre jung bleiben und (hoffentlich!) auch so aussehen.

Aber wenn dir nach dem Bachelor- oder Masterstudium der raue Wind des Berufslebens um die Nase weht, geht ein Abschnitt deiner Jugend unweigerlich zu Ende. Es gilt jetzt, Abschied von einer Lebensphase zu nehmen, in der du in erster Linie nur dir selbst verpflichtet warst.

Von einem Lebensabschnitt verabschiedet man sich am besten durch ein Ritual. Rituale sind für uns Menschen von ganz hohem Wert, denn sie subsumieren symbolisch Gefühle und Gedanken, die mit ambivalenten Situationen – Abschied einerseits, Aufbruch andererseits – einhergehen, und sie vermitteln Halt und Orientierung, indem sie den Verlust erlebbar machen und zugleich ein Tor in die Zukunft öffnen.

Naturvölker verfügen noch heute über beeindruckende Initiationsrituale. So ist es bei einigen Indianerstämmen üblich, dass sich heranwachsende junge Menschen von ihrem Stamm distanzieren und abgesondert von den Erwachsenen – meist nach Geschlechtern getrennt – unter sich leben. Dabei werden sie gewöhnlich von weiblichen und männlichen Ältesten über die Privilegien, aber auch die Pflichten des Erwachsenenlebens unterrichtet. Die Wiederaufnahme in den Stamm – nun als erwachsene, vollwertige Mitglieder – wird oft durch ein äußeres Zeichen demonstriert wie z. B. eine Tätowierung, durchstochene Ohrläppchen und Ähnliches. Gewöhnlich wird zu diesem Anlass ein großes Fest veranstaltet.

Im deutschen Hochmittelalter erhielten junge Männer an den Adelshöfen eine Ausbildung zum Ritter. Sie wurden mit etwa 12 Jahren zunächst Knappe – das war eine Art Page – und erlernten in der Folgezeit das Waffenhandwerk und höfische Benimmregeln. Außerdem erhielten sie eine höhere Bildung, die u. a. Kenntnisse in den »Sieben Freien Künsten« (Grammatik, Rhetorik, Dialektik, Arithmetik, Geometrie, Musik, Astronomie) und Fremdsprachenunterricht umfasste. Hatten sie diese »Ausbildungsschritte« absolviert und das Alter von etwa 20 Jahren erreicht, wurden sie mit der sog. Schwertleite in den Ritterstand aufgenommen. Dieser Akt war sehr feierlich, und man zelebrierte ihn oft in einer Kirche. Die Schwertleite bedeutete auch die Verpflichtung, sich künftig gemäß des christlich-ritterlichen Tugendsystems zu verhalten.

Abb. 12.4 Highschool-Absolventen. (© Shutterstock, mit freundlicher Genehmigung)

Wir verfügen heute nur noch über sehr wenige Rituale, die den Übergang von der Jugend zum Erwachsenenalter markieren, etwa die Kommunion oder Konfirmation. Rituale mit Symbolcharakter, die das Überwechseln aus dem Stadium des Jugendlichen oder Heranwachsenden in das Berufsleben kennzeichnen, fehlen weitgehend.

Aber mittlerweile hat ein Prozess des Umdenkens eingesetzt. So begeht man an immer mehr Hochschulen die Überreichung der Bachelor- und Master-Zeugnisse feierlich mit einem Festakt in der Aula. Es werden Reden gehalten, die Eltern sind eingeladen, man nimmt gemeinsam ein festliches Menü ein. Zwar sind solche Veranstaltungen noch nicht so üblich wie im angelsächsischen Raum (Abb. 12.4), aber sie finden als bewusst geschaffenes Ritual am Ende des Studiums immer mehr Befürworter.

Existiert an deiner Hochschule ein solches Angebot, so nimm es wahr! Es setzt ein Sahnehäubchen auf den Abschluss deines Studi-Lebens und vermittelt in eindrucksvoller Weise, dass du eine wichtige Wegstrecke erfolgreich zurückgelegt hast.

12.3.2 Setze eine Zäsur

Bevor die »heiße« Bewerbungsphase beginnt, solltest du wenigstens eine bis zwei Wochen »aussteigen«, um dich von der vorangegangenen, nun unweigerlich abgelaufenen Lebensphase zu verabschieden.

Falls dir bereits während der Abfassungszeit deiner Thesis der ultimative Traumjob angeboten wurde: Nutze wenigstens den ersten Urlaub in diesem Sinne.

Es gibt verschiedene Möglichkeiten, diese Art »Sabbatphase« zu gestalten. Du kannst eine Urlaubsreise unternehmen, um auch räumlich Distanz zu deinem bisherigen Leben zu schaffen, du kannst einen zeitlich begrenzten Job annehmen, z. B. als Aushilfskraft oder Hostess während einer Messe, du kannst alte Freunde aus der Schulzeit und/oder dem Studium besuchen, die mittlerweile an anderen Orten leben usw.

Ehemalige Weggefährten zu treffen, signalisiert eine manchmal hilfreiche Kontinuität inmitten der Brüche des Lebens. Die gemeinsame Zeit ist zwar abgelaufen, aber man erhält den Kontakt aufrecht, da er als wertvoll betrachtet wird.

12.3.3 Lerne dich kennen

Um nach der Abgabe der Thesis bzw. der letzten Prüfung begründete zukunftsgerichtete Entscheidungen zu treffen, sollte man den Blick sowohl nach außen auf die gesellschaftliche Realität als auch nach innen auf die eigene Person richten. Es ist wichtig abzuklären, welche Chancen der Arbeitsmarkt bietet bzw. welche Masterstudiengänge einem offen stehen. Andererseits ist es ebenso wichtig, sich mit seinen Fähigkeiten, Interessen und Charaktereigenschaften zu befassen, um dann einen realistischen Abgleich vornehmen zu können. Richtet sich der Blick nur nach außen und nicht auch auf die eigene Person, werden studien- oder berufsbezogene Entscheidungen kaum tragen, da die Überprüfung von Passungskriterien vernachlässigt wurde. Es kann dann der Fall eintreten, dass du vielleicht einen angesehenen, gut bezahlten Job ergatterst, der dich aber zu Tode langweilt oder völlig überfordert.

Richte den Fokus also zunächst auf deine Ziele, Bedürfnisse, Wert- und Lebensvorstellungen! Begib dich auf die spannende Reise in das eigenes Selbst! In einer Zeit, in der Entscheidungen nicht so leicht revidierbar sind, und (noch!) viele Bewerber auf einen qualifizierten Job warten, ist es umso notwendiger, entsprechende Beschlüsse wohlüberlegt zu treffen.

Eine Hilfestellung kann dabei folgender Fragebogen bieten:

12.3.4 Werte-Fragebogen

In ◘ Abb. 12.5 findest du eine Auflistung von Lebensbereichen und -zielen, die von vielen Menschen mit Glück und Sinn verbunden werden. Ein Aspekt der Lebensqualität und Lebenszufriedenheit betrifft die Bedeutung, die man verschiedenen Bereichen zumisst. Schätze die Bedeutung, welche die einzelnen Lebensbereiche für dich ganz persönlich haben, auf einer Skala von 1–5 ein, indem du die entsprechende Zahl in die Spalte »Wichtigkeit« einträgst. Lass dich dabei von deinen Gefühlen leiten. Bringe dann die Lebensbereiche zusätzlich in eine Rangreihe.

Wenn Familienleben und intime Freundschaften in deiner Werteskala ganz oben rangieren, ergeben sich daraus Konsequenzen für die Berufswahl. Als BWLer solltest du in diesem Fall z. B. den Consulting-Bereich meiden wie der Teufel das Weihwasser und dich allenfalls noch für das weniger stressreiche Inhouse Consulting interessieren. Consulting gilt als eine äußerst arbeitsintensive Tätigkeit, die außerdem viele Reisen notwendig macht, sodass Hotels zur zweiten Heimat werden. Erwartet wird zudem – zumindest in sehr hochrangigen Unternehmen – ein weit überdurchschnittlicher Einsatz, das heißt im Klartext: bereit zu sein, rund um die Uhr zu arbeiten und die Pflege des persönlichen Beziehungsnetzwerks erst an zweiter Stelle zu verorten.

Für jemanden, der im engen, vertrauensvollen Austausch mit anderen leben möchte, ist die notwendige Passung zwischen beruflichen Anforderungen und persönlichen Voraussetzungen in diesem Berufsfeld nicht gegeben. Consultants werden zwar überaus gut bezahlt, aber ihr Job bringt auch so manches Beziehungsnetz zum Zerreißen und Rosen der Liebe nicht selten zum Welken.

Wer BWL studiert hat und im Rahmen dieses Tätigkeitsfeldes Gutes tun möchte, ist am besten in den Bereichen *non profit* oder *Personalentwicklung* aufgehoben, in denen es um die Verwirklichung positiver gesellschaftlicher Ziele bzw. die Förderung von fähigen Mitarbeitern geht.

12.3 · Einstieg in das Erwachsenenleben

Bereich	Wichtigkeit	Rangplatz
Familie		
Kinder		
Partnerschaft ohne Kinder		
Freunde		
Beruf		
Karriere		
Geld		
Status		
Bildung/Lernen		
Reisen		
Hobbys		
Spaß		
Glaube/Religion		
Gesundheit		
Gesellschaftliches Engagement		

◘ Abb. 12.5   Meine Werte

Falls innerhalb der persönlichen Wertekonstellation hingegen Lernen und Bildung den höchsten Rang einnehmen, sollte nach dem Bachelor auf jeden Fall der Master anvisiert und vielleicht noch eine weitere akademische Qualifikation – etwa der Doktor – ins Auge gefasst werden. Dies gilt umso mehr, wenn Lernen als Wert an sich verstanden wird, das den Horizont erweitert, spannend ist und im Großen und Ganzen Spaß macht. Solche Absolventen eignen sich, wenn noch eine überdurchschnittliche Befähigung hinzukommt, prinzipiell sehr gut für eine Hochschulkarriere.

Merke!
- Die individuellen Reaktionen auf die Abgabe der Abschlussarbeit sind sehr unterschiedlich!
- Ein gelungenes Leben setzt langzeitige Planungen voraus!
- Der Studienabschluss greift oft in das bestehende Beziehungsnetz ein!
- Nimm bewusst Abschied von der Studienzeit und setze dabei Rituale ein!

Literatur

Adam B (2003) Quarterlife Crisis. Jung, erfolgreich, orientierungslos. Ariston, München

Brenner D (2007) Schön, dass Sie da sind!: Karrierestart nach dem Studium. Bw Verlag, Nürnberg

Frey D (Hrsg) (1980) Kognitive Theorien der Sozialpsychologie. Huber, Bern

Hippel v L, Daubenfeld T (2011) Von der Uni ins wahre Leben. Zum Karrierestart für Naturwissenschaftler und Ingenieure. Wiley-VCH, Weinheim

Levit AC (2011) Mein erster richtiger Job: Tipps und Tricks für Berufsanfänger. Wiley-VCH, Weinheim

Lüdemann C (2007) Neu im Job für freche Frauen. So meistern Sie Ihre Probezeit mit Bravour. Redline Wirtschaftsverlag, München

Öttl C, Härter G (2010) Schriftliche Bewerbung: Mit Profil zum Erfolg. Anschreiben perfekt formuliert. Vom Kurz-Profil bis zur Online-Bewerbung. Mit Bewerbungsmappen-Check, 8. Aufl. Gräfe und Unzer, München

Püttjer C, Schierda U (2010) Das große Bewerbungshandbuch, 6. Aufl. Campus, Frankfurt/M

Alles war umsonst: was nun?

13.1 Das Scheitern – 178
13.1.1 Tiefes Loch – 178
13.1.2 Trauerarbeit – 178
13.1.3 Umgang mit elterlichen Vorwürfen – 179
13.1.4 Der Neuanfang – 179
13.1.5 Expertenrat – 180
13.1.6 Was ist ein Härtefallantrag? – 180
13.1.7 Was ist Prozesskostenhilfe? – 180
13.1.8 Abstand gewinnen – 181
13.1.9 Fach oder Studiengang wechseln – 182
13.1.10 Ausbildung anvisieren – 182
13.1.11 »Aussteigen« – 182

13.2 Wer weiß, wozu es gut war? – 183
13.2.1 Die Weisheit des Unbewussten – 183
13.2.2 Gewissensfragen – 184
13.2.3 Erfolgsgeschichten ohne Uni-Abschluss – 186

Literatur – 190

> Alles was ich hab
> Lass ich jetzt liegen
> Alles was ich war
> Nehm ich nich mit
> Was ich nich mehr brauch
> Sind meine Lügen
> Nehm sie nicht mit. (Rosenstolz, Das Glück liegt auf der Straße) «

> Wenn die anderen glauben, man sei am Ende, dann muß man erst richtig anfangen. (Konrad Adenauer) «

13.1 Das Scheitern

Auch wenn du dir vielleicht alle Mühe gegeben hast, kann es passieren, dass am Ende alles vergeblich war und die Arbeit abgebrochen oder nicht angenommen wurde. Hinter einem solchen Versagen kann sich u. a. eine massive psychische Problematik, eine Lebenskrise oder Überforderung durch das Fach verbergen. Vielleicht bist du auch jemand, für den die Hochschule generell nicht der geeignete Ausbildungsplatz ist.

13.1.1 Tiefes Loch

Was, wenn der schlimmstmögliche Fall – der Super-GAU – eintritt? Du hast nicht nur die Arbeit in den Sand gesetzt, sondern auch den Studienplatz verloren und blickst in eine ungewisse, düstere Zukunft!

Viele Studierende fallen in dieser Situation verständlicherweise in ein tiefes Loch. Sie möchten am liebsten im Erdboden versinken und niemals mehr beschämende Fragen zu ihrem Studium beantworten. Manche ziehen sich daher aus Kontakten zurück, lassen niemanden mehr an sich heran und fühlen sich wie gelähmt.

Das Versagen angesichts einer wichtigen Prüfungsleistung gilt innerhalb der studentischen Vita zu Recht als schwerwiegendes kritisches Lebensereignis, als zentraler Stressor, der meist mit negativen Auswirkungen auf das Selbstwertgefühl einhergeht. Das trifft natürlich umso mehr zu, wenn dieser Misserfolg gleichbedeutend mit der Exmatrikulation ist. Wer beispielsweise in Jura zum zweiten Mal durch das Endexamen fällt, verliert in der Regel den Prüfungsanspruch nach dem Motto: »Ene, mene, mu und raus bist du.«

 Achtung!
Innerhalb der Studentischen Stress-Skala, die den Belastungsgrad durch kritische Lebensereignisse misst, nimmt bereits das Nichterreichen eines wichtigen Scheines Rangplatz 8 bei insgesamt 31 Events ein! (Zimbardo u. Gerrig, 2004, S. 568)

13.1.2 Trauerarbeit

Wenn man einen schweren Verlust erlitten oder eine massive Enttäuschung zu verkraften hat, kann und sollte man den Kummer nicht überspielen oder in sich »hineinfressen«, um gleich wieder zur Tagesordnung überzugehen bzw. in blinden Aktionismus zu verfallen. Es ist hilfreich und für die individuelle Psychohygiene wichtig, den Schmerz zuzulassen. Das heißt, wenn dir zum Weinen zumute ist, solltest du weinen und dich vielleicht einen Tag lang in dein Zimmer zurückziehen, um zu trauern. Manche Studentinnen und Studenten wollen in diesen Stunden allein sein, anderen hilft es, wenn jemand Anteil nimmt und sich dabei in unmittelbarer Nähe aufhält, vielleicht die Mutter/der Vater, die beste Freundin/der beste Freund, der Partner/die Partnerin.

In die Gefühle von Trauer und Scham mischt sich manchmal auch Wut. Die Wut kann sich auf den Prüfer richten, die Klausurfragen, das Prüfungssystem als solches und Vieles andere mehr. Wut hat durchaus eine positive Seite, denn sie ist Ausdruck von Lebendigkeit und Protest. Auch diese Wut solltest du daher zunächst einfach nur zulassen. Sie kann dir später helfen, dich wieder aufzuraffen und in ein neues Leben aufzubrechen. Enttäuschung und Zorn können natürlich auch die eigene Person ins Visier nehmen im Sinne von: »Hätte ich doch nur … gelernt, Nachhilfe genommen, rechtzeitig das Fach bzw. die Uni gewechselt usw.«

Zu einem späteren Zeitpunkt, wenn du mehr Abstand gewonnen hast, solltest du ernsthaft prüfen, welche Selbstvorwürfe berechtigt und welche völlig unberechtigt sind. Hast du die Fäden diesbezüglich entwirrt, stellt sich die wichtige Frage: Was lernst du daraus für die Zukunft? Was musst du vielleicht dringend ändern?

> **Achtung!**
> Begrenze die Trauer- und Rückzugsphase auf einen bis höchstens 3 Monate! Werde nicht zum »Hikikomori«!

Was ist ein »Hikikomori«? Der Begriff stammt aus dem Japanischen und bedeutet »sich zurückziehen«. Damit bezeichnet man in Japan junge Menschen, meist Männer, die sich in ihrem Kinderzimmer einigeln und die Übernahme der Erwachsenenrolle verweigern, meist weil sie sich von den Verpflichtungen des Erwachsenenstatus und den damit einhergehenden hohen gesellschaftlichen Erwartungen überfordert fühlen. Sie kapseln sich über Monate, manchmal sogar Jahre in ihrem Zimmer ein und verbringen ihre Zeit im Bett, vor dem Fernsehen und/oder PC.

13.1.3 Umgang mit elterlichen Vorwürfen

Zwar sind die meisten Eltern heutzutage sehr verständnisvoll und wollen eher, dass ihre Kinder glücklich sind als dass sie herausragende Leistungen erbringen, dennoch ist es für Väter und Mütter in der Regel eine herbe Enttäuschung – obschon sie es vielleicht nicht offen zugeben –, wenn ihre Tochter oder ihr Sohn an der Hochschule scheitert. Auch die wohlmeinendsten Eltern fragen sich in solchen Fällen typischerweise: Wie konnte das passieren? Wie soll es nun weitergehen? Was habe ich falsch gemacht?

Nachvollziehbar ist auch die elterliche Scham, wenn der Misserfolg des Sprösslings vor Freunden und Bekannten eingeräumt werden muss. Gewöhnlich übertrumpfen sich Eltern nämlich gerne gegenseitig mit Wundergeschichten über die herausragenden Talente ihrer Söhne und Töchter.

Und natürlich gibt es auch heute noch Eltern, für die Leistung, vor allem akademische Leistung, einen sehr hohen Stellenwert hat und die daher auf das Versagen des Nachwuchses mit offenem Zorn und bitteren Vorwürfen reagieren.

Hinzu kommt noch der nicht zu unterschätzende materielle Aspekt. Die meisten Väter und Mütter sind nicht reich, und es ist völlig legitim, dass sie irgendwann von der finanziellen Unterstützung ihrer Kinder befreit sein möchten. Ist ein Sohn, eine Tochter aber in einem Studiengang endgültig gescheitert, setzen sich die Zahlungen unter Umständen über einen sehr langen Zeitraum weiter fort.

> **Drei Ratschläge für das Elterngespräch**
> - Sei ehrlich! Bekenne dich zu deinen Fehlern, Versäumnissen und Problemen, versuche nicht, sie zu leugnen oder klein zu reden.
> - Sende »Ich-Botschaften« aus! Setze den Fokus auf deine eigenen Gefühle und Gedanken, teile mit, wie es dir gerade geht, welche Ängste und Sorgen dich plagen oder auch, dass du erleichtert bist, nicht länger studieren zu müssen.
> - Bleibe sachlich! Lass dich nicht dazu hinreißen, Vorwürfe und Anklagen, auch wenn sie vielleicht massiv sind, mit gleicher Münze zurückzuzahlen. In emotional hochbrisanten Situationen werden damit Teufelskreise eines sich immer mehr aufschaukelnden gegenseitigen Schlagabtausches eingeleitet, die für niemanden von Nutzen sind.

Diese Ratschläge gelten natürlich nur, wenn das Verhältnis zu den Eltern prinzipiell in Ordnung ist und du ihnen vertrauen kannst. Sollte dem nicht so sein, ist es ratsam, sich außerfamiliäre Verbündete zu suchen, z. B. professionelle Helfer.

13.1.4 Der Neuanfang

Nach der Trauerphase gilt es, konkrete, zukunftsgerichtete Schritte zu unternehmen. Bedenke auch, dass in der heutigen Zeit Biografien nicht immer geradlinig verlaufen, sondern recht häufig Brüche aufweisen. Deswegen können sie am Ende aber trotzdem in ein glückliches, erfolgreiches Leben münden.

13.1.5 Expertenrat

Hast du den Prüfungsanspruch für dein Wunschstudium, das du auf jeden Fall fortsetzen möchtest, verloren, gilt es abzuklären, ob es eine Möglichkeit gibt, gegen die Entscheidung des Prüfungsamtes vorzugehen. Der erste Schritt besteht darin, vorsorglich Widerspruch gegen den Bescheid einzulegen. Amtliche Schreiben enthalten einen Passus, der auf diese Möglichkeit hinweist. Die Begründung, die gut überlegt sein will, kann man ggf. nachreichen.

Musterbrief
Absender
Anschrift
Widerspruch gegen den Bescheid vom (Datum einfügen)
Sehr geehrte Damen und Herren,
hiermit erhebe ich gegen Ihren Bescheid (eventuell nähere Angaben) vom (Datum einfügen) innerhalb der gesetzlich vorgeschriebenen Frist Widerspruch. Die Begründung liefere ich nach.
Ort, Datum und deine Unterschrift

In einem zweiten Schritt empfiehlt es sich – vielleicht zunächst per Internet und anschließend durch die Kontaktierung von Experten – weiterführende Informationen einzuholen. Viele Studierende sind z. B. nicht über die Möglichkeit informiert, per Härtefallantrag eine Prüfung entgegen der Prüfungsordnung noch einmal wiederholen zu dürfen, und sie wissen nicht, dass auch der Vorsitzende eines Prüfungsausschusses noch Vorgesetzte hat, die beispielsweise die Ablehnung eines Härtefallantrags rückgängig machen können.

13.1.6 Was ist ein Härtefallantrag?

» Ein Härtefallantrag kann als formloser Antrag gestellt werden, wenn eine Regelung aus einer Ordnung für die betreffende Person als unzumutbare Härte betrachtet werden kann, beispielsweise im Falle einer Erkrankung. Der Antrag muss im Studienbüro der Fakultät abgegeben werden. Der Prüfungsausschuss entscheidet dann darüber, ob einem Antrag stattgegeben wird oder ob er abgelehnt wird (Georg-August-Universität Göttingen). «

Wenn du einen Härtefallantrag stellen willst, kannst du dich vorher im Hinblick auf seinen Inhalt und die Gestaltung beraten lassen. Eine solche Beratung bietet u. a. der AStA (Allgemeiner Studierendenausschuss) an. Für Härtefallanträge gibt es keine vorgeschriebene Form, sondern sie werden dem individuellen Fall entsprechend aufgesetzt und formuliert.

Der dritte Schritt kann darauf abzielen, sich um juristischen Beistand zu bemühen. Da du wahrscheinlich über kein Einkommen verfügst, die Bundesrepublik Deutschland aber jedem, auch wenn er mittellos ist, zubilligt, einen Rechtsstreit notfalls vor Gericht auszufechten, trifft für dich der Passus des früheren »Armenrechts« zu – heute als »Beratungs- bzw. Prozesskostenhilfe« bezeichnet, die in dem Oberbegriff »Verfahrenskostenhilfe« zusammengeflossen sind.

13.1.7 Was ist Prozesskostenhilfe?

» Eine Partei, die nach ihren persönlichen und wirtschaftlichen Verhältnissen die Kosten der Prozessführung nicht, nur zum Teil oder nur in Raten aufbringen kann, erhält auf Antrag Prozesskostenhilfe, wenn die beabsichtigte Rechtsverfolgung oder Rechtsverteidigung hinreichende Aussicht auf Erfolg bietet und nicht mutwillig erscheint (§ 114 ZPO). «

In manchen Städten haben die Amtsgerichte besondere Sprechstunden für jene ratsuchenden Bürgerinnen und Bürger eingerichtet, die einen Anspruch auf Verfahrenskostenhilfe haben. Die dort tätigen Anwälte sind allerdings nicht unbedingt Experten für studienbezogene Rechtsprobleme.

Über rechtliche Möglichkeiten und Ausnahmeregelungen bei Fragen, die das Studium betreffen, können dich besonders ausgebildete juristische Fachkräfte in Kenntnis setzen. Es gibt Anwälte und sogar große Kanzleien, die sich auf derartige Problematiken spezialisiert haben und die dich – selbstverständlich gegen ein entsprechendes Honorar – kompetent beraten und ggf. vor Gericht vertreten.

13.1.8 Abstand gewinnen

Nach einem niederschmetternden Misserfolg kann es hilfreich sein, für einige Zeit sein gewohntes Umfeld zu verlassen. Das klärt den Blick und erweitert den Horizont.

Sofern du ein weiteres Studium aufnehmen möchtest, darfst du allerdings die jeweiligen Bewerbungsfristen nicht aus dem Auge verlieren. Mittlerweile haben viele Hochschulen das Studienjahr eingeführt, sodass sich Studieninteressierte nur einmal im Jahr, nämlich zum Herbst-/Wintersemester, einschreiben können.

> **Bewerbungsfristen**
> - Stiftung für Hochschulzulassung: Die ehemalige ZVS (Zentralvergabestelle für Studienplätze) gibt es nicht mehr. Sie wurde in die »Stiftung für Hochschulzulassung« umgewandelt, die ähnliche Aufgaben wie die Vorgängerinstitution übernommen hat. Wiederbewerber oder sog. »Altabiturienten«, die sich für einen bundesweit unter »Numerus Clausus« stehenden Studiengang interessieren, müssen sich jeweils bis zum 31. Mai des Jahres für das kommende Herbst-/Wintersemester bewerben.
> - Hochschulen: Die einzelnen Hochschulen haben sehr unterschiedliche Bewerbungsfristen. In Mannheim beispielsweise müssen sich Aspiranten für den Bachelorstudiengang BWL an der Universität zwischen dem 15. Mai und 15. Juli des Jahres für das kommende Herbst-/Wintersemester bewerben. Sämtliche Fristen können der Homepage der jeweiligen Hochschule entnommen werden.

Es kann sinnvoll sein, für einige Zeit ins Ausland zu gehen und dort zu arbeiten. Damit kannst du drei Fliegen mit einer Klappe schlagen:

1. Ein solcher Aufenthalt erweist sich bei Bewerbungen als Pluspunkt, sofern es sich eben nicht um eine reine Ferienreise handelt, bei der du nur faul am Strand herumlungerst.
2. Es hilft auch, das angeknackste Selbstwertgefühl wieder zu stabilisieren, wenn man die Herausforderungen, die ein fremdes Land an einen stellt, annimmt und bewältigt.
3. Nicht zuletzt erfährt man während einer vielleicht ungewohnten Betätigung etwas über sich selbst, die eigenen Fähigkeiten und Interessen, was wiederum eine zukunftsweisende Information sein kann.

Von Vorteil ist auch, dass dich in einem anderen Land keiner kennt und du niemandem von deinem Scheitern erzählen musst. Du hast die Möglichkeit, in Ruhe über dich und dein Leben nachzudenken. Nimm dir Zeit für die Beantwortung der Fragen: Wie soll es weitergehen? Was fange ich jetzt an? Welcher Weg ist der richtige?

Es ist für junge Menschen gegenwärtig nicht allzu schwer, im Ausland für einen bestimmten Zeitraum Arbeit zu finden. Billig ist das Ganze natürlich nicht. Du musst den Flug bezahlen, mindestens eine Auslandskrankenversicherung abschließen, eventuell Übernachtungskosten in einem Hostel einplanen und für deine Lebenshaltungskosten aufkommen.

Aus Sicherheitsgründen sollte man sich in diese Art Abenteuer nur unter den Fittichen einer seriösen Organisation stürzen. Solche Auslandsaufenthalte können beispielsweise über ein Au pair- oder Work-and-travel-Angebot realisiert werden.

> **Work-and-Travel:** Die wichtigsten Infos über Work-and-Travel-Agenturen findest du unter http://www.travelworks.de

Kostengünstiger ist die Entscheidung für einen Auslandsaufenthalt unter Au-pair-Bedingungen. Als Au-pair erhältst du ein Taschengeld und musst dich nicht um Unterkunft und Verpflegung kümmern. Andererseits bist du eng in eine Familie eingebunden, was ganz toll, aber auch – je nach Familie – belastend sein kann. Und Voraussetzung ist natürlich, Kinder zu mögen und mit ihnen umgehen zu können! Das ist nicht unbedingt selbstverständlich.

> **Au-pair:** Nähere Informationen findest du unter http://www.aupair-world.net/

13.1.9 Fach oder Studiengang wechseln

Wenn der Verlust des Prüfungsanspruchs einem ungeliebten, nicht zu dir passenden Studiengang galt, du aber grundsätzlich studieren möchtest, solltest du dich jetzt nicht entmutigen lassen, das Studium in einem anderen, passenderen Fachbereich fortzusetzen. Die mit der Exmatrikulation einhergehende Sperre gilt immer nur für einen bestimmten Studiengang und eventuell noch für verwandte Fächer. Hast du etwa den Prüfungsanspruch im Fach Jura verloren, hindert dich keiner daran, dich anschließend z. B. für einen Lehramtsstudiengang zu bewerben.

Denselben Rat gebe ich dir auch, wenn es zwar der gefühlt richtige Studiengang war, aus dem man dich »hinausgekickt« hat, es jedoch 1–2 weitere Studienrichtungen gibt, für die du dich ebenfalls erwärmen kannst.

Argumentiere jetzt bitte nicht, dass du mit Anfang oder Mitte Zwanzig zu alt bist, um noch einmal zu studieren.

Lebenserwartung Die durchschnittliche Lebenserwartung liegt nach den Berechnungen des Statistischen Bundesamtes für 1990 geborene Frauen bei 78,45 und für im selben Jahr geborene Männer bei 71,98 Jahren! Statistisch gesehen liegen also noch fast drei Viertel deines Lebens vor dir. Vor diesem Hintergrund ist es absurd zu behaupten, mit Anfang oder Mitte Zwanzig für irgend etwas schon zu alt zu sein. Solche Meinungen rühren aus Zeiten, in denen die Lebenserwartung viel niedriger war als heute und die Menschen deutlich rascher alterten.

13.1.10 Ausbildung anvisieren

Nicht jeder ist motiviert und geeignet, sich Tag für Tag mit theoretischen Inhalten zu beschäftigen, Bücher und Aufsätze zu lesen, sich vor Prüfungen eine Vielzahl von Slides einzuprägen und später einen Großteil des Tages in einem Büro vor dem PC zu verbringen oder im unbequemen Businessdress mit Geschäftspartnern zählflüssige Verhandlungen zu führen.

Sofern du eher der praktische Typ bist, solltest du unter dieser Prämisse auch einmal darüber nachdenken, ob Studieren wirklich das Richtige für dich ist oder ob es nicht sinnvoller wäre, alternativ eine Ausbildung zu beginnen. Azubi zu werden ist nicht gleichbedeutend damit, ein Loser zu sein. Zwar verdient man in Berufen, die kein Studium voraussetzen, meist (jedoch durchaus nicht immer!) weniger, aber was ist am Ende wichtiger: Zufriedenheit mit dem Job oder das Gehalt? Außerdem bieten viele Ausbildungsberufe z. B. in der Gastronomie oder innerhalb des Bankensektors gute Aufstiegsmöglichkeiten. Liegen besondere Fähigkeiten vor, kann man sogar berühmt werden und zudem viel Geld verdienen.

Beispiele für prominente Erfolgsstorys
Udo Walz – Berliner Promifriseur: Udo Walz frisierte schon als Jugendlicher damals so berühmte Stars wie Romy Schneider und Marlene Dietrich. Obwohl er nicht einmal die Meisterprüfung abgelegt hat, nennt er heute 9 Friseursalons sein eigen und kümmert sich um die Haarschöpfe bekannter Personen aus Showbusiness und Politik, u. a. Heidi Klum, Sarah Conner und Angela Merkel.

Johann Lafer – berühmter österreichischer Sternekoch: Johann Lafer wurde 1957 in der Steiermark geboren und absolvierte von 1973–1976 eine Ausbildung zum Koch. Er machte rasch Karriere und ist mittlerweile nicht nur ein bekannter Sternekoch, der für seine Kochkünste mit Auszeichnungen überhäuft wurde, sondern auch Fernsehkoch, erfolgreicher Autor, Unternehmer und Dozent.

Nähere Informationen zu einzelnen Ausbildungsberufen kannst du bei der für deine Region zuständigen Industrie- und Handelskammer (IHK) einholen.

13.1.11 »Aussteigen«

Die Zahl derer, die Deutschland verlassen wollen, wächst zusehends. Einige Auswanderergeschichten werden durch die Medien einem breiten, interessierten Publikum nahe gebracht.

»Goodbye Deutschland! Die Auswanderer«
Der private Fernsehsender Vox stellt seit 2006 in dieser Sendung teils glückliche, teils unglückliche Schicksale von Emigranten vor, die das Fernsehteam bei ihrem Abschied von Deutschland und den ersten Integrationsversuchen in der neuen Heimat begleitet.

Unter ihnen sind Menschen, die in einem wärmeren Klima oder einer gesünderen Umwelt leben möchten, die es ans Meer zieht oder die den Wunsch haben, der Hetze und dem Leistungsdruck der modernen postindustriellen Staaten zu entfliehen. Viele Auswanderer gehen ihr Projekt »neues Leben« allerdings sehr blauäugig an und haben realitätsferne Vorstellungen von ihrem Gastland. Daher sind Enttäuschungen in vielen Fällen vorprogrammiert. Einige, die glaubten, weniger arbeiten zu müssen, sehen sich bitter enttäuscht, weil ihr Arbeitspensum nicht abgenommen hat, sondern stattdessen angestiegen ist. Andere vermögen nicht so weit in der neuen Kultur Fuß zu fassen, um ihren Lebensunterhalt zu bestreiten, und am Ende reicht das Geld nicht einmal mehr für das Rückflugticket.

Aber es gibt auch beeindruckende Erfolgsgeschichten von Menschen, die mit einer originellen Idee oder in einem neuen Beruf, der mit ihrer bisherigen Tätigkeit in keiner Verbindung steht, sowohl materiell erfolgreich waren als auch privat glücklich wurden und ihren Entschluss, Deutschland zu verlassen, nie bereuten. Unter ihnen sind sämtliche Berufsgruppen vertreten. Da ist der Systemtheoretiker, der in Nicaragua ein Gästehaus eröffnete, und der IT-Experte, der sein Hobby zum Beruf machte und in Südafrika eine Surfschule gründete.

Wenn dich solche Geschichten, wie z. B. die von Konny Reimann (s. unten), ansprechen und du schon des Öfteren mit dem Gedanken gespielt hast, »auszusteigen« und im Ausland einer alternativen Beschäftigung nachzugehen, dann halte dir diese Option offen. Der Weg mag ungewöhnlich erscheinen, ist aber prinzipiell gangbar.

Konny Reimann – Deutschlands berühmtester Auswanderer und Aussteiger
Der Monteur und Wahlamerikaner wanderte 2004 mit Frau und Kindern nach Texas aus, nachdem er eine Erbschaft gemacht hatte. Die Greencard für die USA hatte seine Mutter in der Lotterie *(Diversity Immigrant Visa Program)* gewonnen. Mittlerweile besitzt das prollige Original aus Hamburg ein eigenes Grundstück mit Wohnhaus und zwei Gästehäusern am See. Die Sendung »Goodbye Deutschland« machte ihn bekannt.

Vor einer endgültigen Entscheidung solltest du dich jedoch gründlich beraten lassen. Nutze vor dem Hintergrund eines solchen, potenziell äußerst folgenschweren Entschlusses sämtliche Informationsquellen und Unterstützungsmöglichkeiten, derer du habhaft werden kannst.

> Seriöse Informationen über die Konditionen des Auswanderns und die Besonderheiten einzelner Länder erhältst du beim **Raphaels-Werk** (http://www.raphaels-werk.de/), das mit dem Auswärtigen Amt und dem Bundesverwaltungsamt zusammenarbeitet. Dieser gemeinnützige Verein veröffentlicht nützliche Informationsschriften und unterhält außerdem bundesweit Beratungsstellen, die man aufsuchen kann, um im persönlichen Gespräch einzelne Fragen zu klären.

13.2 Wer weiß, wozu es gut war?

Man sagt nicht umsonst »Jedes Ding hat zwei Seiten« oder »Die Wahrheit liegt manchmal im Verborgenen«. Auch scheinbar niederschmetternde Lebensereignisse wie etwa der Verlust eines Studienplatzes können positive Entwicklungen einleiten und sich am Ende als wertvolle Erfahrung erweisen, die einen persönlich weitergebracht hat.

13.2.1 Die Weisheit des Unbewussten

Seit Sigmund Freud wissen wir, dass die menschliche Psyche nicht nur rationalen und dem Bewusstsein zugänglichen Gesetzen gehorcht, sondern auch über unbewusste Winkel und Tiefen verfügt, die ebenfalls unser Verhalten steuern können.

> **Das topographische Modell der Psyche von Sigmund Freud**
> - Bewusstes: die Inhalte sind voll zugänglich
> - Vorbewusstes: die Inhalte sind nicht spontan, aber durch bewusstes Bemühen zugänglich
> - Unbewusstes: die Inhalte sind trotz bewussten Bemühens nicht zugänglich

Das menschliche Unbewusste ist u. a. für die sog. Freudschen Fehlleistungen verantwortlich. Gerne zitiert wird der Redner, der sich verspricht und dabei unwillentlich seine wahren Gefühle verrät: »Ich freue mich nicht, Herrn Sowieso heute mit diesem Preis auszeichnen zu dürfen!« Peinlich! Peinlich!

Auch durch sog. somatoforme Störungen, d. h. körperliche Beschwerden ohne erkennbaren organischen Hintergrund, melden sich manchmal weise Stimmen aus nicht direkt zugänglichen Schichten der Seele zu Wort, um dir zu zeigen, dass dein Leben gerade nicht »rund läuft«. Sie fordern dich auf, nach den Gründen zu suchen und etwas zu verändern.

Hinter somatoformen Beschwerden bei Studierenden kann z. B. eine studienbezogene Fehlentscheidung stehen. Man möchte vielleicht gar nicht oder aber etwas ganz anderes studieren oder fühlt sich zwischen zwei oder auch mehr Studienalternativen hin und her gerissen.

Fallbeispiel
Ein Klient kam im ersten Semester mit dem Problem in die PBS, dass er in Klausuren, die ihm beim Durchblättern leicht lösbar erschienen, eine Schreiblähmung bekam. Er konnte seine Finger dann gewissermaßen nicht mehr bewegen. Zunächst versuchte er, auf die linke Hand – er war Rechtshänder – auszuweichen bzw. die Muskulatur gezielt zu entspannen. Aber diese Gegenmaßnahmen halfen nicht viel, und durch die Schreiblähmung benötigte er zur Bearbeitung der Aufgaben regelmäßig mehr Zeit, als ihm zur Verfügung stand. Die ärztliche Abklärung ergab keinen organischen Befund, der die Symptomatik hätte aufhellen können.

Der Klient konnte sich das Ganze nicht erklären und war verzweifelt, da er auf diese Weise Klausuren wiederholen musste, die er eigentlich mit Leichtigkeit hätte bestehen können. Schließlich wusste er sich nicht mehr zu helfen und bat um ein Beratungsgespräch in der PBS.

In den Sitzungen stellte sich heraus, dass der Student Ingenieurwissenschaften seinem Vater zuliebe studierte, der ein mittelständisches Unternehmen besaß, das der Sohn einmal übernehmen sollte, und eigentlich nicht Ingenieur, sondern Arzt werden wollte. Er suchte schließlich das Gespräch mit dem Vater, der überraschend verständnisvoll reagierte. Der Klient machte seine Studienentscheidung wieder rückgängig und schrieb sich für Medizin ein – bei seinem Abiturdurchschnitt von 1,0 war das kein Problem. Das Symptom verschwand daraufhin und trat nie wieder auf.

Es ist in vielen Fällen nicht mangelnde Befähigung, die Studenten an der Hochschule scheitern lässt, sondern es sind neben inadäquaten Lernstrategien und psychischen Problemen, zu denen u. a. »Aufschieberitis« gehört, auch solche unbewussten Steuerungsprozesse, die unter Umständen sogar an den Tag bringen, dass die Hochschule nicht der geeignete Ort für jemanden ist, vielleicht weil die Interessen eher auf praktischem oder sozialem Gebiet liegen oder weil das Streben nach Leistung und Erfolg in der persönlichen Wertehierarchie weit abgeschlagene hintere Ränge besetzt.

Manche Menschen – und darunter auch solche mit Abitur – sind in der Tat damit zufrieden, einen einfachen Job auszuüben, der es ihnen ermöglicht, ihren Lebensunterhalt zu finanzieren, ohne sie zugleich sonderlich zu fordern, sodass noch viel Zeit für Privates, z. B. Freunde, Chillen und Reisen, bleibt.

Das ist prinzipiell nicht verwerflich, wichtig ist nur, dass man um seine eigenen Bedürfnisse weiß, um keine folgenschwere Fehlentscheidung zu treffen.

13.2.2 Gewissensfragen

Eine Hilfestellung können Fragen zu individuellen Werten geben.

Wähle aus der folgenden Liste von beruflichen und privaten Werten die 10 aus, die für dich am wichtigsten sind – als Verhaltensanleitungen oder als Elemente einer positiven Lebensgestaltung. Ergänze diese Liste nach Belieben um eigene Werte.

Fragebogen zur Wertewelt
Mein höchster Wert ist …
- Abenteuer
- Allein arbeiten
- Anderen Menschen helfen
- Anerkennung
- Arbeit mit anderen
- Arbeitsdruck
- Arbeitsfrieden
- Aufregung
- Berufliches Weiterkommen
- Demokratie
- Dienst an der Öffentlichkeit
- Effektivität
- Ehrlichkeit
- Einfluss auf andere
- Engagement
- Enge Beziehungen
- Entschlusskraft
- Ethisches Verhalten
- Fachkenntnis
- Familie
- Flottes Leben
- Freundschaft
- Führung
- Geld
- Gemeinschaft
- Heiterkeit
- Helfen
- Herausforderungen
- Innere Harmonie
- Integrität
- Intellektueller Status
- Kompetenz
- Kontrolle über andere
- Kooperation
- Körperliche Herausforderungen
- Kreativität
- Kunst
- Lebendigkeit
- Leistung
- Liebe und Zuneigung
- Macht und Autorität
- Natur
- Ordnung
- Persönliche Entwicklung
- Potenzial ausschöpfen
- Qualität der Dinge, an denen ich teilnehme
- Qualitätsbeziehungen
- Reichtum
- Reinheit
- Religion
- Ruhm
- Selbstrespekt
- Sicherheit
- Sinn im Leben
- Spannende Arbeit
- Spiritualität
- Spitzenleistung
- Spontaneität
- Stabilität
- Status
- Umweltbewusstsein
- Unabhängigkeit
- Verantwortung
- Verdienstvolle Leistung
- Vielfalt und Abwechslung
- Visionen
- Wachstum
- Wahrheit
- Weisheit
- Wirtschaftliche Sicherheit

Entscheide dich im nächsten Schritt, indem du vielleicht ein oder zwei Tage verstreichen lässt, für die aus diesen 10 herausgezogenen 5 wichtigsten Werte und löse aus ihnen noch einmal die drei wichtigsten heraus. Hast du das getan, bringe diese drei in eine Rangreihe.

Anhand des Tests können verschiedene Typen unterschieden werden (s. unten).

Praktiker-Typ
Mögliche Rangreihe der drei wichtigsten Werte:
1. Fachkenntnis
2. Effizienz
3. Arbeit mit anderen

Praktiker gehören nicht zu jenen Menschen, die den ganzen Tag vor dem PC sitzen und Büroarbeiten erledigen möchten. Sie wollen sich mit »nützlichen« Dingen beschäftigen bzw. etwas mit den Händen herstellen. Zum Teil arbeiten Praktiker gerne im Team, zum Teil, vor allem wenn es kreative »Tüftler« sind, aber auch lieber allein. Sie legen großen Wert auf den Nutzen und die Wirksamkeit der von ihnen hergestellten Produkte.

Künstler-Typ
Mögliche Rangreihe der drei wichtigsten Werte:
1. Kreativität
2. Kunst
3. Persönliche Entwicklung

Junge Menschen mit dieser Wertetriade lassen sich manchmal schwer in die Regularien von Hochschulen pressen. Manche sind am glücklichsten, wenn sie einen Beruf zum Broterwerb ausüben, der ihnen Zeit lässt, ihren kreativen Interessen, sei es Malen, Schreiben, Kunsthandwerk etc., nachzugehen. Andere wählen nach einer fundierten praktischen Ausbildung den Weg in die Selbstständigkeit und machen ihre besonderen Talente zum Beruf, beispielsweise als Kunstschmied oder Fotografin. Eine dritte Gruppe schlägt sogleich nach dem Abitur eine anspruchsvolle künstlerische Laufbahn ein, etwa als Studierende an Musik- oder Kunsthochschulen.

Abenteurer-Typ
Mögliche Rangreihe der drei wichtigsten Werte:
1. Abenteuer
2. Spontaneität
3. Unabhängigkeit

Abenteurer sind meist »*sensation seekers*«, d. h., sie streben nach Abwechslung, ständig neuen Herausforderungen und extremen Erfahrungen. Ein bürgerliches Leben, eine geregelte Tätigkeit, in der man zu bestimmten Zeiten seine Arbeit aufnimmt und wieder beendet, wirken monoton und abschreckend auf diesen Typus, der oft sehr risikofreudig erscheint, reale Gefahren gerne aus seinem Blickfeld verbannt und ein wenig aus dem Holz der Helden geschnitzt ist.

Beziehungs-Typ
Mögliche Rangreihe der drei wichtigsten Werte:
1. Enge Beziehungen
2. Familie
3. Gemeinschaft

Menschen lassen sich anhand von drei basalen Motiven – nämlich Anschluss, Macht und Leistung – signifikant voneinander unterscheiden. Um diese Unterscheidung begründet treffen zu können, haben Psychologen entsprechende Tests entwickelt, die auch in der Berufsberatung eingesetzt werden. Für Personen, bei denen das Anschluss- bzw. Beziehungsmotiv dominiert, ist beruflicher Erfolg nicht in erster Linie bedeutsam. Als Studierende fühlen sie sich von Konkurrenzdenken und übertriebenem Ehrgeiz seitens ihrer Kommilitonen oft abgeschreckt. Abiturienten mit dieser Motivstruktur können prinzipiell auch in nichtakademischen »Helferberufen« wie Hebamme, Physiotherapeut/in, Erzieher/in etc., die ihnen ermöglichen, in intensive Austauschprozesse mit anderen zu treten und supportiv tätig zu sein, glücklich werden.

13.2.3 Erfolgsgeschichten ohne Uni-Abschluss

Die folgenden vier Porträts stellen Menschen vor, die fast idealtypisch einen der genannten vier Typen verkörpern:

Ingvar Kamprad – schon mit 17 Unternehmer
Ingvar Kamprad (◘ Abb. 13.1), von dem heute gar nicht mehr alle wissen, dass er das Möbelhaus IKEA begründete und trotz seines offiziellen Rückzugs aus der Führungsspitze über Stiftungen immer noch kontrolliert, war ein Bauernsohn aus Schweden, dessen Familie deutsche Wurzeln hat. Er besuchte zwar mehrere Jahre das Gymnasium, schloss aber eine Tischlerlehre an und studierte nie. Mit 17 kam er auf den Gedanken, ein kleines Unternehmen zu gründen und vertrieb zunächst alle möglichen Waren, u. a. Uhren, Kugelschreiber und auch Möbel. Seine Firma nannte er IKEA nach den Anfangsbuchstaben seines Namens, des Hofes seiner Eltern und seines Heimatorts.

In den frühen 1950er Jahren spezialisierte er sich zunehmend auf Mobiliar bzw. Innenausstattungen und entwickelte die geniale Idee, qualita-

13.2 · Wer weiß, wozu es gut war?

◘ Abb. 13.1 Ingvar Kamprad – der »Praktiker«. (© Imago, mit freundlicher Genehmigung)

◘ Abb. 13.2 Karl Lagerfeld – der »Kreative«. (© Imago, mit freundlicher Genehmigung)

tiv gute Möbel vergeichsweise sehr preisgünstig anzubieten, indem er sie von den Kunden selbst abholen und zusammenbauen ließ. Dieser innovative Ansatz begründete eine unglaubliche Erfolgsgeschichte. Noch heute unterscheidet das Selbstbedienungsprinzip IKEA von anderen etablierten Möbelhäusern, und jeder kennt das typische, sehr sachliche und zweckgerichtete Design. Kamprad wurde einer der wohlhabendsten Männer der Welt. Er ist schon lange in der Schweiz ansässig und führt dort die Liste der reichsten Schweizer an. Auch die Wirtschaftskrise vor einigen Jahren konnte seinem Vermögen, das auf ca. 24 Mrd. Euro geschätzt wird, kaum etwas anhaben.

IKEA-Möbelhäuser gibt es mittlerweile in fast allen Ländern der Erde, insgesamt existieren weltweit mehr als 300 Tochterfirmen. In Deutschland wurde das erste Haus im Jahr 1974 bei München eröffnet.

Kamprad soll übrigens eine Lese- und Rechtschreibschwäche haben und außerdem gegen eine latente Alkoholsucht kämpfen.

Karl Lagerfeld – schlechter Schüler, aber hochkreativ

Karl Lagerfeld (◘ Abb. 13.2) wuchs anders als Ingvard Kamprad in einer wohlhabenden Hamburger Kaufmannsfamilie auf.

Sein Geburtsdatum ist umstritten. Er selbst gibt 1938 an, ehemalige Mitschüler wollen wissen, dass er bereits 1933 geboren wurde. Lagerfelds Mutter zog 1953 nach Paris und nahm ihren Sohn mit. Er besuchte dort u. a. eine Modeschule und nahm auch ein Kunststudium auf, das er aber nie abschloss. Während seiner Schulzeit fiel es ihm schwer, die geforderten Leistungen zu erbringen.

Den Grundstein zu seiner Berühmtheit legte ein Wollmantel, den er 1955 entwarf und der in einem Wettbewerb des Internationalen Wollsekretariats IWS prämiert wurde. Seither führte ihn sein beruflicher Weg immer weiter nach oben.

Als künstlerischer Direktor entwickelte er für Chloé eindrucksvolle Kollektionen. Er war Chefdesigner bei Coco Chanel und belebte ihren klassischen Stil durch neue Ideen. Schließlich gründete er auch sein eigenes Label »Karl Lagerfeld« und wurde Unternehmer. Seine Muse war über viele Jahre das deutsche Topmodel Claudia Schiffer.

Daneben entdeckte er die Fotografie als weiteres künstlerisch-kreatives Betätigungsfeld. Lagerfeld gilt als Koryphäe der Modeszene und erhielt zahlreiche Auszeichnungen und Preise, u. a. den Kulturpreis der deutschen Gesellschaft für Photographie. 2003 wurde ihm von Michael Gorbatschow der «*World Fashion Award*» verliehen, 2005 ehrte man ihn mit dem begehrten «Bambi» in der Sparte »Kreativität«.

Lagerfeld ist stolz darauf, seine Erfolge ohne Abitur und Studium erreicht zu haben. Er verfügt trotzdem, so wird berichtet, über eine hohe Allgemeinbildung, wozu wahrscheinlich seine großbürgerliche Herkunft beiträgt. Außerdem nennt er eine umfangreiche private Bibliothek sein eigen, und er ist nicht nur ein besessener Arbeiter, sondern auch ein passionierter Leser.

Abb. 13.3 Jane Elizabeth Lady Ellenborough – die »Abenteurerin«, gemalt von Joseph Karl Stieler für die Schönheitengalerie König Ludwigs I. in Schloss Nymphenburg. (© Interfoto, mit freundlicher Genehmigung)

Jane Elizabeth Lady Ellenborough – die Adelige im Beduinenzelt

Jane Elizabeth (Abb. 13.3) stammte aus einer britischen Adelsfamilie, war eine Schönheit und führte ein in jeder Hinsicht sehr bewegtes, ungewöhnliches Leben. Insgesamt schloss sie vier Ehen, aus denen mehrere Kinder hervorgingen, die sie aber weitgehend bei ihren Vätern aufwachsen ließ. Neben ihren Ehen machte sie durch skandalöse Affären mit hochrangigen Männern wie etwa Felix zu Schwarzenberg, dem späteren österreichischen Ministerpräsidenten, und König Ludwig I. von Bayern von sich reden. Bis zum Alter von 46 Jahren lebte Jane Elizabeth in verschiedenen europäischen Metropolen. Dann kehrte sie Europa für immer den Rücken und begab sich auf eine Orientreise. Sie durchquerte als erste Europäerin auf Kamelen die Wüste und verliebte sich – sie war trotz ihres Alters immer noch auffallend schön – in einen 26 Jahre jüngeren Scheich, den sie 1845 heiratete. Fortan verwandelte sich die britische Adelige in eine Beduinenfrau, sie trug einen Burnus, färbte ihre blonden Haare schwarz und lernte Arabisch. Einen Teil des Jahres verbrachte sie im Beduinenzelt, den anderen in ihrem Haus in Damaskus. Die Ehe hatte übrigens allen Unkenrufen zum Trotz Bestand und endete erst mit dem Tod von Lady Ellenborough. Jane Elizabeth war äußerst gebildet, sprach neun Sprachen und verfügte auch über sehr gute medizinische Kenntnisse.

Juliette Drouet – ein Leben für die Liebe

Die Französin Juliette Drouet (Abb. 13.4) stammte aus der Provinz und war eine mittellose Waise. Sie zog nach Paris und versuchte dort, ihre ungewöhnliche Schönheit als Modell, Schauspielerin und Geliebte wohlhabender Männer in bare Münze umzuwandeln. In dieser Zeit brachte sie auch eine uneheliche Tochter zur Welt, die allerdings früh starb. Als Drouet 26 Jahre alt war, begegnete sie Victor Hugo, fasste eine tiefe Liebe zu ihm und änderte daraufhin ihr gesamtes Leben. Sie trat nicht mehr als Schauspielerin auf, ging nicht mehr aus, sondern zog sich völlig zurück und lebte nur noch für die Besuche ihres Geliebten. Sie kochte für ihn, sie

13.2 · Wer weiß, wozu es gut war?

■ **Abb. 13.4** Juliette Drouet – die »Beziehungsfrau«, Porträt von Charles-Émile Callande de Champmartin. (© dpa/picture alliance, mit freundlicher Genehmigung)

lektorierte sein Werk und sie fuhr ihm nach, wenn er mit seiner Familie eine Urlaubsreise antrat. Einmal im Jahr durfte sie ihn selbst auf seinen Reisen begleiten. Juliette Drouet verhalf Victor Hugo und seiner Familie auch zur Flucht, als der Schriftsteller Frankreich aus politischen Gründen verlassen musste, und folgte ihm sogar ins Asyl. Hugo, der sich zwar ebenfalls in Juliette verliebt hatte, jedoch stets um seinen Ruf besorgt war, verbarg seine »Affäre« vor der Öffentlichkeit. Selbst nach dem Tod seiner Ehefrau hielt er zwar an der Geliebten fest, heiratete sie aber nicht. Die Beziehung der beiden bestand mehr als ein halbes Jahrhundert lang bis zu Drouets Tod mit 77 Jahren. In all den Jahren schrieb Juliette ihrem Geliebten jeden Tag mindestens einen Liebesbrief. Am Ende ihres Lebens war diese Sammlung auf ca. 18.000 Briefe angewachsen, die der Nachwelt erhalten geblieben sind und als literarisch wertvoll gelten.

Übrigens: Juliette Drouet kannst du in Straßburg als Statue bewundern. Die Franzosen haben der »Nebenfrau« eines ihrer größten Schriftsteller ein Denkmal gesetzt. Auf der Place de la Concorde verkörpert sie in Stein gehauen »Madame Strasbourg«.

Was lernen wir daraus?

Die genannten Personen waren bzw. sind im übrigen keine »Engel«. Lagerfeld wurde wegen seiner Vorliebe für ultradünne Models schon wiederholt kritisiert, Kamprad hatte in seiner Jugend Beziehungen zu schwedischen Nationalsozialisten, Lady Ellenborough kümmerte sich kaum um ihre Kinder, und Juliette Drouet prostituierte sich, bevor sie Victor Hugo kennenlernte. Aber ihr jeweiliges Leben ist eine Erfolgsstory, weil sie unbeeindruckt von den Reaktionen ihres Umfelds ihrem eigenen Stern und der Stimme ihres Inneren folgten.

Auch in der heutigen Zeit gibt es immer noch Eltern, die ihre Kinder genau daran hindern möchten, indem sie ihnen z. B. vorschreiben, ob und was sie studieren sollen. Wenn solche Eltern gut situiert sind, sodass die Söhne und Töchter keinen Anspruch auf BAföG haben, setzen sie ihren Willen häufig durch, indem sie ankündigen, andernfalls die finanzielle Unterstützung einzustellen oder den Entzug der elterlichen Liebe androhen: »Wenn du … dann hörst du auf, unser Sohn/unsere Tochter zu sein.«

Zwar kann – so will es der Gesetzgeber – niemand gezwungen werden, ein Studium oder einen Beruf zu ergreifen, das/der nicht seinen Neigungen entspricht, sodass jungen Menschen in dieser Situation der Klageweg offen steht, aber die meisten schrecken doch vor diesem Schritt zurück und geben den elterlichen Wünschen lieber nach, wobei ihnen meist nicht klar ist, welch hohen Preis sie dafür zahlen.

Fallbeispiel

Vor einiger Zeit kam eine junge Frau zur PBS, die sich auf Wunsch ihrer Eltern nach dem Abitur in einen Lehramtsstudiengang eingeschrieben hatte. Während des Erstgesprächs wirkte sie ausgesprochen unglücklich, ja depressiv. Sie kam aus einem nördlichen Bundesland und fühlte sich in Mannheim unwohl. Außerdem wollte sie nicht Lehrerin, sondern Psychologin werden und in den nächsten Jahren eigentlich überhaupt noch nicht studieren.

Diese Studentin war mit 18 Jahren in das Model-Business eingetreten. Das Modeln machte ihr großen Spaß, und sie hatte bereits beeindruckende Erfolge zu verzeichnen. Ihr Wunsch war es, vor dem Studium erst einmal ihre Modelkarriere weiterzuverfolgen und im Rahmen dieser Tätigkeit auch internationale Aufträge anzunehmen. Diese Wünsche scheiterten aber am Widerstand der Eltern, die für ihre Tochter eine sichere berufliche Zukunft anstrebten.

Als die Klientin ihre Gespräche in der PBS aufnahm, befand sie sich in einer aktuellen Krise, da sie von ihrer Agentur ein Angebot für New York erhalten hatte und sich jetzt zwischen Modeln und Studieren entscheiden musste.

Ihre Stimmung besserte sich erst, nachdem sie verinnerlicht hatte, dass allein sie selbst als erwachsene junge Frau für ihr Leben verantwortlich war. Sie entschied sich, den Model-Job auch gegen den Willen ihrer Eltern, die mit Unverständnis und Zorn reagierten, weiter auszuüben und verließ die Stadt, um in New York zu arbeiten.

Derart selbstbezogene Eltern spielen ein gefährliches Spiel und riskieren, ihre Kinder zu verlieren. Man sollte ihnen warnend die Worte von Angelina Jolie nahebringen, deren Vater sich nicht scheute, ihr in aller Öffentlichkeit schwerwiegende seelische Probleme zu attestieren, um sich selbst in egoistischer Weise ins Rampenlicht zu stellen:

》 My father and I don't speak. I don't believe that somebody's family becomes their blood. Because my son's adopted, and families are earned. 《

Merke!
》 Jedem Anfang wohnt ein Zauber inne. (Hermann Hesse) 《

— Das Scheitern im Studium wird manchmal zum eigenen Besten unbewusst gesteuert!
— Dein Leben kann auch ohne Studium sehr erfolgreich sein!

Literatur

BiBB (Bundesinstitut für Berufsbildung) (Hrsg) (2011) Die anerkannten Ausbildungsberufe. W. Bertelsmann, Bielefeld

Bolles RN, Leitner M (2009) Durchstarten zum Traumjob: Das ultimative Handbuch für Ein-, Um- und Aufsteiger. Campus, Frankfurt/M

Hennig A, Kunkel A (2003) Karrieren unter der Lupe: Erfolgreiche Studienabbrecher. Lexika, Würzburg

Öttel C, Härter G (2005) Studienabbruch, na und! Bw Verlag, Nürnberg

Pusch LF (2007) Berühmte Frauen. Kalender. Suhrkamp, Berlin

The People Lexicon. http://www.whoswho.de

Verse-Herrmann A, Herrmann D (2007) 1000 Wege nach dem Abitur: So entscheide ich mich richtig. Eichborn, Frankfurt/M

Zimbardo PG, Gerrig JR (2004) Psychologie, 16. Aufl. Pearson, München

Vom Schreibmuffel zum Schreibfan

Kapitel 14   Schrift und Schreiben – 193

Kapitel 15   Die Macht des geschriebenen Wortes – 207

Schrift und Schreiben

14.1 Der weite Weg zur Schrift – 194
14.1.1 Mal- und Handwerkskunst – 194
14.1.2 Die ersten Schriftzeugnisse – 194
14.1.3 Das Vermächtnis der Gene – 196
14.1.4 Die Weltgemeinschaft – 198

14.2 Schreiben schützt vor Vergessen – 199
14.2.1 Unser Gedächtnis ist begrenzt – 199
14.2.2 Reale Zeit und gefühlte Zeit – 200

14.3 Führe Tagebuch – 201
14.3.1 Du bist nie allein – 201
14.3.2 Du kannst »Dampf ablassen« – 201
14.3.3 Du nimmst dich wichtig – 202
14.3.4 Du lebst bewusster – 202
14.3.5 Du wirst aktiver – 202

14.4 Manuell oder virtuell? – 203
14.4.1 Manuelle Medien – 203
14.4.2 Virtuelle Medien – 203
14.4.3 Übung macht den Meister – 205

Literatur – 206

> In der Literatur wie im Leben hat jeder Sohn einen Vater, den er aber freilich nicht immer kennt oder den er gar verleugnen möchte. (Heinrich Heine) «

14.1 Der weite Weg zur Schrift

Moderne Medien wie digitale Fotoapparate, Kameras, Handys usw. sind sehr junge Erfindungen innerhalb der Menschheitsgeschichte. Die ersten Fotografien und bewegten Bilder stammen aus dem Ende des 19. Jahrhunderts und durchlaufen bis zum heutigen Tag eine rasante Entwicklung. Das IT-Zeitalter mit seinen PCs, Laptops, iPads, iPods usw. ist sogar erst vor ca. 30 Jahren ausgebrochen und hat die Welt, wie jeder weiß, revolutioniert.

14.1.1 Mal- und Handwerkskunst

Wenn Menschen früherer Epochen etwas außerhalb direkter Kommunikationsformen mitteilen oder für die Nachwelt bewahren wollten, so taten sie dies zunächst in schriftloser Form.

Die kunstvollen Höhlenmalereien der ersten Europäer liefern uns Hinweise auf das Leben unserer Vorfahren in der Urzeit. Wenn auch die Deutungen der Malereien bzw. der Zweck ihrer Entstehung umstritten sind, so informieren sie uns dennoch über die längst versunkene Welt dieser Menschen, über die Tiere, die sie umgaben, und die Jagdformen, die ihnen das Überleben sicherten.

Andere Vetter aus jenen Tagen betätigten sich als Kunsthandwerker und schufen die berühmte Himmelsscheibe von Nebra, die in die Bronzezeit datiert wird, also von Künstlern hergestellt wurde, die um 1600 v. Chr. lebten. Die Himmelsscheibe von Nebra – wenngleich auch hier unterschiedliche Deutungsansätze existieren – lehrt uns, dass die ersten Europäer bereits über beachtliche astronomische Kenntnisse verfügten, denn sieben der in Form von Goldblättchen abgebildeten »Sterne« stellen das Sternbild der Plejaden dar.

14.1.2 Die ersten Schriftzeugnisse

Nachdem die ersten Schriftzeichen erfunden waren, wurden wichtige Ereignisse zunächst auf Tontafeln oder Steinen bzw. auf Papyrusrollen und später Papier festgehalten. Seitdem die Schreibkunst existiert, sind wir über historische Begebenheiten und das Leben der Menschen aus zurückliegenden Jahrtausenden sehr viel detaillierter und zuverlässiger informiert.

Die Sumerer
Das älteste Volk, das die Geschehnisse schriftlich tradierte, war das sumerische. Die Sumerer waren Indoarier unbekannter Provenienz, die in das Gebiet zwischen Euphrat und Tigris einwanderten und dort die erste uns bekannte Hochkultur der Menschheitsgeschichte schufen. Sie entwickelten den Gewölbebau und besaßen umfangreiche Kenntnisse in Astronomie und Mathematik. Außerdem verfügten sie über ein differenziertes Verwaltungs- und Gerichtswesen sowie ein Schulsystem, das unterschiedliche Curricula für eine grundlegende und eine höhere Bildung von Knaben aufwies.

Die Sprache der Sumerer ist eine »isolierte«, d. h., sie weist keine Verwandtschaft mit einer heute noch gesprochenen oder rekonstruierten Sprache auf. Niedergeschrieben wurde sie in der ältesten uns bekannten Schrift, der Keilschrift, deren Zeichen man mit Schilfrohr in feuchten Ton presste (◘ Abb. 14.1). Diese Schrift entwickelte sich von einer reinen Bilderschrift zu einer Silbenschrift und wurde fast 2000 Jahre lang von den Völkern Vorderasiens verwendet, bis die sehr viel einfachere Buchstabenschrift an ihre Stelle trat.

Die Königslisten von Ur, die gegen Ende des 3. Jahrtausends v. Chr. abgefasst wurden, listen auf einem Tonquader in Keilschrift Herrscher von dem 4. Jahrtausend bis zum Anfang des 2. Jahrtausends vor unserer Zeit auf. Die Angaben zu den einzelnen Königen, die Namen und Regierungszeiten enthalten zwar viele historisch unwahre Züge, aber sie demonstrieren bereits ein tiefes Verständnis für die Bedeutung von Geschichte und bezeugen den Wunsch, der Nachwelt Angaben über die einzelnen Potentaten und Dynastien zu überliefern. Daher

14.1 · Der weite Weg zur Schrift

◘ **Abb. 14.1** Assyrisches Wandbild einer Hand mit Keilschrift. (© Shutterstock, mit freundlicher Genehmigung)

geben diese Königslisten, trotz mangelnder historischer Korrektheit, die Frühgeschichte des sumerischen Stadtstaates Ur deutlich wider.

Die Ägypter

Die zweite vor Tausenden von Jahren entstandene, uns überlieferte Schrift hat ihren Ursprung in Nordafrika, es ist die Hieroglyphenschrift der Ägypter (◘ Abb. 14.2). Zunächst stellten auch die Hieroglyphen reine Bildsymbole dar, später fügte man zahlreiche Konsonanten- und Sinnzeichen hinzu. Ursprünglich bestand diese Schrift aus ca. 700 Zeichen, die aber im Laufe der Zeit auf bis zu 7000 anwuchsen.

Die ◘ Abb. 14.3 zeigt den Stein von Rosette, der während des Ägyptenfeldzugs von Napoleon Ende des 18. Jahrhunderts entdeckt wurde. Der Inhalt enthält ein Dekret der Priesterschaft zu Ehren des Pharaos Ptolemaios V. Da die Inschrift in drei Schriften abgefasst ist – Hieroglyphen, Demotisch (eine zweite altägyptische Schrift) und Altgriechisch -, gelang es 1822 dem Franzosen Jean-François Champollion, die Hieroglyphen erstmals zu entziffern.

Einige ägyptische Papyrusrollen handeln nicht von großen Herrschergestalten und ihren Bauten und Eroberungen, sondern erzählen uns etwas über das Leben der einfachen Bürger und das Glaubens- und Rechtssystem jener Zeit. Ein uns überliefertes bewegendes Schicksal handelt von eineiigen Zwillingen, die im 3. Jahrhundert v. Chr. im ägyptischen Memphis lebten.

◘ **Abb. 14.2** Stein mit altägyptischen Hieroglyphen. (© Shutterstock, mit freundlicher Genehmigung)

Die Zwillingsschwestern von Memphis

Die beiden jungen Mädchen führen ein sorgenfreies Leben, bis ihre Mutter den Vater, einen wohlhabenden Geschäftsmann, von ihrem Liebhaber, einem griechischen Soldaten, erschlagen lässt, um mit dem Geliebten zusammenzuleben und das gesamte Vermögen zu erben. Nach dem Mord jagt die Mutter die Zwillinge aus dem Haus. Sie machen sich auf den Weg nach der heiligen Stadt Sakkara und wenden sich dort an den Traumdeuter Ptolemaios, der ein guter Freund ihres Vaters war. Ptolemaios nimmt die beiden Mädchen auf, und wenig später scheint sich ihr Schicksal zum Guten zu wenden, denn die eineiigen Zwillinge steigen zu Priesterinnen des Apis-Kultes auf. Auf diese Weise erhalten sie ein regelmäßiges, wenn auch geringes Einkommen und ein kleines Vermögen in Form eines Schuldscheins, das ihnen zufallen soll, wenn nach dem Tod des nächsten Stiers andere Zwillingsmädchen das Priesteramt versehen werden. Die kaltherzige Mutter erfährt davon und sendet ihren Sohn, den Halbbruder der Töchter, nach Sak-

◘ **Abb. 14.3** Stein von Rosette (Ausschnitt). (© dpa/picture alliance, mit freundlicher Genehmigung)

kara, um die Ersparnisse und den Schuldschein zu rauben. Der Diebstahl gelingt. Die Zwillinge sind verzweifelt und bitten Ptolemaios, in ihrem Auftrag einen Brief an den Pharao zu verfassen, in dem sie ihren Fall ausführlich schildern und die dringende Bitte äußern, der Herrscher möge ihnen zu ihrem Recht verhelfen.

Die beiden Schwestern erhielten nie eine Antwort, aber den Bittbrief an den Pharao fand man 2000 Jahre später vollständig erhalten bei Ausgrabungen in Sakkara.

(Die Geschichte der beiden Mädchen wurde im Rahmen der vierteiligen Dokumentation »Die alten Ägypter« verfilmt und am 4.1.2010 auf dem TV-Kanal Phönix gesendet.)

Die Phönizier

Die erste uns überlieferte Buchstabenschrift stammt von den Phöniziern, einem semitischen Handels- und Seefahrervolk, das in Kanaan ansässig war. Die Phönizier gründeten mächtige Stadtstaaten an der syrisch-palästinensischen Küste, u. a. Tyrus, die Mutterstadt Karthagos, der großen Gegenspielerin Roms.

Die phönizische Schrift umfasste 22 Buchstaben und wurde von rechts nach links geschrieben. Es handelte sich um eine reine Konsonantenschrift. Auf Vokale konnte verzichtet werden, da die Wurzel der Wörter in semitischen Sprachen aus drei aneinandergereihten Konsonanten besteht.

Diese Buchstabenschrift dominierte in Vorderasien vom 11. bis zum 5. Jahrhundert v. Chr. und begründete die meisten uns bekannten Buchstabenfolgen, auch das lateinisches Alphabet. Zunächst wurde sie von den Juden übernommen und stellt somit die Urform des hebräischen, aber auch des arabischen Alphabets dar. Die Griechen entwickelten die Buchstabenfolge der Phönizier weiter, indem sie Vokale hinzufügten und sie den Erfordernissen einer ganz anderen, nämlich indogermanischen Sprache anpassten.

Entstanden ist diese Schrift nach Auffassung von Sprachwissenschaftlern vermutlich aus bestimmten ägyptischen Hieroglyphen, welche für Silben standen, die nur einen einzigen Konsonanten enthielten.

Die einzelnen Buchstaben und ihre Abfolge lassen noch deutlich die ursprünglich enge Verwandtschaft erkennen:
− Phönizisch: Aleph, Beth, Gimel,
− Hebräisch: Aleph, Beth, Gimel,
− Griechisch: Alpha, Beta, Gamma,
− Lateinisch: A, B, C,
− Usw.

14.1.3 Das Vermächtnis der Gene

Warum muss man überhaupt wissen, was sich vor der eigenen Lebenszeit ereignet hat?

Die Antwort liegt auf der Hand: Niemand von uns kommt als unbeschriebenes Blatt zur Welt, sondern jeder ist in den breiten Strom menschlichen Lebens, der lange Zeit vor unserer Geburt seinen Anfang nahm, eingebettet.

Wir werden nicht als Einsiedler geboren, sondern gehören einer Familie und einem Volk an, deren Mitglieder eine bestimmte Historie verbindet und die ihr Erbe in Wort und Schrift sowie durch die Gene an nachfolgende Generationen weitergegeben haben. Ohne diese Wurzeln zu kennen, vermögen wir Phänomene und Probleme der Gegenwart nur unzureichend zu verstehen.

Und wer sind deine Vettern und Cousinen aus der Steinzeit?

Wenn du wissen möchtest, von welchem antiken Urvolk du abstammst und wo deine Vorfahren im Mittelalter lebten, so kannst du dies für ein vergleichsweise geringes Entgelt über einen Gentest mit einer wissenschaftlich überprüften Zuverlässigkeit, die zwischen 95 und 99 Prozent liegt, erfahren. Unter anderem bietet das Schweizer Institut Igenea (www.igenea.com) derartige Tests an.

Hinweise darauf, dass wir einen Teil der Überlieferungen unserer direkten Vorfahren sowie der Erfahrungen aller Menschen schon bei der Geburt auf den Genen tragen, liefert der noch junge Wissenschaftszweig der Epigenetik, aus der sich u. a. folgende Erkenntnisse ableiten lassen:
- Traumatische Erfahrungen können Spuren auf den Genen hinterlassen.
- Bestimmte Ängste scheinen Teil des allgemeinen Menschheitserbes zu sein.
- Eine genetische Erklärung von Reinkarnationsphänomenen wäre denkbar.

Es wird mittlerweile seitens der Wissenschaft für möglich gehalten, dass Traumata in der Kindheit – Vernachlässigung, Misshandlungen, Missbrauch – das Erbgut von Betroffenen verändern, sodass dies an ihre Kinder und Kindeskinder weitergegeben wird.

Derartige Erfahrungen – das ergaben Tierversuche und auch Untersuchungen an den Gehirnen von Suizidanten mit einer entsprechenden Vorgeschichte – scheinen in den Hippokampus einzugreifen, eine Hirnregion, der eine zentrale Bedeutung für Lern- und Gedächtnisfunktionen zukommt. Die Wissenschaftler fanden heraus, dass ein bestimmtes Gen, das an der Verarbeitung und Bewältigung von Stress beteiligt ist, bei Menschen, die in ihrer Kindheit sexuellem Missbrauch ausgesetzt waren und die freiwillig in den Tod gegangen sind, in diesem Areal seine Funktionsfähigkeit eingebüßt hatte, indem es nicht mehr aktiv, sondern gewissermaßen »abgeschaltet« war.

Ein anderes Beispiel: Bei fast allen Phobien, also einer übersteigerten Furcht vor bestimmten Situationen, Orten, Menschen, Tieren usw., spielt Lernen eine wesentliche Rolle. Das ist ein empirisch außerordentlich gut bestätigtes Faktum. Es ist jedoch interessanterweise ebenso eine Tatsache, dass sich Phobien fast ausschließlich auf Stimuli richten, die potenziell gefährlich sind und die es schon zur Zeit der Eiszeitmenschen gegeben hat, etwa Schlangen, Gewitter, große Höhe usw. Es existiert z. B. keine Phobie, die sich auf eine duftende Rose oder eine Steckdose richtet.

Wie ist das zu erklären? Dem amerikanischen Psychologen Martin E. P. Seligman zufolge hat der Mensch im Laufe der Evolution eine sog. »*biological preparedness*« erworben, die ihn dafür prädisponiert, unter bestimmten Umständen auf »archaische« Reize, die potenziell lebensbedrohlich sind, phobisch zu reagieren. Diese These wird dadurch gestützt, dass auch die künstliche Erzeugung von Phobien nur gegenüber möglicherweise gefährlichen Reizen gelingt.

Little Albert und die klassische Konditionierung
Bei der klassischen Konditionierung von Angstreaktionen wird ein »unbedingter« (unkonditionierter) Reiz, auf den jeder Mensch mehr oder weniger erschreckt reagiert – z. B. ein plötzlicher lauter Knall, – an einen »bedingten« (konditionierten) Reiz – z. B. den Anblick eines Tieres – gekoppelt. Es konnte nachgewiesen werden, dass nach mehrmaliger gemeinsamer Darbietung beider Reize die Angst, die sich zunächst nur auf den unbedingten Auslöser richtete, auf den nicht von vornherein beängstigenden Reiz übertragen wird und dass die Angstreaktion schließlich auch hervorgerufen werden kann, wenn nur der bedingte Reiz alleine präsentiert wurde. Diese Form des Lernens wird klassische Konditionierung genannt und geht auf den berühmten russischen Mediziner Pawlow zurück (»Pawlowscher Hund«).

In einem aus heutiger Sicht durchaus umstrittenen Experiment erzeugten im Jahre 1920 der amerikanische Psychologe John Watson und seine Assistentin Rosalie Rayner eine Angstreaktion gegenüber einer weißen Ratte bei einem 11 Monate alten Jungen namens Albert: Das Kind zeigte zunächst keine Furcht vor der Ratte, sondern versuchte, mit ihr zu spielen. Als die Versuchleiter aber, sobald Albert nach dem Tier greifen wollte, ein lautes Geräusch erzeugten, d. h. einen per se angsterzeugenden Reiz, erschrak der Junge und zuckte zurück. Nach einigen wenigen Versuchen übertrug er Angst vor dem Lärm auf die Ratte. Es genügte jetzt, die Ratte in Alberts Nähe zu bringen, damit das Kind auch ohne zusätzliche erschreckende Geräusche Anzeichen von starker Furcht zeigte.

Die beiden Forscher waren ethisch immerhin so verantwortungsvoll, dass sie bei Albert im Anschluss an das Experiment wenigstens eine Gegenkonditionierung durchführen wollten, aber aufgrund widriger Umstände kam es nicht mehr dazu.

Dieses Experiment wäre mit einem Myrthenzweig, der im Vergleich zu Ratten, die beißen und Krankheiten übertragen können, völlig harmlos ist, kaum möglich gewesen.

Unter den direkten Vorfahren der gegenwärtigen Menschen waren höchstwahrscheinlich etliche »Cleverle«, die hochgradig ängstlich in Bedrohungssituationen reagierten und z. B. schneller als ihre etwas phlegmatischeren Clan-Mitglieder die Beine in die Hand nahmen, wenn sich ein riesiger Höhlenbär näherte (◘ Abb. 14.4).

Ernst zu nehmende Reinkarnationsforscher wie etwa Professor Ian Stevenson, dem mittlerweile verstorbenen Begründer dieser Forschungsrichtung, der in Asien Kinder befragte, die spontan und sehr detailliert von früheren Leben an Orten berichteten, wo sie nachweislich nicht gewesen sein konnten, schließen nicht aus, dass es sich bei einigen dieser Phänomene um eine Art Reinkarnation durch das Erbgut handeln könne. Manche Kinder erzählten von Ereignissen, die ihre Vorfahren – etwa der Großvater, die Urgroßmutter – erlebt hatten. Stevenson hält es für möglich, dass diese Fälle durch eine Art genetisches »Gedächtnis« zu erklären sind, indem die Erfahrungen direkter Blutsverwandter »vererbt« wurden. Dabei handelte es sich meist um außergewöhnliche Schicksale, z. B. Tod durch eine Gewalttat, die womöglich Spuren auf den Genen hinterließen (Stevenson 2003).

◘ **Abb. 14.4** Reißaus mit Gebrüll!

Genetisches »Gedächtnis«

» Nach der Theorie des genetischen ‚Gedächtnisses' entstehen die vermeintlichen Erinnerungen an frühere Leben durch plötzliches Auftauchen von Erlebnissen der Urahnen der Hauptperson. Diese ‚erinnert' sich visuell oder in anderer Weise dessen, was einst ihre Vorfahren erlebt haben, geradeso wie z. B. ein Vogel sich ‚erinnert', wie er zu fliegen hat, nachdem er aus dem Nest gestoßen worden ist. Bei dieser Interpretation werden die Erinnerungen an frühere Leben im Hinblick auf ihre Details zu interessanten Kuriositäten, sind aber nicht bemerkenswerter als andere Aspekte des Verhaltens, die wir der Vererbung zuschreiben und ‚Instinkt' nennen (Stevenson, 2003, S. 351). «

14.1.4 Die Weltgemeinschaft

Warum sollten wir nicht nur um das Leben der Menschen aus vergangenen Geschichtsepochen wissen, sondern auch verstehen, wie Menschen, die einer anderen Kultur angehören, in der Gegenwart »ticken«? Da die Weltgemeinschaft immer näher zusammenrückt und Internationalisierungsprozesse in hohem Maße um sich greifen, ist dieses Verständnis in der heutigen Zeit wertvoll und unverzichtbar.

Aber warum genügt es nicht, einfach alles, was interessant erscheint und festgehalten werden soll, mit der Kamera oder dem Fotohandy einzufangen?

Abb. 14.5 Zerstreuter Professor in spe!

Ein wichtiger Grund besteht darin, dass Bilder und Filmsequenzen keineswegs unbedingt selbsterklärend sind, sondern oft der kommentierenden Entschlüsselung, der Interpretation durch »Eingeweihte« bedürfen, um verstanden zu werden. Dies gilt vor allem beim Eintauchen in fremde Kulturen. So bedeutet ein »stummer« Dokumentarfilm über das Leben eines Indianerstammes in Amazonien für »Nichtamazonier« kaum einen größeren Erkenntnisgewinn, wenn nicht zugleich das entsprechende Hintergrundwissen vermittelt wird. Und man muss sich bereits mit der Kultur und dem Selbstverständnis der Massai befasst haben, um folgende Szene nachvollziehen zu können:

Bei den Massai

» Jetzt wohne ich zum ersten Mal der Zerlegung eines Tieres bei. Am Hals wird ein Schnitt gemacht und während der Bruder am Fell zieht, entsteht eine Art Mulde, die sich sofort mit Blut füllt. Angeekelt schaue ich zu und wundere mich, als sich Lketinga tatsächlich über diese Blutlache beugt und mehrere Schlucke daraus schlürft. Sein Bruder macht dasselbe. Ich bin entsetzt, sage jedoch kein Wort. Lachend zeigt Lketinga auf die Öffnung: ‚Corinne, you like blood, make very strong!' Verneinend schüttle ich den Kopf (Hofmann, 2000, S. 125). «

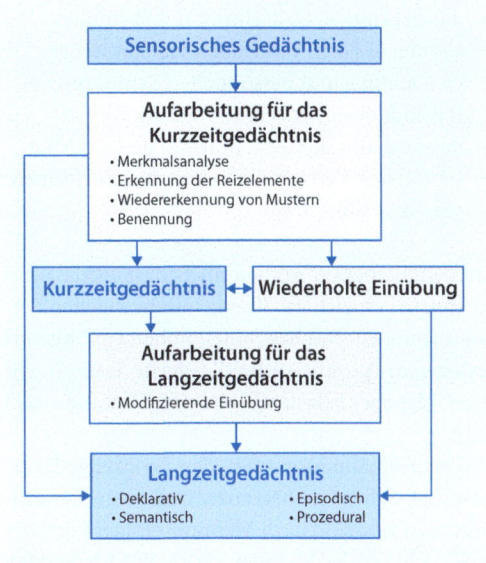

Abb. 14.6 Das menschliche Gedächtnis – Mehrspeichermodell

14.2 Schreiben schützt vor Vergessen

Um Ereignisse aus der Geschichte eines Volkes oder einer Familie bzw. aus dem Leben eines Einzelnen festzuhalten, stellt die Schriftform immer noch ein geeignetes und bedeutsames Medium dar. Damit wichtige Eindrücke und existenzielle Erfahrungen nachhallen können, sollte man sie niederschreiben, zumal auf unser Gedächtnis wenig Verlass ist.

14.2.1 Unser Gedächtnis ist begrenzt

Das menschliche Gedächtnis ist nicht so tüchtig, wie gerne angenommen wird und wie es wünschenswert wäre (Abb. 14.5). Gerade Studierende überschätzen meist die Leistungsfähigkeit ihres Gedächtnisses und wundern sich, dass Lernstoffe, die sie sich am Abend mühsam eingeprägt haben, am darauffolgenden Morgen schon nicht mehr vollständig abrufbar sind.

Diese Begrenztheit gilt sowohl für den Kurzzeit- wie für den Langzeitspeicher. Unser Langzeitgedächtnis lässt sich in zwei Haupttypen einteilen (Abb. 14.6):

- das deklarative Gedächtnis, das abstraktes Wissen in Form von Fakten (semantisches Gedächtnis) und persönlichen Erinnerungen (episodisches Gedächtnis) speichert,
- das prozedurale Gedächtnis, in dem erlernte motorische Fertigkeiten wie etwa Schwimmen verankert sind.

Am dauerhaftesten werden im Langzeitgedächtnis Ereignisse gespeichert, die eng mit der eigenen Person verbunden sind bzw. einen hohen Gefühlswert besitzen, der positiv – etwa die eigene Traumhochzeit – oder aber belastend – etwa ein Trauma – sein kann.

Die Aufnahmekapazität des Langzeitgedächtnisses ist nahezu unbegrenzt, und seine konsolidierten Inhalte sind nach Meinung einiger Forscher auch nicht wieder löschbar, da sie mit bleibenden neuronalen Veränderungen einhergehen. Aber die gespeicherten Erinnerungen können vergessen werden, indem sich u. a. Gedächtnisspuren mit der Zeit abschwächen (Spurenzerfallshypothese), diese mit neuen Inhalten interferieren (Interferenzhypothese) oder der Zugang zu einem Gedächtnisinhalt erschwert ist (Retrieval-Cue-Hypothese), sodass sie nicht mehr bzw. nicht ohne Weiteres abgerufen werden können.

Mit dieser Begrenztheit des menschlichen Gedächtnisses hängt zusammen, dass wir viele Begebenheiten unseres Lebens, Menschen, die wir einmal trafen, Orte, an denen wir lebten usw., im Laufe der Jahre »vergessen« und uns diese »Lebensstrecken« gar nicht mehr oder günstigenfalls nur noch mithilfe von »Erinnerungskrücken« – Bilder, Stichworte etc. – ins Gedächtnis zurückrufen können. Das heißt, ein großer Teil unseres eigenen Lebens versinkt im Meer des Unbewussten, dem Bereich unserer Psyche, der dem Bewusstsein verschlossen bleibt.

Kleiner Gedächtnistest
- Erinnerst du dich noch an den ersten Schultag in der 4. Klasse?
- Weißt du noch, welche Noten du in der 10. Klasse hattest?
- Kannst du die Augenfarbe deiner ersten großen Liebe nennen?
- Weißt du noch, wie dein Kinderzimmer aussah, als du fünf warst?
- Kennst du die Nachnamen deiner Mitschüler aus der ersten Klasse?

Sicherlich konnten viele von euch, obwohl eure Speicherfähigkeiten wahrscheinlich mindestens gut durchschnittlich bzw. überdurchschnittlich sind, nicht alle Fragen beantworten.

14.2.2 Reale Zeit und gefühlte Zeit

Aufgrund dieser begrenzten menschlichen Gedächtniskapazitäten haben die Älteren unter uns oft das Gefühl, das Leben sei regelrecht an ihnen vorbeigezogen. Die Zeiger der gefühlten Zeit drehen sich im Laufe der Jahre immer schneller, wobei das subjektive Zeitempfinden mit der physikalisch definierten Zeit, die in immer gleichen Abständen verläuft, wenig zu tun hat.

Zeiten, die prall gefüllt sind mit Ereignissen, scheinen, wenn wir sie real erleben, nur so dahin zu fliegen, während ereignisarme Perioden eher schleppend verrinnen. Interessanterweise kehrt sich dieses Verhältnis in der Rückschau jedoch um. Ereignisreiche Monate und Jahre erlebt man in der Erinnerung nämlich als lang und ereignisarme als kurz. Meist sind es dabei die jungen Jahre, die man als intensiv und prägend erlebt. Warum ist das so? Kindheit und Jugend sind charakterisiert durch einschneidende körperliche Veränderungen wie Wachstum, Ausbildung der sekundären Geschlechtmerkmale usw., und die biologische Uhr tickt noch sehr schnell. Außerdem enthält das Leben in jener Zeit viele bedeutsame Zäsuren – Einschulung, Abitur, Studium, Berufseinstieg, Familiengründung –, die das Gehirn verarbeiten und auf die man sich psychisch einstellen muss. Im Leben eines Rentners hingegen, sofern er kaum noch über Außenkontakte verfügt und seine Tage vor dem Fernseher verbringt, fehlen solche Meilensteine.

Die Alterselegie Walthers von der Vogelweide (* um 1170, † 1230) setzt diese allgemein menschliche Erfahrung dichterisch um:

> Owê war sint verswunden alliu mîniu jâr!
> Ist mir mîn leben getroumet, oder ist ez wâr?
> Daz ich ie wânde ez wære, was daz allez iht?
> Dar nâch hân ich geslâfen und enweiz es niht.
> Nû bin ich erwachet, und ist mir unbekant
> daz mir hie vor was kündic als mîn ander hant.
> Liut unde lant, dar inn ich von kinde bin erzogen,
> die sint mir worden frömde reht als ez sî gelogen. «

In der Übersetzung ins Hochdeutsche bedeutet das:
Owe, wohin sind alle meine Jahre verschwunden! Habe ich mein Leben nur geträumt oder ist es wahr gewesen? Wovon ich immer glaubte, dass es sei, hat das alles gar nicht existiert? Demzufolge habe ich geschlafen und weiß es nicht. Nun bin ich erwacht und mir ist nicht mehr vertraut, was mir zuvor so bekannt war wie meine eigene Hand. Land und Leute, mit denen ich als Kind aufgewachsen bin, die sind mir so fremd geworden, ganz so als sei alles erlogen gewesen.

14.3 Führe Tagebuch

Indem man schriftliche Notizen anfertigt und eine Art Tagebuch führt, kann man diesen Vergessenseffekten entgegenwirken. Ein Erinnerungsbuch anzulegen hat aber noch weitere heilsame Wirkungen, die über das Bewahren wichtiger Lebensdaten hinausgehen (▶ Abschn. 1.1.4).

Übrigens: Schreiben ist geschlechtneutral!
Es sollte im Jahr 2012 eigentlich nicht mehr notwendig sein, der Meinung entgegenzutreten, dass das Führen eines Tagebuchs eine eher weibliche Angelegenheit sei. Autobiografisches Schreiben als »Weiberkram« abzutun, ist nicht nur sexistisch, sondern auch anachronistisch. Immerhin verzeichnet das Deutsche Tagebucharchiv in Emmendingen, dessen ältestes Tagebuch aus dem 18. Jahrhundert stammt, bereits ein Geschlechterverhältnis von 60 Prozent weiblichen zu 40 Prozent männlichen Verfassern. Außerdem gibt es nicht nur berühmte Tagebuchschreiberinnen, sondern auch sehr bekannte Tagebuchschreiber wie der Romanist Victor Klemperer (▶ Abschn. 14.3.5), der Schriftsteller und Philosoph Ernst Jünger und andere mehr.

14.3.1 Du bist nie allein

Einem bestimmten Medium mehr oder weniger regelmäßig persönliche Eindrücke und Gedanken anzuvertrauen, kann dieses Medium in gewisser Weise personalisieren. Diese Bedeutung hatte in früheren Zeiten das klassische Tagebuch, das vor allem für junge, sich unverstanden fühlende Mädchen zu einer wichtigen Intima wurde.

Das Tagebuch

> ‚Oh, ein schönes Buch!' rief Nellie plötzlich und nahm aus dem Koffer ein Buch, elegant in braunes Leder gebunden. In der Mitte des Deckels befand sich ein kleines Schild mit den eingravierten Worten: Ilses Tagebuch.
> Ilse nahm es Nellie aus der Hand und sah es verwundert an. Was war das für ein Buch? Sie wußte nichts davon. Ein kleiner Schüssel steckte in dem Schloß, und als Ilse es aufschloß, fiel ein beschriebenes Blatt gerade vor ihre Füße.
> Sie hob es auf und las:
> ‚Mein liebes Kind!
> Möge dieses Buch dein treuer Freund in der Fremde sein! Wenn Dein Herz schwer ist, flüchte zu ihm und teile ihm mit, was Dich bedrückt! Es wird verschwiegen sein und dein Vertrauen nie mißbrauchen.
>
> Gedenke in Liebe
> Deiner
> Mama' (von Rhoden, 1962, S. 25). «

Heute übernimmt das Video-Tagebuch oder das Web-Log für viele Au-pairs und Austauschstudenten, die sich in ihrem Gastland einsam fühlen, eine ähnliche Funktion.

14.3.2 Du kannst »Dampf ablassen«

Sich in Schriftform mit persönlichen Erlebnissen und damit verbundenen Emotionen zu befassen, hat den Vorteil, dabei kein Blatt vor den Mund nehmen zu müssen. Man kann sich, was im realen Leben eher selten der Fall ist, da negative Konsequenzen drohen, zumindest verbal so richtig austoben. Es ist möglich, ohne Sanktionen fürchten zu müssen, Wut, Verzweiflung, Hass, aber auch geheime Sehnsüchte und Wünsche nicht nur zuzulassen, sondern zudem in Worte zu fassen. Das trägt einmal zur psychischen Entlastung bei, und zum anderen zeichnen sich Gefühle durch den Filter des Schreibens viel klarer ab.

Du lernst dich außerdem selbst besser kennen, indem du tabuisierte Inhalte nicht verdrängst und in finstere Kammern deines Unbewussten verbannst, wo sie jedoch wie Halloween-Geister weiterhin spuken und an die Oberfläche gelangen wollen. Gleichzeitig nimmt die Gefahr ab, dass dich destruktive Affekte in unkontrollierbarer Weise überfluten und vielleicht zu Taten treiben, die du hinterher bereust. Der Akt des Schreibens schafft nämlich in der Regel eine heilsame Distanz gegenüber extremen Emotionen.

14.3.3 Du nimmst dich wichtig

Wer Tagebuch führt, interessiert sich nicht nur dafür, was sich in seinem Leben aktuell ereignet, sondern nimmt sich auch als Person wichtig. Es ist höchst ungewöhnlich, dass jemand, der sich ständig abwertet und von seinen Mitmenschen geringschätzig behandeln lässt bzw. eigene Bedürfnisse zugunsten anderer stets zähneknirschend zurückstellt, die Anstrengung unternimmt, seine persönlichen Empfindungen und Erfahrungen regelmäßig zu notieren, um sich auf diese Weise mit sich selbst auseinanderzusetzen. Wäre es anders, würde diese Person wahrscheinlich irgendwann aus ihren deprivierenden Lebensverhältnissen ausbrechen.

Dem eigenen Ich ein hohes Maß an Achtung entgegenzubringen, ist eine zentrale Voraussetzung, um ein glückliches Leben zu führen. Und wer sich als wertvolles Individuum begreift und zu verstehen versucht, kann auch die Individualität und Bedürfnisse anderer leichter anerkennen.

Ein gesunder Narzissmus, fern von Selbstverachtung oder übersteigerter Selbstliebe, ist sowohl für die psychische Gesundheit als auch für ein gedeihliches Zusammenleben mit unseren Mitmenschen wichtig. Personen, die an psychischen Störungen wie Depressionen erkranken, oder Menschen, die ständig mit dem Gesetz in Konflikt geraten, zeichnen sich im Vergleich zu Normalbürgern durch ein signifikant niedrigeres Selbstwertgefühl aus.

14.3.4 Du lebst bewusster

Die Tatsache, das eigene Leben schriftlich festzuhalten, trägt in jedem Fall dazu bei, bewusster zu leben. Bewusster leben heißt zugleich, intensiver leben. Menschen, die bewusst leben, führen keine Schattenexistenz oder lassen ihr Leben von anderen bestimmen. Sie verfügen über mehr seelischen Tiefgang und konfrontieren sich mit den Freuden und Leiden ihrer Existenz, ohne letztere sogleich durch Aktivitätsschübe oder Rationalisierungsprozesse aus dem Bewusstsein verbannen zu wollen.

Glück und Freude gesteigert zu erleben, ist sicher auch für dich ein erstrebenswertes Ziel. Leiden zuzulassen, hat aber ebenfalls eine positive Komponente, weil man Trauerarbeit leistet und Verluste auf diese Weise besser verkraftet. Außerdem erstrahlen die Freuden des Lebens durch den wahrgenommenen Kontrast in einem viel helleren Licht.

» Alles geben die Götter, die unendlichen,
Ihren Lieblingen ganz,
Alle Freuden, die unendlichen,
Alle Schmerzen, die unendlichen, ganz.
(Johann Wolfgang von Goethe) «

14.3.5 Du wirst aktiver

Schreibprozesse tragen zur Reflexion bei, indem eine Instanz, nämlich die Sprache, als Prüfstation für Gedanken und Gefühle fungiert. Auf diesem Weg gewinnen auch hochgradig emotionale Erlebnisse meist einen anderen Gefühlswert, d. h., sie verändern sich, je intensiver man sie mithilfe der Sprache durchleuchtet.

Wenn Menschen reflexiv sind, steigt zugleich die Wahrscheinlichkeit, dass sie ihr Leben aktiv in die Hand nehmen. Reflektieren heißt ja, in einen gedanklichen Klärungsprozess einzutreten, an den sich natürlicherweise die Frage anschließt, welche Konsequenzen auf der Handlungsebene folgen sollen.

Außerdem: Wer wenig nachdenkt und nur reagiert, wird leicht zum Spielball von Ereignissen und Menschen und treibt oft dahin wie ein Blatt im Wind.

Zwischen objektiver Dokumentation und subjektiver Erfahrung
Es gibt Schriftzeugnisse, die auf der Grenze stehen zwischen der Dokumentation gesellschaftlicher Wirklichkeit und der Aufzeichnung individueller Lebensstationen.

In diese Rubrik gehören die berühmten Tagebücher von Victor Klemperer, die verfilmt wurden und als wichtige Zeugnisse der Zeitgeschichte im Deutsch- und Geschichtsunterricht eingesetzt werden. Klemperer begann mit seinen Aufzeichnungen zur Zeit der Weimarer Republik und führte sie während der nationalsozialistischen Gewaltherrschaft bis zum Ende des Zweiten Weltkrieges und in die fünfziger Jahre hinein weiter. Der Verfasser, ein Deutscher jüdischen Glaubens, wurde als Professor für Romanistik an der Technischen Hochschule Dresden von den Nazis aus seinem Amt entfernt und verbrachte die Jahre des Dritten Reiches in ständiger Angst vor der Gestapo. In den Tagebüchern erweist sich der Autor, der in der Nachkriegszeit als DDR-Bürger mit vielen Ehren bedacht wurde, als ein sehr genauer und kritischer Beobachter seiner Zeit. Er kommentiert aber auch private Belange, etwa das Verhältnis zu seiner Frau, sowie Probleme, Zweifel und Ängste in Bezug auf die eigene Person.

14.4 Manuell oder virtuell?

Das gute alte Tagebuch mit seinem goldenen Schlüsselchen hat schon lange Konkurrenz durch virtuelle Medien erhalten.

14.4.1 Manuelle Medien

Die Tagebücher früherer Zeiten mit ihren Blanco-Seiten enthielten meist nur handschriftliche Einträge. Tagebuchnotizen lassen sich jedoch lebendiger gestalten, und Erinnerungen gewinnen an Intensität, wenn man zusätzlich etwas malt oder sich manchmal auf aussagekräftige Stichwörter beschränkt bzw. Bilder und kleine Gegenstände mit hohem Gefühlswert – etwa die Muschel von dem Strand, an dem man wunderschöne Urlaubstage verbracht hat – einklebt.

Mittlerweile werden auch Tagebücher mit Schreibanleitungen angeboten bzw. Bücher, die bereits vorstrukturiert sind und nicht nur aus leeren Seiten bestehen (◘ Abb. 14.7), sondern wie bei dem nachfolgenden Beispiel hilfreiche Fragen und Denkanregungen integrieren: Etwa »Warum schreibe ich dieses Buch?« »Was war an diesem Tag besonders schön?« »Was möchte ich verändern?« usw.

14.4.2 Virtuelle Medien

Man kann ein Tagebuch natürlich auch online führen. So stehen bereits digitale »Diaries« zum Herunterladen im Netz (▶ Beispiel). Aber dabei muss man auf einige Möglichkeiten, die manuelle Medien bieten, verzichten. Man vermag darin nicht wie in einem »richtigen« Buch zu blättern, und es lassen sich keine Erinnerungsstücke einkleben.

Online Diaries – Dein Internet-Tagebuch
Was ist Online Diaries?
Online Diaries ist ein Internet-Tagebuch. Entworfen für alle, die ihr Tagebuch nicht auf Papier führen möchten.
Streng geheim!
Deine privaten Einträge sind vor Blicken Unbefugter geschützt. Deinen besten Freunden kannst Du ein Gäste-Passwort einrichten.
Gedanken teilen.
Veröffentliche Deine Einträge und lerne nette Leute kennen. Wenn Du mal Hilfe brauchst, sind die anderen Benutzer gerne für Dich da.
Und was kostet das?
Nichts. Niente. Nada.
Also ...
Worauf wartest du noch? Zur Anmeldung
Los gehts!
(http://www.online-diaries.de)

Warum ich mit ... befreundet bin?

Datum:

◘ **Abb. 14.7** Tagebuchseite

Eine andere verbreitete Form ist das Video-Tagebuch. Es hält Örtlichkeiten und Menschen fest und teilt mit, was man gerade erlebt, und wie es einem geht. Die Nutzer denken dabei meist nicht lange über den Inhalt und die Formulierungen ihrer Kommentare nach. Tagebuchaufzeichnungen per Video eignen sich daher eher zur Bewahrung eines ganz bestimmten Lebensabschnitts als zur Ergründung des eigenen Ichs. Sie haben aber zweifellos den Vorteil, dass man noch nach vielen Jahren eine Zeitreise mit hohem Realitätsgehalt antreten kann.

Facebook bietet mit »Timeline« die Möglichkeit, eine Art interaktiven Lebenslauf zu erstellen. Die Zeitleiste ermöglicht es, alle Stationen der eigenen Vita mit Fakten und Bildern in Kurzform unter zeitlicher Raffung lange zurückliegender Ereignisse ins Netz zu stellen.

Zusätzlich steht es einem offen, seine Hobbys und individuellen Neigungen in Verbindung mit der eigenen Vita zu präsentieren, um sich mit anderen Usern von Facebook zu verlinken. Der Gründer Mark Zuckerberg kommentiert zwar: »Timeline ist die Geschichte eures Lebens«, aber auch für diese Art Tagebuch gelten die oben genannten Einschränkungen virtueller Medien.

Wenn du es dir zur Gewohnheit machst, über die Jahre hinweg schriftlich festzuhalten, was sich in deinem Leben ereignet, was du fühlst und denkst, welche Wünsche du für die Zukunft hast, was du bedauerst oder vielleicht sogar zutiefst bereust, legst du eine bedeutsame Sammlung persönlicher Lebenszeichen an. Damit kannst du jederzeit wieder in eine bestimmte Phase deines Lebens eintauchen und überlegen, welche Erfahrungen aus jenen Tagen wertvoll sind und sich für die Gegenwart nutzen lassen. Dein Leben gewinnt so an Fülle und Intensität.

Das Schreiben selbst übt man natürlich am besten, indem man möglichst ausführliche schriftliche Texte verfasst, also auf eigenen Aufzeichnungen zurückgreift.

14.4.3 Übung macht den Meister

Die Abfassungszeit der Thesis, die dich in einen dauerhaften Schreibprozess eintreten lässt, kannst du zum Anlass nehmen, deine vielleicht negative Haltung gegenüber dem Schreiben zu verändern, um dir künftig die Welt der Buchstaben weiter zu erschließen und damit an Wissen und Sprachkompetenz zu gewinnen. Erschließen heißt zunächst vielleicht nur, es erstmals oder verstärkt zu genießen, nach der (Zwangs-)Lektüre wissenschaftlicher Texte abends z. B. einen gut geschriebenen Krimi als E-Book zu lesen. Ein Schritt darüber hinaus mag darin bestehen, auch am Verfassen eigener Texte Gefallen zu finden. Vielleicht verleiten dich positive Erfahrungen mit der Thesis sogar dazu, in das Metier der »Schreiberlinge« einzudringen und z. B. kleine Prosastücke für eine »Poetry-Slam-Veranstaltung«, die zunehmend auch an Hochschulen angeboten werden, zu verfassen.

Erinnere dich daran, was wir eingangs festgehalten haben: Jeder, der nicht Analphabet ist, kann letztlich schreiben, und die Qualität der Texte wird, zumindest was den Belletristik-Bereich betrifft, durchaus unterschiedlich beurteilt.

Dadaistische Texte beispielsweise sind umstritten. Den einen erscheinen sie als hohe Kunst, den anderen als barer Nonsens. Und was ist deine Meinung? Wie schätzt du das folgende Gedicht »Karawane« von Hugo Ball (◘ Abb. 14.8) ein? Traust du dir zu, einen ähnlichen Text zu verfassen?

Je mehr du selbst liest und schreibst, desto versierter wirst du im Umgang mit der Sprache und desto zuversichtlicher gehst du das vielleicht nächste wissenschaftliche Projekt an: die Masterarbeit. Vielleicht steigert sich deine Einstellungsänderung gegenüber dem Schreiben sogar dahingehend, dass du am Ende selbst voller Begeisterung wissenschaftliche Texte verfasst und deiner Bewerbung später seitenweise eigene Veröffentlichungen anhängst, was dir beruflich wiederum von Vorteil sein kann. Möglicherweise entwickelt sich dein Schreibtalent eines Tages auch derart, dass du dir als Ghostwriter ein Zubrot verdienen kannst.

Ghostwriting Ghostwriting wird in der Regel sehr gut bezahlt. Allerdings agieren diese Dienstleister meist in einer rechtlichen Grauzone. Wer sich seine Abschlussarbeit von einem Ghostwriter schreiben lässt, aber an Eides Statt versichert, diese selbstständig und nur mit den erlaubten Hilfsmitteln angefertigt zu haben, begeht eine Straftat. Er oder sie

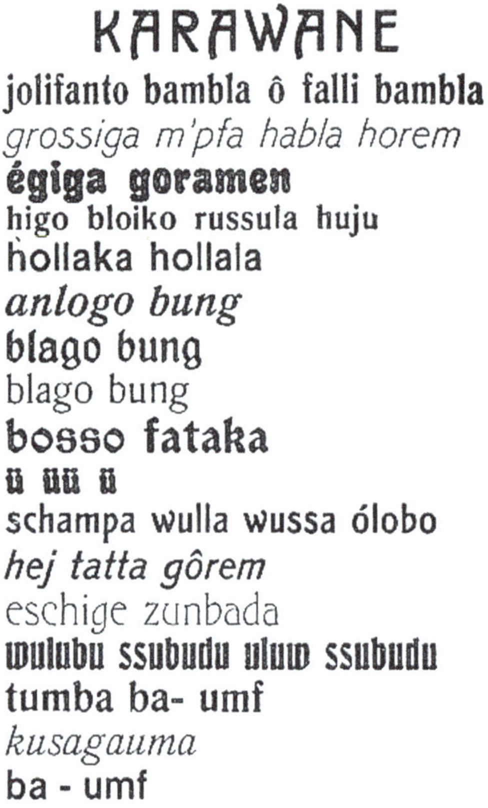

KARAWANE

jolifanto bambla ô falli bambla
grossiga m'pfa habla horem
égiga goramen
higo bloiko russula huju
hollaka hollala
anlogo bung
blago bung
blago bung
bosso fataka
ü üü ü
schampa wulla wussa ólobo
hej tatta gôrem
eschige zunbada
wulubu ssubudu uluw ssubudu
tumba ba- umf
kusagauma
ba - umf

Abb. 14.8 Hugo Ball: Lautgedicht »Karawane« (1917) (mit freundlicher Unterstützung der Hugo-Ball-Gesellschaft, Pirmasens)

Literatur

Bluhm L (1991) Das Tagebuch zum Dritten Reich. Zeugnisse der Inneren Emigration von Jochen Klepper bis Ernst Jünger. Bouvier, Bonn

Boos E, Pöppelmann C (2004) Frühe Hochkulturen: Wissen leicht gemacht. Compact, München

Erfolgsstory Mensch – Von der Höhle zur Hochkultur (2011) DVD. Format: Dolby, PAL, Dolby Digital 2.0. Polyband WVG

Haarmann H (2009) Geschichte der Schrift. Von den Hieroglyphen bis heute. Beck, München

Hofmann C (2000) Die weiße Massai. Knaur Taschenbuch, München

Klemperer V, Nowojski W, Klemperer H (1995) Ich will Zeugnis ablegen bis zum letzten. Tagebücher 1933–1945, 2 Bände. Aufbau, Berlin

Meier-Dell'Olivo R (2008) Schreiben wollte ich schon immer: Gekonnt Tagebuch führen: schärft die Sinne, befreit die Seele. Eine Anleitung, 2. Aufl. Oesch, Zürich

Niewerth Y (2010) Mein Buch für das Leben. Sanssouci im Carl Hanser Verlag, München

Rhoden E v (1962) Der Trotzkopf. Gesamtausgabe in einem Band. Tosa, Basel

Stevenson I (2003) Reinkarnation. Der Mensch im Wandel von Tod und Wiedergeburt (Übersetzung ins Deutsche von H. Wendt), 8. Aufl. Aurum, Bielefeld

kann exmatrikuliert und mit einem hohen Bußgeld belangt werden.

Besonders Prominente, die selbst des Schreibens – vorsichtig ausgedrückt – nicht allzu mächtig sind, deren Name jedoch eine gewisse Garantie für den Verkauf ihres Buches bietet, bedienen sich gerne eines Ghostwriters.

Merke!
- Die Entwicklung der Schrift ist eine der größten Errungenschaften der Menschheit!
- Wichtige individuelle oder gesellschaftliche Ereignisse werden am besten durch schriftliche Kommentare vor dem Vergessen bewahrt!
- Tagebuch zu führen hilft, bewusster und aktiver zu leben!

Die Macht des geschriebenen Wortes

15.1 Bücher verändern die Welt – 208
15.1.1 Harriet Beecher Stowe: Onkel Toms Hütte – 208
15.1.2 Charles Darwin: Vom Ursprung der Arten – 209
15.1.3 Das Kommunistische Manifest – 209

15.2 Tagebücher verändern die Person – 210
15.2.1 Schreiben gegen die Einsamkeit: Anne Frank – 211
15.2.2 Schreiben als Befreiung: Anaïs Nin – 212
15.2.3 Schreiben zur Veränderung: »Freedom Writers« – 213

15.3 Die verändernde Kraft des Schreibens – 215
15.3.1 Die Bibliotherapie – 215
15.3.2 Die Poesietherapie – 216
15.3.3 Länger leben durch Schreiben – 216

Literatur – 217

> **» Länger als Taten lebt das Wort! (Pindar) «**

15.1 Bücher verändern die Welt

Warum leben wir in Europa eigentlich in Demokratien, deren Verfassung auf dem Prinzip der Gewaltenteilung beruht? Warum wurden in der Französischen Revolution die Forderungen nach Freiheit, Gleichheit, Brüderlichkeit zur Kampfparole? Warum spricht die amerikanische Unabhängigkeitserklärung in ihrer Präambel allen Menschen das Recht auf Glück zu? Warum werden Bürgern der Bundesrepublik Deutschland unveräußerliche Grundrechte per Gesetz garantiert? Warum hat man mittlerweile ein EU-weit geltendes Gesetz, nämlich das Allgemeine Gleichstellungsgesetz (AGG), verabschiedet, das es verbietet, Menschen wegen ihres Geschlechts, der Hautfarbe, religiösen Überzeugung usw. zu diskriminieren?

Die dahinter stehenden Werthaltungen sind typisch für Europa bzw. den westlichen Kulturkreis, so wie andere ethische Leitlinien wiederum andere Kulturzentren geprägt haben. Man denke z. B. an die Ehrfurcht gläubiger hinduistischer Inder vor der Kuh als einem heiligen Tier, die Europäer nicht nachvollziehen können.

Die für Europäer charakteristischen Überzeugungen – dass die Demokratie die beste Staatsform sei, dass weltliche und geistliche Gewalt getrennt sein sollten, dass das Individuum Achtung verdiene usw. – waren nicht zu allen Zeiten in der europäischen Geschichte gleichermaßen präsent.

In früheren Jahrhunderten bildete Europa einen Flickenteppich aus Monarchien und Fürstentümern, an deren Spitze absolutistische Regenten standen, die mehr oder weniger despotisch regierten. Es gab große Unterschiede zwischen den sozialen Schichten. So mussten viele Bauern als Leibeigene ein armseliges Leben fristen, während die Angehörigen des Adels bereits kraft ihrer Geburt in vielerlei Hinsicht privilegiert waren.

Durch eine tiefgreifende, allmählich einsetzende Veränderung des Denkens, die schließlich in Proteste und Revolutionen mündete, wandelten sich diese Zustände. Die sich herauskristallisierende neue Ethik aber wurde von Philosophen und Schriftstellern, die ihre Ideen schreibend niederlegten, ins Volk getragen und nach der Erfindung des Buchdrucks weit verbreitet. Viele dieser Vordenker hatten aufgrund ihrer damals revolutionären Einstellungen unter Verfolgung zu leiden, einzelne starben sogar für ihre Überzeugungen.

15.1.1 Harriet Beecher Stowe: Onkel Toms Hütte

Jeder von euch hat wahrscheinlich in der Schule einmal etwas über den amerikanischen Sezessionskrieg gelernt, der von 1861–1865 die junge Nation vor eine Zerreißprobe stellte und in dem es vor allem um das Problem der Sklaverei ging. Der Norden lehnte die Sklaverei ab, im Süden mit seinen weiten Baumwollplantagen glaubte man, auf sie nicht verzichten zu können. Als Abraham Lincoln, ein entschiedener Gegner der Sklaverei, zum Präsidenten gewählt wurde, lösten sich die Südstaaten vom Norden und schlossen sich zur Konföderation (*Confederate States of America*) zusammen. Es kam zum Krieg, in dem der Norden nach vierjährigem verbissenem Ringen siegte und die Sklaverei anschließend per Gesetz verbot.

Diese Ereignisse wurden entscheidend beeinflusst durch ein literarisch keinesfalls sehr anspruchsvolles Buch, das eine Frau namens Harriet Beecher Stowe geschrieben hatte: »*Uncle Tom's Cabin*«.

In diesem Werk schlugen sich die Eindrücke der Verfasserin, die selbst im Norden, in Connecticut, lebte, aus verschiedenen Reisen durch den Süden der USA nieder. Der Roman wurde millionenfach aufgelegt und später verfilmt. Das Buch prägte in den Nordstaaten noch zu Lebzeiten der Autorin ganz entscheidend die politische Haltung gegenüber der Sklavenfrage und war für die Abolitionisten, d. h. die Gegner der Sklaverei, eine wichtige Kampfschrift in der Auseinandersetzung mit den reichen Plantagenbesitzern in den Südstaaten.

Obwohl noch viele Jahre vergehen sollten, bis es unter dem Einfluss der Bürgerrechtsbewegung unter Dr. Martin Luther King zu einer weitgehenden Gleichstellung der ehemaligen Sklaven kam, war doch bereits mit Kriegsende der Grundstein für die Anerkennung der Schwarzen als gleichberechtigte Amerikaner gelegt, deren Vorfahren man einst aus Afrika verschleppt hatte.

» Sie sind also die kleine Frau, die diesen großen Krieg verursacht hat. «

Diesen Satz soll Abraham Lincoln nach Kriegsende zu Harriet Beecher Stowe gesagt haben.

15.1.2 Charles Darwin: Vom Ursprung der Arten

» Kein anderer Wissenschaftler des 19. Jahrhunderts hat unser modernes Weltbild – sowohl in der Biologie als auch über sie hinaus – stärker beeinflußt als dieser englische Forscher (Junker, 2001). «

Charles Darwin wurde 1809 im englischen Shrewsbury als Sohn eines Arztes geboren und starb 1882. Er ist der Begründer der modernen Evolutionstheorie, die auch heute noch einen Grundpfeiler der Biologie darstellt.

Die Schriften von Charles Darwin haben nicht auf die Verfassung oder Gesetzgebung eines Staates Einfluss genommen, aber wichtige kognitive Grundpositionen hinsichtlich der Natur und des Menschen revolutioniert, die bis zu seinen neuartigen Erkenntnissen als unverrückbar galten.

Darwin studierte zunächst wie sein Vater Medizin, dann wechselte er zur Theologie über, aber beide Studiengänge befriedigten ihn nicht. Er beschäftigte sich während seiner Studienzeit lieber mit naturwissenschaftlichen Fragen sowie den Grundlagen der Geologie und unternahm zu Forschungszwecken Exkursionen. Insbesondere im Rahmen einer fünfjährigen Weltreise, die ihn auf der legendären *MS Beagle* auch auf die Galapagos-Inseln führte, studierte er die Geologie und Biologie der bereisten Regionen, fertigte detaillierte Notizen an und sammelte akribisch Knochen, Pflanzen, Felle usw. Nach seiner Rückkehr nach England begann er, mit seinen Vorstellungen zur Entstehung der Arten die Fachwelt zu revolutionieren.

Darwins berühmtes Werk »*The Origin of Species by Means of Natural Selection or the Preservation of Favoured Races in the Struggle for Life*« (Die Entstehung der Arten) wurde 1859 erstmals veröffentlicht. In diesem Buch trägt Darwin überzeugende Belege für die Hypothese zusammen, dass sich die Arten durch natürliche Selektion am besten an ihre Umwelt angepasster Individuen innerhalb einer Population entwickelt haben und widerspricht damit dem Glaubenssatz, dass sie einst von Gott in unveränderlicher Gestalt geschaffen wurden. Seine Grundidee von der gemeinsamen Wurzel aller Lebewesen greift auch die kirchliche Position an, die dem Menschen eine Sonderstellung zuspricht (▶ Die großen Kränkungen der Menschheit).

Das Buch stieß schon unmittelbar nach seinem Erscheinen auf breites Interesse und wurde sehr oft, anfänglich überwiegend kritisch, rezensiert. Darwins Werk floss auch in die Disziplinen Theologie und Philosophie ein; einzelne Inhalte wurden später, z. B. in der Zeit des Nationalsozialismus, missbräuchlich auf den Bereich des Sozialen und der Politik bezogen (»Sozialdarwinismus«).

> **Die großen Kränkungen der Menschheit durch die Wissenschaft nach Sigmund Freud (Freud, 1917)**
> Die erste Kränkung war die Tatsache, dass die Erde nicht der Mittelpunkt des Universums ist.
> Die zweite Kränkung bezieht sich auf die Erkenntnis, dass der Mensch dem Tierreich entstammt.
> Die dritte Kränkung besteht in dem Postulat der Psychoanalyse, dass unser Seelenleben von unbewussten Kräften gesteuert wird und das Ich nicht Herr im eigenen Haus ist.

15.1.3 Das Kommunistische Manifest

Karl Marx (1818–1883) und Friedrich Engels (1820–1895) gelten als Begründer des wissenschaftlichen Kommunismus. Sie waren Philosophen, Politiker sowie anerkannte Arbeiterführer und verfassten u. a. gemeinsam das Kommunistische Manifest, das 1884 erstmals erschien.

Das Manifest besteht aus vier Teilen: Der erste thematisiert die Herausbildung der kapitalistischen Gesellschaft mit ihrem Gegensatz zwischen Bourgeoisie und Arbeiterklasse. Der zweite Abschnitt beschäftigt sich mit der Beziehung zwischen dem Proletariat und dem Kommunismus. Der dritte Abschnitt versucht, abweichende Theorien zu den kommunistischen Erklärungsansätzen der Autoren zu widerlegen. Der vierte Abschnitt schließlich ist mit der Stellung der Kommunisten und ihrer Politik in den verschiedensten Ländern befasst.

Das Werk markiert den Beginn der internationalen kommunistischen Bewegung. Es wurde in fast alle Sprachen übersetzt, verbreitete sich weltweit und erfuhr immer wieder neue Auflagen. Der letzte Aufruf des Manifests »Proletarier aller Länder vereinigt euch!« verband Kommunisten und Sozialisten unterschiedlichster Herkunft und Ausrichtung. Das Manifest gehört zu den einflussreichsten Schriften der neueren Geschichte und beinhaltete das gesamte Programm für den politischen Kampf der kommunistischen Parteien.

Sehr modern mutet angesichts der weltweiten Bankenkrise folgende Passage an:

» Die Bourgeoisie, wo sie zur Herrschaft gekommen, hat alle feudalen, patriarchalischen, idyllischen Verhältnisse zerstört. Sie hat die buntscheckigen Feudalbande, die den Menschen an seinen natürlichen Vorgesetzten knüpften, unbarmherzig zerrissen und kein anderes Band zwischen Mensch und Mensch übriggelassen als das nackte Interesse, als die gefühllose ‚bare Zahlung'. Sie hat die heiligen Schauer der frommen Schwärmerei, der ritterlichen Begeisterung, der spießbürgerlichen Wehmut in dem eiskalten Wasser egoistischer Berechnung ertränkt. Sie hat die persönliche Würde in den Tauschwert aufgelöst und an die Stelle der zahllosen verbrieften und wohlerworbenen Freiheiten die eine gewissenlose Handelsfreiheit gesetzt (Marx u. Engels, 2010, Kommunistisches Manifest, Abschnitt I: Bourgeois und Proletarier). «

15.2 Tagebücher verändern die Person

Vorläufer des Tagebuchs sind bereits aus dem Altertum bzw. der griechisch-römischen Antike bekannt. Schon zu dieser Zeit versuchten Menschen, Teile ihres Lebens schriftlich festzuhalten, z. B. Feldherren ihre Siege über Feinde oder »Privatleute« ihre Träume. In Ägypten zur Zeit der Ptolemäer arbeiteten in der heiligen Stadt Sakkara professionelle Traumdeuter, die von vielen Pilgern und »Touristen« aufgesucht wurden, die sich gegen ein entsprechendes Entgelt ihre Träume deuten und damit auch die Zukunft vorhersagen lassen wollten (▶ Abschn. 14.1.2).

Im europäischen Mittelalter können die Aufzeichnungen der Mystiker über ihre Erfahrungen mit Gott und die dabei erlebten religiösen Ekstasen als Vorläufer des Tagebuchs gelten.

Das Verfassen von Tagebüchern im modernen Sinn beginnt aber erst mit der Renaissance, die den Einzelnen aus der Bindung an Traditionen und Autoritäten herauslösen wollte und ein Ich-Bewusstsein weckte. Die aus jener Zeit überlieferten Tagebücher haben noch chronikartigen Charakter, indem in erster Linie Fakten notiert werden, vor allem solche gesellschaftlich-politischer Art. Erst im 17. Jahrhundert beginnt sich das allmählich zu ändern. Die Inhalte der Tagebücher werden in der Folgezeit immer privater und die beigefügten Kommentare subjektiver.

Das Führen eines Tagebuchs vermag für psychische Entlastung zu sorgen, denn man kann sich innerhalb des Schreibprozesses so zeigen, wie man wirklich ist, mit seinen Ängsten, seiner Verzweiflung und allen seinen vielleicht schockierenden Wünschen und Bedürfnissen. Tagebücher können daher auch als Spielwiese zum Testen neuer Denk- und Lebensformen, die auf dem Papier erstmals erprobt werden, gelten.

Ein Tagebuch zum Vertrauten zu machen, trägt außerdem dazu bei, individuelle Krisen und Traumata zu verarbeiten, denn wenn man etwas schriftlich darlegt, beschäftigt man sich nicht nur mit dem Erlebten, sondern schafft gleichzeitig Distanz zwischen sich und den Ereignissen. Gerade darin besteht ein heilsamer Effekt.

Eine hilfreiche Funktion haben Tagebucheintragungen auch für Menschen, die sich einsam fühlen und bei anderen auf wenig Verständnis stoßen, weil sie vielleicht anders sind als der Durchschnitt der Bevölkerung. Hier kann das Tagebuch wie eine stützende Therapie wirken und die innere Einsamkeit durchbrechen, denn wenn man schreibt, wendet man sich an ein Gegenüber, auch wenn dieses Gegenüber in diesem Fall die eigene Person ist.

15.2.1 Schreiben gegen die Einsamkeit: Anne Frank

Mit sich selbst bewusst zu kommunizieren, indem man sich einem Tagebuch anvertraut, kann unterschiedliche Beweggründe haben, die sich zum Teil überlappen oder in ihrer Reihenfolge abwechseln können.

Eine wichtige Intention ist das Durchbrechen von Einsamkeit. Diese Einsamkeit kann real sein, weil man beispielsweise aus den unterschiedlichsten Gründen keine Familie und/oder Freunde hat, sie kann aber auch eine innere, nur gefühlte sein, indem man zwar über Familienangehörige und Freunde verfügt, sich ihnen innerlich aber nicht nahe fühlt.

Dem Wunsch, ein Tagebuch zu besitzen, um weniger einsam zu sein, verdanken wir die berühmten Aufzeichnungen der Anne Frank (◘ Abb. 15.1). Anne erhielt ihr Tagebuch zu ihrem 13. Geburtstag. Sie hatte es sich gewünscht und freute sich über das Tagebuch mehr als über alle anderen Geschenke. Sämtliche Eintragungen richtete sie von nun an eine erfundene Freundin, der sie den Namen Kitty gab.

Obwohl Anne ein sehr beliebtes Mädchen war und viele Freundinnen und »Verehrer« hatte, fühlte sie sich oft einsam, wie der Tagebucheintrag vom 20. Juni 1942 zeigt:

» Nun bin ich bei dem Punkt angelangt, an dem die ganze Tagebuch-Idee angefangen hat: Ich habe keine Freundin. […] Ich habe liebe Eltern und eine Schwester von sechzehn, ich habe, alle zusammengezählt, mindestens dreißig Bekannte oder was man so Freundinnen nennt. Ich habe einen Haufen Anbeter, die mir alles von den Augen ablesen und sogar, wenn's sein muss, in der Klasse versuchen, mit Hilfe eines zerbrochenen Taschenspiegels einen Schimmer von mir aufzufangen. Ich habe Verwandte und ein gutes Zuhause. Nein, es fehlt mir offensichtlich nichts, außer ,die' Freundin. Ich kann mit keinen von meinen Bekannten etwas anderes tun als Spaß machen. Ich kann nur über

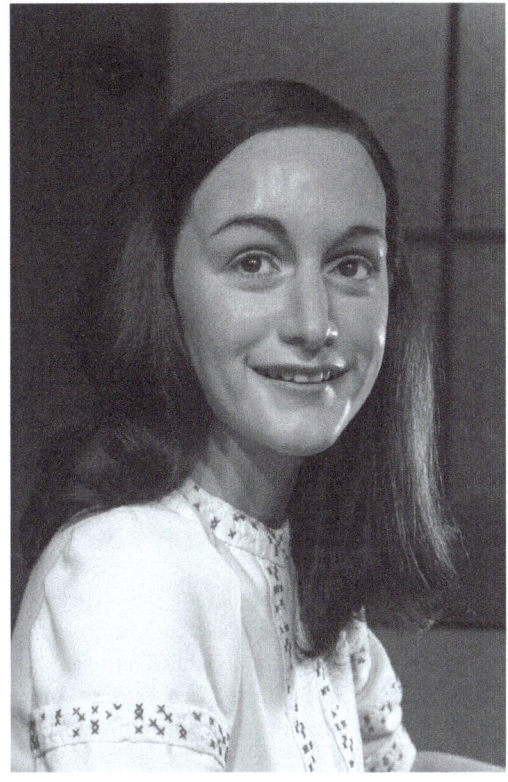

◘ **Abb. 15.1** Anne Frank als Wachsfigur bei Mme. Tussaud Unter den Linden in Berlin-Mitte. (© Imago, mit freundlicher Genehmigung)

alltägliche Dinge sprechen und werde nie intimer mit ihnen (Frank, 2011, mit freundlicher Genehmigung, © Anne Frank Fonds Basel). «

Und daher beschließt sie:

» … ich will dieses Tagebuch die Freundin selbst sein lassen, und diese Freundin heißt Kitty (Frank, 2011, mit freundlicher Genehmigung, © Anne Frank Fonds Basel). «

Nachdem Anne mit ihren Eltern und ihrer Schwester Margot auf der Flucht vor den Nazis in das Versteck im Hinterhaus der Amsterdamer Prinsengracht Nr. 267 gezogen war, gewannen weitere Aspekte an Wichtigkeit, so die Möglichkeit, ihrem Tagebuch tabuisierte Gedanken mitzuteilen und damit eine innere Entlastung zu erfahren. Diese Inhalte sind z. B. auf das schwierige Verhältnis zu ihrer Mutter bezogen, an der Anne über weite Strecken des Tagebuchs harsche Kritik übt, wie im Eintrag vom 30. Oktober 1943:

» Und doch liegt mir Mutter mit all ihren Mängeln am schwersten auf dem Herzen. Ich weiß nicht, wie ich mich beherrschen soll. Ich kann ihr nicht ihre Schlampigkeit, ihren Sarkasmus und ihre Härte unter die Nase reiben, kann jedoch auch nicht immer die Schuld bei mir finden.
Ich bin das genaue Gegenteil von ihr, und deshalb prallen wir natürlich aufeinander. Ich urteile nicht über Mutters Charakter, denn darüber kann ich nicht urteilen, ich betrachte sie nur als Mutter. Für mich ist sie eben keine Mutter. Ich selbst muss meine Mutter sein (Frank, 2011, mit freundlicher Genehmigung, © Anne Frank Fonds Basel). «

Immer wieder verweist sie darauf, dass Kitty der einzige Mensch sei, dem sie alle Geheimnisse anvertrauen könne und auch tatsächlich mitteile.

Wie wertvoll der Besitz des Tagebuchs für Anne war, zeigt auch folgender Eintrag vom 16. März 1944:

» Am besten gefällt mir noch, dass ich das, was ich denke und fühle, wenigstens aufschreiben kann, sonst würde ich komplett ersticken (Frank, 2011, mit freundlicher Genehmigung, © Anne Frank Fonds Basel). «

Und schließlich fließen in den Prozess der Tagebucheintragungen Versuche einer Literarisierung der persönlichen Notizen ein. Diese wird im März 1944 durch eine Rundfunknachricht ausgelöst, in der es heißt, die niederländische Regierung beabsichtige, Tagebücher und andere historische Quellen nach Kriegsende herauszugeben, um zu dokumentieren, wie man in den Niederlanden den Krieg erlebt und überlebt habe. Anne träumte seitdem davon, ihr Tagebuch unter dem Titel »Hinterhaus« als richtiges Buch herauszugeben. Sie begann, ihre bisherigen Eintragungen zu überarbeiten und schrieb einiges um. Hierzu der Eintrag vom 5. April 1944:

» Mit Schreiben werde ich alles los. Mein Kummer verschwindet, mein Mut lebt wieder auf. Aber, und das ist die große Frage, werde ich jemals etwas

□ **Abb. 15.2** Anaïs Nin. (© Interfoto, mit freundlicher Genehmigung)

Großes schreiben können, werde ich jemals Journalistin und Schriftstellerin werden? Ich hoffe es, ich hoffe es so sehr! Mit Schreiben kann ich alles ausdrücken, meine Gedanken, meine Ideale und meine Phantasien (Frank, 2011, mit freundlicher Genehmigung, © Anne Frank Fonds Basel). «

15.2.2 Schreiben als Befreiung: Anaïs Nin

Anaïs Nin (□ Abb. 15.2), die Geliebte von Henry Miller, wurde am 21. Februar 1903 in einem Vorort von Paris in eine kosmopolitische Künstlerfamilie hineingeboren. Ihr Vater, Musiker und Komponist, stammte aus Katalanien, ihre Mutter war eine dänische Konzertpianistin, die ihren Beruf aufgegeben hatte, um sich auf Mann und Kinder zu konzentrieren. Anaïs war das älteste von drei Geschwistern, es folgten noch zwei jüngere Brüder. Die unterschiedlichen Engagements des Vaters führten die Familie in verschiedene Länder der Erde, sodass Anaïs schon als Kind ständig von einem gerade vertraut gewordenen Umfeld Abschied nehmen musste. Als sie 11 Jahre alt war, verließ der von ihr sehr geliebte und verehrte Vater für immer die Familie, und mit dem Ausbruch des Ersten Weltkriegs zog die Mutter nach New York. Anaïs musste also eine neue Sprache erlernen und sich in einem anderen Kulturkreis zurechtfinden.

Um alle diese Brüche und Verluste zu verarbeiten, begann sie, ein Tagebuch zu führen. Wie sehr ihr der Vater fehlte, zeigt, dass sie ihr erstes Tagebuch »Tagebuch an meinen Vater« nannte (Nin, 1983). Beim Schreiben fühlte sie sich ihm nahe und nahm in verschiedenen Passagen ihrer Tagebücher immer wieder Bezug auf ihn.

Das Tagebuch bildete einen Stabilitätsfaktor in ihrem sich wiederholt verändernden Leben, es wurde ihr zum ständig vorhandenen Ansprechpartner, zum verlässlichen Freund und später zum Übungsplatz für ihre schriftstellerischen Ambitionen. Schon als Kind trug sie ihr Tagebuch immer bei sich, um bei Bedarf Einträge vornehmen zu können.

» Welch auflösenden Einflüssen ich auch immer ausgesetzt war – das Schreiben stellte die Einheit wieder her (Nin, 1980, S. 59; The Anais Nin Trust, mit freundlicher Genehmigung). «

Den Entschluss, Schriftstellerin zu werden, fasste Anaïs Nin schon als Kind. Bereits im Alter von 7 Jahren setzte sie unter ihre erfundenen Geschichten den Zusatz »Mitglied der Académie Française«.

Am Ende ihres Lebens, sie starb 1977 in Los Angelos, war das Tagebuch auf ca. 35.000 handgeschriebene Seiten angewachsen.

Bereits in den 1920er Jahren versuchte sie, ihre Tagebücher zu veröffentlichen, fand aber keinen Verlag, denn ihre Ideen waren damals zu unkonventionell. Die Zeit war noch nicht reif.

Entdeckt und berühmt wurde Anaïs Nin erst mit der sich im Westen ausbreitenden Studenten- und Frauenbewegung der späten 1960er Jahre. Obwohl sie selbst nicht als Feministin bezeichnet werden kann, vielleicht nicht einmal als emanzipiert, denn sie ließ sich von ihrem wohlhabenden Mann ein recht luxuriöses Leben finanzieren, wurde sie aufgrund ihrer befreiten Erotik, die sie mit wechselnden Männern ungehemmt auslebte und über die sie ungeschminkt bis in alle Einzelheiten in ihren Tagebüchern, aber auch Romanen und Geschichten erzählte, sowie ihres sehr unbürgerlichen Lebensstils, auch für die deutsche Frauenbewegung zu einem wichtigen und bewunderten Vorbild.

» Wie falsch ist es für die Frau zu erwarten, daß der Mann die Welt errichtet, die sie sich wünscht, anstatt selbst daran zu gehen, sie zu erschaffen. Das ist der Grund für die Rebellion der Frau, für ihre Hilflosigkeit und Abhängigkeit. Ich mache mich daran, meine eigene Welt zu erschaffen und erwarte nicht, daß der Mann sie für mich erschafft (Nin, 1978, S. 103, mit freundlicher Genehmigung; ©1977 by Nymphenburger in der F. A. Herbig Verlagsbuchhandlung GmbH München, aus dem Amerikanischen von Manfred Ohl und Hans Sartorius; The Anais Nin Trust). «

Hinzu kamen ihr damals modernes Interesse an der Psychoanalyse – sie ließ sich selbst analysieren und begann eine entsprechende Ausbildung – und die nie abgeschlossene Suche nach sich selbst, nach ihrer wahren Identität, die weite Strecken der Tagebücher bestimmt. Ihre Ich-Zentriertheit und das Bestreben, sich aus kulturellen und gesellschaftlichen Beschränkungen radikal zu befreien, wozu ihr die Tiefenpsychologie als der einzig geeignete Weg erschien, ließen sie für Achtundsechziger und Hippies zur Kultfigur werden.

15.2.3 Schreiben zur Veränderung: »Freedom Writers«

Einige von euch meinen jetzt vielleicht, dass die genannten Beispiele doch »olle Kamellen« seien, da die beiden Frauen in einer ganz anderen Zeit lebten und schon lange tot sind. Und vielleicht gähnt der eine oder andere sogar gelangweilt und denkt, das Führen eines Tagebuchs sei eben doch etwas Antiquiertes oder eine Beschäftigung nur für »Girlies«.

Hallo? Nun mal sachte mit den jungen Pferden! Auch in unserem Jahrhundert gibt es Menschen, und zwar junge Menschen beiderlei Geschlechts, die das Schreiben für sich entdecken und sich selbst und einen Teil ihrer Umwelt dabei in erstaunlicher Weise veränderten, nämlich die Schüler der Erin Gruwell.

Erin Gruwell ist eine amerikanische Lehrerin, die nach dem Studium ihre erste Stelle an der *Wilson Classical High School* in Long Beach antrat. Sie unterrichtete Schüler, die als schwererziehbar, unterprivilegiert und leistungsunwillig galten, junge Leute, in die ihre Lehrer keine Hoffnungen mehr setzten. Sie waren delinquent, kamen aus zerrütteten Elternhäusern und lebten in einem gewalttätigen Ghetto-Umfeld. Drogen, Rassenhass, Bandenkriege und Erschießungen von Teenagern waren an der Tagesordnung. Die meisten Schüler hatten bereits mehrere Freunde durch Bandenkriege zwischen den einzelnen ethnischen Gruppen verloren. Und viele lebten in der Angst, das nächste Opfer zu sein.

Gruwell, die an ihre Schüler glaubte und sie fördern wollte, fand eines Tages die rassistische Karikatur eines Schülers und nahm diese zum Anlass, den Holocaust zu besprechen und die Tagebücher von Anne Frank und Zlata Filipovic (»Ich bin ein Mädchen aus Sarajevo«) lesen zu lassen. Die Schüler erkannten bald, wie aktuell die Erfahrungen der Autorinnen – Mädchen in ihrem Alter – waren und entdecken viele Gemeinsamkeiten zwischen Anne, Zlata und sich selbst.

Sie sammelten Geld, um Zlata Filipovic, die in ihrem Tagebuch die Schrecken des Bürgerkriegs in Bosnien-Herzegowina schildert, in die USA einladen zu können, und verbrachten viel Zeit mit ihr. Sie trafen auch Miep Gies, eine der Helferinnen der Franks in Amsterdam, als diese nach Kalifornien anlässlich einer Gedenkfeier zum 50. Jahrestag von Annes Tagebuch kam. Mit ihrer Lehrerin besuchten sie das *Museum of Tolerance* und eröffneten sich unter dem Einfluss von Erin Gruwell immer mehr die Welt der Literatur, Museen und Theater. Diese Eindrücke und Begegnungen bewegten die Schüler und trugen dazu bei, einen Neuanfang zu wagen.

Erin Gruwell beschaffte nicht nur neue Bücher für ihre Klasse, sondern kaufte auch leere Tagebücher und ließ die Teens ihre Erlebnisse und Gedanken eintragen. Dabei entdeckten die Schüler, dass Schreiben eine Möglichkeit ist, sich selbst kennenzulernen und eigene Gefühle auszudrücken. Sie trafen sich in einem besonderen Klassenraum, um zu schreiben und sich ihre Geschichten vorzulesen.

Abb. 15.3 »Freedom Writers«. (Gruwell 2012, mit freundlicher Genehmigung)

Das Tagebuch wurde zum wichtigen Vertrauten in einer feindlichen Welt und der Klassenraum 203 zu einem Refugium. Miss Gruwell notierte:

> Für einige meiner Schüler ist mein Klassenzimmer einer der wenigen Orte, an denen sie sich sicher fühlen. Zimmer 203 ist ein Zufluchtsort für sie, in dem sie dem ganzen Chaos um sie herum entkommen können. Außerhalb dieser vier Wände kann alles passieren (Gruwell, 2012, S. 165, mit freundlicher Genehmigung).

Die Effekte waren verblüffend. Die »Freedom Writers« (Abb. 15.3), wie sie sich nannten, veränderten sich. Sie glaubten wieder daran, eine Zukunft zu haben, bestanden die Abschlussprüfung, und ein Teil von ihnen besuchte anschließend ein College bzw. eine Universität. Rassismus und Gewalt schworen sie ab.

Im Tagebuch 88 findet sich folgendes Gedicht:

> Steh auf

Sei schwarz –
Sei stolz
Sei weiß –
Sei stolz
Sei braun –
Sei stolz
Sei gelb –
Sei stolz …

Hab keine Angst, zu sein, was du bist,
denn alles, was du sein kannst, ist du!
Du wirst nie etwas anders sein, als du,
deshalb sei das beste du, das du sein kannst.
Bleib *echt*,
unter allen Umständen,
jederzeit.

Ob Anwalt, Doktor, Footballspieler,
Toilettenfrau, Müllmann, Bettler –
Bleib echt
Und sei dennoch
Das *beste*, das du sein kannst.

Zeig Stolz, zeig Würde, *steh auf*!
Steh stolz, rede stolz, handle stolz, sei stolz!

(Gruwell, 2012, S. 202, mit freundlicher Genehmigung) **«**

Diese wahre Geschichte wurde verfilmt, und der Film *Freedom Writers*, der 2007 in den USA startete, spielte viele Millionen Dollar ein.

Das Pendant zum Anne-Frank-Haus in Amsterdam, welches das Haus in der Prinsengracht erhalten und die Erinnerung an die Verfasserin des Tagebuchs bewahren will und in diesem Zusammenhang auch gegen Antisemitismus und Rassismus kämpft, ist die *Freedom Writers Foundation*. Die Stiftung hat sich zum Ziel gesetzt, das amerikanische Unterrichtssystem zu verändern, die Rate der Schulabbrecher zu verringern und allen jungen Menschen die Möglichkeit zu geben, ihre Potenziale auszuschöpfen. Auf diesem Hintergrund werden Lehrbücher publiziert und Stipendien vergeben, um bedürftigen Schülern nach dem High-School-Abschluss den Besuch eines Colleges zu ermöglichen.

15.3 Die verändernde Kraft des Schreibens

Kreativem Schreiben wohnt eine vielfach unterschätzte, verändernde Kraft inne. Indem man z. B. ein Gedicht, eine Geschichte oder gar einen Roman schreibt, ist es möglich, die unterschiedlichsten Lebensentwürfe, Entscheidungen, Problemlösungen usw. in der Phantasie zu erproben. Als Schöpfer seiner Figuren verfügt man über die Macht, mögliche Konsequenzen bestimmter Haltungen gedanklich vorwegzunehmen, ohne dass Angst aufkommt, weil ja alles zunächst nur in der Phantasie geschieht. Man kann daher seine Protagonisten sehr gefährliche und unerhörte Dinge tun lassen und sich dabei ganz gemütlich im Sessel zurücklehnen.

Durch dieses gedanklich-kreative Testen unterschiedlicher Szenarien und indem man sich in die Seelenwelt seiner Gestalten hineinversetzt, ist es möglich, in einen persönlichen Veränderungsprozess einzutreten. Man identifiziert sich beispielsweise mit einer Figur und beginnt erst zögernd, dann immer mutiger, real zu erproben, was man die Romangestalt zuvor hat ausführen lassen. Dabei macht man unter Umständen die Erfahrung, dass das neue Verhalten gar nicht so negativ bewertet wird, wie man vielleicht befürchtete, oder dass man etwas vollbringt, was man sich gar nicht zugetraut hat. Diese Erfolgserlebnisse können dann wiederum dazu motivieren, weitere Schritte auf dem Weg einer persönlichen Wandlung zu wagen.

15.3.1 Die Bibliotherapie

Die oben genannten Effekte macht sich ein therapeutischer Ansatz zunutze, der unter dem Namen Poesie- bzw. Bibliotherapie bekannt wurde. Dieser Ansatz ist in den Vereinigten Staaten und den skandinavischen Ländern bereits weit verbreitet, in Deutschland hingegen ist seine Akzeptanz bisher leider noch gering.

Eine Facette dieser Therapierichtung besteht in der Bibliotherapie im engeren Sinne, d. h. dem gezielten Einsatz ganz bestimmter Bücher und Schriften. Dabei kann es sich um Erfahrungsberichte von Menschen handeln, die ähnliche Probleme wie der

Klient haben, populärwissenschaftliche Werke, Ratgeberliteratur usw. Mithilfe dieses Lesestoffs ist es möglich, sein Wissen über die eigenen Schwierigkeiten zu erweitern, Trost zu finden durch die Erfahrung, dass man mit seinem Schicksal nicht allein ist, und außerdem Lösungsmöglichkeiten kennenzulernen, die andere bereits erfolgreich erprobt haben.

Der Therapeut kann passende Werke je nach Klientenpersönlichkeit oder Störungsbild auswählen und die Lektüre im Rahmen von Hausaufgaben vereinbaren. Er kann aber auch gemeinsam mit dem Klienten während der Sitzungen bestimmte Texte lesen, die anschließend besprochen und diskutiert werden, wobei stets ein direkter Bezug zu der Situation und den Reaktionen des Gegenübers hergestellt wird. Über Symbole, Bilder, Gleichnisse etc. können dabei Heilungsprozesse initiiert werden.

Es gibt erst wenige gesicherte Studien über die Bibliotherapie; bei bestimmten Patientengruppen (Tumorpatienten) hat sie sich jedoch schon als hilfreich erwiesen. Beim gegenwärtigen Stand der Forschung scheint sie ihre positiven Wirkungen am besten als ergänzende Strategie im Rahmen eines übergreifenden Therapieansatzes zu entwickeln.

15.3.2 Die Poesietherapie

Bei der zweiten Facette dieses Ansatzes handelt es sich um die Poesietherapie, die das Verfassen eigener Texte gezielt als Therapietechnik einsetzt und über eine breite Palette kreativer Methoden verfügt. Der Leistungsgedanke tritt während des Schreibprozesses völlig zurück, die Poesietherapie hat ausdrücklich nicht den Anspruch, literarisch wertvolle Texte zu produzieren. Daher verzichtet man auch darauf, die Texte in Bezug auf Rechtschreibung und Grammatik zu »zensieren«.

Das eigene Schreiben soll dazu beitragen, verschüttete Wünsche, Gefühle sowie Teile der eigenen Person in das Zentrum der Aufmerksamkeit zu rücken und auf dieser Basis konstruktive Veränderungen einzuleiten.

Poesietherapeutische Strategien werden sowohl in Kursen als auch im Einzelsetting vermittelt. Es lassen sich zwei Phasen unterscheiden: In der Inspirationsphase sammeln die Klienten zunächst Anregungen, z. B. aus ihrem Inneren oder dem realen Umfeld. In der folgenden Inkubationsphase erproben sie diese Anregungen gedanklich und/oder beim Schreiben, so werden einzelne Elemente festgehalten, andere hingegen verworfen.

Die salutogene (gesundheitsfördernde) Wirkung der Poesietherapie wird u. a. auf das gezielt herbeigeführte Zusammenwirken von bewussten und unbewussten Schichten der Person zurückgeführt. Durch das Schreiben werden sowohl brachliegende Hirnareale aktiviert als auch die Verbindungen und das Zusammenspiel zwischen den beiden Gehirnhälften, von denen die linke eher für logisches Analysieren, die rechte hingegen vorwiegend für Emotionen, Kreativität, Intuition etc. zuständig ist, intensiviert.

Aufgabe: Führe folgende Übung aus der Poesietherapie durch!
Beschreibe dein aktuelles Gefühl! Benutze hierfür die sechs Grundgefühle Angst, Wut, Trauer, Freude, Scham und Schuld! Beschreibe, wo genau du das Gefühl spürst – im Bauch, im Hals, in den Händen – und wie sich das Gefühl äußert – z.B. als Stein, als Kloß, als Zittern:
_____
_____
_____

Notiere dann, wie du dich dem Gefühl entsprechend verhalten solltest:
_____
_____
_____

Halte anschließend fest, was dich daran hindert, dich so zu verhalten, wie es dir am ehesten entsprechen würde:
_____
_____
_____

15.3.3 Länger leben durch Schreiben

Sich schreibenderweise mit sich selbst und seinem Leben zu beschäftigen, kann, wie mittlerweile wissenschaftlich nachgewiesen wurde, kurative und sogar lebensverlängernde Effekte haben. Diese Effekte rühren wahrscheinlich daher, dass einem durch diese Form der Selbstkonzentration schneller und deutlicher vor Augen geführt wird, worunter man leidet, was man gerne verändern möchte, welche Gefühle einen beherrschen, welche Menschen einem nahe sind, welche man verabscheut usw. Derartige Erkenntnisse und Konfrontationen sowie das Nachdenken über mögliche Gründe und Zusammenhänge aber sind Voraussetzungen, um einen positiven Veränderungsprozess einzuleiten.

Psychologen haben herausgefunden, dass regelmäßige Tagebucheintragungen ein wichtiger Prädiktor für geistige Fitness und ein langes Leben zu sein scheinen. Man spricht in diesem Zusammenhang auch von der »Nonnenstrategie«, weil der amerikanische Forscher David Snowdon diesen Zusammenhang zuerst an Nonnen überprüfte, die in einem Kloster lebten, das seine Insassinnen dazu verpflichtete, täglich eine Art geistiges bzw. religiöses Journal zu führen.

Vor allem wenn es um negative Erlebnisse geht, ist es wichtig, diese nicht sogleich zu »vergessen«, da sie damit nicht »weg« sind, sondern nur vordergründig nicht mehr erinnert werden. Man sollte sich vielmehr gezielt mit ihnen auseinandersetzen. Die Psychoanalyse hat dafür den schönen Begriff »durcharbeiten« gefunden, der schon anzeigt, dass dieser Prozess Arbeit bedeutet und anstrengend ist.

Der amerikanische Psychologie-Professor James W. Pennebaker hat die heilende Kraft des Schreibens in einer Studie mit Studierenden überprüft. Er konnte empirisch untermauern, dass die Niederschrift von deprimierenden Erlebnissen helfen kann, diese konstruktiv zu bewältigen. Studierende, die an vier aufeinanderfolgenden Tagen jeweils 15 Minuten lang über eine sie sehr belastende Erfahrung schrieben, waren in den Folgemonaten signifikant seltener krank und zudem emotional stabiler. Überdies nahmen sie weniger Arzttermine in Anspruch als die Angehörigen der Kontrollgruppe, die angenehme Begebenheiten notiert hatten. Wie diese erstaunlichen Effekte zustande kommen, ist wissenschaftlich noch nicht völlig geklärt.

Merke!
- Bücher können in die Geschichte eingreifen und das Selbstverständnis des Menschen entscheidend verändern!
- Tagebücher wirken supportiv und tragen zur Persönlichkeitsentwicklung bei!
- Das Schreiben kann auch psychotherapeutisch genutzt werden!

Literatur

Beecher Stowe H (2011) Onkel Toms Hütte (übersetzt von S. Althoetmar-Smaczyk). Deutscher Taschenbuch Verlag, München

Darwin C (2008) Die Entstehung der Arten. Nikol, Hamburg

Filipovic Z (2004) Ich bin ein Mädchen aus Sarajevo, 3. Aufl. Bastei Lübbe, Köln

Frank A (2011) Tagebuch. Übersetzt v. Mirjam Pressler, 2. Aufl. Fischer Taschenbuch, Frankfurt/M

Gruwell E (2012) Freedom Writers – Wie eine junge Lehrerin und 150 gefährdete Jugendliche sich und ihre Umwelt durch Schreiben verändert haben, 4. Aufl. Autorenhaus Verlag GmbH, Berlin

Freud S (1917) Eine Schwierigkeit der Psychoanalyse. Imago. Zeitschrift für Anwendung der Psychoanalyse auf die Geisteswissenschaften, Bd 5, Heft 1, S 1–7

Junker T (2001) Charles Darwin (1809–1882). In: Jahn J, Schmitt M (Hrsg) Darwin & Co. Eine Geschichte der Biologie in Portraits, Bd 1. Beck, München, S 369–389

Marx K, Engels F (2010) Das Kommunistische Manifest: Eine moderne Edition. Argument, Hamburg

Nin A (1978) Die Tagebücher der Anaïs Nin 1947–1955. Nymphenburger in der F. A. Herbig Verlagsbuchhandlung GmbH, München

Nin A (1980) Die neue Empfindsamkeit. Über Mann und Frau. Nymphenburger Verlagshandlung, München

Nin A (1983) Das Kindertagebuch 1919–1920. Fischer Taschenbuch, Frankfurt/Main

Nin A (2000) Henry, June und ich. Intimes Tagebuch. Droemer Knaur, München

Pennebaker JW (2010) Heilung durch Schreiben. Ein Arbeitsbuch zur Selbsthilfe. Aus dem Englischen von I. Erckenbrecht. Huber, Bern

Petzold HG, Orth I (2005) Poesie und Therapie. Über die Heilkraft der Sprache: Poesietherapie, Bibliotherapie, Literarische Werkstätten. Aisthesis, Bielefeld

Nachwort

Du hast das Buch von Anfang bis Ende gelesen und einige Anregungen umgesetzt? – Dafür kannst du dir auf die Schulter klopfen und ein dickes Lob aussprechen.

Du hast dein Schreibprojekt erfolgreich beendet? – Dann sei stolz auf dich und denke immer daran, dass du etwas Wertvolles geschaffen hast. Ein arabisches Sprichwort sagt, ein Buch sei wie ein Garten, den man in der Tasche trägt.

Das Schreiben ist dir sehr schwer gefallen? – In diesem Fall sei besonders stolz auf dich, denn du hast dich selbst überwunden, und es gibt kaum etwas, das Menschen schwerer fällt.

Du hast deine negative Einstellung gegenüber dem Schreiben geändert und führst jetzt eine Art Tagebuch? – Dann wirst du von nun an wahrscheinlich intensiver und bewusster leben, denn du hast dich auf eine spannende Reise begeben, die Reise zu dir selbst.

Ich wünsche dir alles Glück dabei!

Stichwortverzeichnis

A

Abbildungsverzeichnis 45
Abendtyp 54
Abenteurer 186
Abgabe 155, 164
- Checkliste 156
Abkürzungsverzeichnis 44
Abschied 169, 173
Abschlussarbeit 12
- Aufbau 43
- Betreuer 73
- Beurteilungskriterien 45
- Credits für 12
- Download-Möglichkeit 157
- Gestaltungsmerkmale 149
- Gliederung 43
- in Buchform 157
- Planung 49
- Richtlinien 40
- Stellenwert 48, 154
- Stil 38
- Tages-Check 68
- Thema 17, 36, 70
- Umfang 109
- virtuelle Veröffentlichung 157
- Vorgehen 16
- Zeitaufwand 20
Absolventennetzwerk 169
Abstammung 197
Abstract 113
ADHS ▶ Aufmerksamkeitsdefizit-/Hyperaktivitätsstörung 28
Alphabete 196
Angst 129, 144, 197
- Bewältigungsstrategien 130, 144
Anhang 44
Anleitung zum Abfassen einer schriftlichen Arbeit 120
Annahme 102, 111
Antiquariat 84
Antrag 7
- BAföG-Antrag 7
Arbeitsort 54, 127
Arbeitsphasen
- Länge 50
- spezifische Probleme 64
Arbeitsplan 49, 127, 130
- Planungstipps 50
- Soll-Ist-Plan 50
- Tagesplan 50
- Wochenplan 50
Arbeitsplatz
- Gestaltung 55
- Störfaktoren am 56
Arbeitszeiten 50
- feste 53, 127

Argumentation 10, 101
Assoziation 137
Aufbau 42
Aufmerksamkeitsdefizit-/Hyperaktivitätsstörung (ADHS) 28
Aufschieberitis ▶ Prokrastination 27
Au-pair 181
Ausbildung 182
Auslandsaufenthalt 181
Auswandern 182
Ausweichthema 73
Autogenes Training 63

B

Bachelorarbeit ▶ Abschlussarbeit 12
Ball, Hugo 205
Balzac, Honoré de 18
Bauchgefühl 77
Beecher Stowe, Harriet 208
Behördenkorrespondenz 6
Belohnung 57, 80, 97, 114, 133, 145, 159, 164
- geeignete Aktivitäten 57
Belohnungsliste 60
Beratungsstelle, psychotherapeutische für Studierende 17, 26, 30, 55, 112, 129, 184
Berufseinstieg 48, 141, 172
Berufsfindung 184
- Abenteurer-Typ 186
- Beziehungs-Typ 186
- Künstler-Typ 186
- Orientierungstest 130
- Praktiker-Typ 185
Betreuer 16
- Ausfall 79
- Beratungsgespräch 75
- Checkliste 74
- Probleme mit 64, 78
- Rangliste 77
- Wahl 19, 73
Beurteilungskriterien 45
- Kriterienkatalog 45
Bewerbung 130, 164
- Unterlagen 141
Bewerbungsfristen 181
Bewerbungstraining 141
Beziehungs-Typ 186
Bibliothek 20, 55, 91, 127, 131
Bibliothekskatalog 84
Bibliotherapie 215
Bindung 151
Biorhythmus 54

Borderline-Persönlichkeitsstörung 29
Brainstorming 70, 96, 132
Brief 4
Bücher, Bedeutung 208

C

Career Center 141
Clustermethode 95, 123, 132
Credits 9
- Abschlussarbeit 12

D

Darwin, Charles 209
Deckblatt 151
deduktiver Ansatz 103
Diplomarbeit ▶ Abschlussarbeit 12
Diplomatie, Argumentationsbeispiel 79
Diskriminanzanalyse 107
Dissertation ▶ Abschlussarbeit 12
Doktorarbeit ▶ Abschlussarbeit 12
Drei-Punkte-Strategie 110
Drei-Schritte-Technik 96
Drouet, Juliette 188
Durchhaltevermögen 20

E

ECTS-Punkte ▶ Credits 9
Einleitung 43
Einsamkeit 22, 131, 211
Elterngespräch 179
E-Mail 4
Endfassung 148
Entscheidungsfindung 19, 141, 174
- Prinzipien 76
- Probleme 75
- Strategien 70
Entscheidungsweg 72
Entspannungsverfahren 63
Enzyklopädie 84
Epigenetik 197
Erfolgssymbole 165
Erklärung
- ehrenwörtliche 44
- Steuer 8
Essay 9
European Credit Transfer Accumulation System (ECTS) 9

Stichwortverzeichnis

Evolution 197, 209
Expertenhilfe 121
Exzerpt 8, 86, 93

F

Facebook 4, 157
– Timeline 140, 205
Fachtermini 41, 117, 118
Filipovic, Zlata 214
Five-step-Methode 122
Flaschen-Modell 111
Flexibilität 62
– mangelnde 142
Flow 17
Formular 6
– Antrag 7
– Steuererklärung 8
Forschungsfragen 37, 72
Forschungsstand, aktueller 37, 43, 84
Fragestellung, wissenschaftliche 36, 71
Frank, Anne 5, 211
Frauenbewegung 213
Freedom Writers 213
Freewriting 132
Fremdeinschätzung 66
Freud, Sigmund
– Kränkungen der Menschheit durch die Wissenschaft 209
– topographisches Modell der Psyche 183
Frustrationstoleranz 21
Fünf-Schritte-Methode ▶ Five-step-Methode 122
Fünf-Schritte-Methode ▶ SQ3R-Methode 87
Fußnote 38, 89, 90

G

Gedächtnis 199
– Mehrspeichermodell 199
Gedächtnistest 200
Gelassenheit 62
Gestalt, gute 150
Ghostwriting 205
Gliederung 11, 16, 42, 100, 117
Goodall, Jane 23
Grundmaxime, positive 97
Gruppenarbeit 22
Gruwell, Erin 214

H

Handout 9
Härtefallantrag 180
Hauptteil 43
Hausarbeit 10
– Merkmale 20
Hermeneutik 10, 103
Hikikomori 179
Hippokampus 197
Hypothese 102
– Definition 102
Hypothesenbildung 96, 111
– deduktiver Ansatz 103
– hermeneutischer Ansatz 103
– induktiver Ansatz 104
– vorläufige 93

I

Incentives ▶ Belohnung 57
induktiver Ansatz 104
Informationsquellen 84
Inhalte
– Auswahl 20
– Gewichtung 108
– Strukturierung 100
Inhaltsverzeichnis 43, 100, 117
Initiationsrituale 173
Interessengebiete, Festlegung 70
Interpretation 10

K

Kamprad, Ingvar 186
Klausur 16, 20
Klemperer, Victor 203
Kommunismus 209
Konditionierung, klassische 197
Konkurrenzdenken 171
Konzentrationsfähigkeit 50
Konzentrationsprobleme 28
Korrelationsanalyse 106
Kreativität 136, 186, 215
Kreativitätstechniken 132, 143
Künstler 186
Kurzmitteilung, elektronische 4

L

Lady Ellenborough, Jane Elizabeth 188
Lafer, Johann 182

Lagerfeld, Karl 187
Lange Nacht der ungeschriebenen Hausarbeiten 132
Lebensereignisse, unvorhergesehene 21, 61, 127, 142, 155
Lebenserwartung 182
Lebensmotto 167
Lebensthema 155
Legasthenie 120
Leistungskurve 54
Lernforschung 136
Lese- und Rechtschreibschwäche 28, 120
Literatur 16, 83
– Auswahl 19, 92
– Bearbeitung 86
– Einfügung 88
– graue 84
– Richtlinien 38
– Sondierung 84
– Suche 84
Literaturverzeichnis 85
– Gestaltung 44

M

Magisterarbeit ▶ Abschlussarbeit 12
Markierungsmethode 93, 95
Marx, Karl 209
Masterarbeit ▶ Abschlussarbeit 12
Median 105
Methodenteil 105, 111
Methodik 110, 111
Mind-Map-Methode 88, 94, 100, 108
Mittelwert 105
Modus 105
Morgentyp 54
Motivationsschreiben 141
Multitasking 142

N

Nachteilsausgleich 121
Narzissmus 22, 202
Negativkonferenz 143
Neid 171
Nin, Anaïs 212
Nonnenstrategie 217

O

Ökonomieprinzip 86
Ordnung 85, 110, 139

P

Paraphrase 118
Pause 50, 131
Perfektionismus 153
Phobie 197
Plagiat 38, 88
Planung 127
– Alternativen 62
– Beispiele 49
– Tipps 50
– unrealisierbare 63
Poesietherapie 216
PQ4R-Methode ▶ SQ3R-Methode 87
Praktiker 185
Präsentation 10
– Merkmale 11
Präsentationsfolien 11
Primärliteratur 44
Progressive Muskelentspannung nach Jacobson 63
Prokrastination 27, 126
– Definition 126
– Gründe 27
– Teufelskreis 127
Protokoll 9
Provokationstechnik 143
Prozesskostenhilfe 180
Prüfungsamt 180
Prüfungsordnung 45, 78, 79
Pufferzeiten 50, 130, 131
PufferzeitenZeitmanagement 156

Q

Quarterlife Crisis 172
Quellen
– Zitierweise 88
Quellenverzeichnis 44

R

Raphaels-Werk 183
Rechtschreibprüfung 117, 148
Redehemmung 12
Referat 9, 10, 20
Reflexion 202
Regressionsanalyse 106

Reimann, Konny 183
Reinkarnation 198
Rohfassung 115
roter Faden 44, 107, 112, 148

S

Sabbatphase 174
Scheitern 178
Schluss 44
Schlüsselwörter 93, 94, 108, 113, 137, 148
Schreibblockade 8, 117, 123
– Definition 121
Schreibcoaching 26, 66, 112
Schreiben
– Bedeutung 199
– kreatives 215
– linkshändiges 124
Schreibmotivation 56, 131
– Incentives 57
Schreibprobleme
– Ängste 129
– Kardinalfehler 121
– Schreibblockade 8
– Textformen 3
– Überforderung 77
– und Persönlichkeit 15
– unvorhergesehene 61
Schreibprozess
– Stadien 117
Schreibstadien 117
Schreibstil ▶ Stil 42
Schreibübungen 123
Schreibumfeld 48
Schreibwerkstatt 125, 131
Schrift 193
– Buchstabenschrift 196
– Hieroglyphenschrift 195
– Keilschrift 194
Schwächen 67
Sechs-Schritte-Schema 70
Seitenzahl, Zuweisung 109
Sekundärliteratur 44, 86
– Abgrenzung von 95
– Beurteilungskriterien 93
– Eingrenzung 91
– Fehlen von 91
– Ordnungssystem 110
Selbsteinschätzung 66
Selbstinstruktion 145, 153, 165
Selbstvorwürfe 178
Selbstwertsteigerung 26, 61, 165, 167
– Strategien 97, 145
Selbstzweifel 153

Self-Handicapping 26, 140
– Maßnahmen gegen 29
– Motive 26
– Strategien 27
Self-Handicapping-Scale 30
Seminararbeit 10
– Merkmale 20
Siebenzahl 126
Sisyphus 136
Skalenniveau 105
Sklaverei 208
Smart-Pen 8
SMS 4
Social Network 4, 6
Soll-Ist-Plan 52
somatoforme Störungen 28, 184
Sprache
– Defizite 120
– Feinschliff 117, 148
– Präsentation 11
– Überprüfung 38, 117, 148
SQ3R-Methode 87
Staatsexamensarbeit ▶ Abschlussarbeit 12
Standardabweichung 105
Stärken 67, 97
statistische Verfahren 105
Stil 7, 38, 42, 94, 149
– umgangssprachlicher 41
– wissenschaftlicher 38, 41, 119
Störfaktoren
– am Arbeitsplatz 56
– externale 64
– internale 66
– unvorhergesehene Lebensereignisse 61
Strukturierungshilfen 113
Studentische Stress-Skala 178
Studie, wissenschaftliche 37
Studiengangwechsel 182
Styleguide 38, 90, 100

T

Tabellenverzeichnis 45
Tablet-Computer 95
Tagebuch 201
– Anaïs Nin 213
– Anne Frank 211
– elektronisches 6
– Freedom Writers 214
– Funktionen 201, 210
– klassisches 5, 201
– mit Schreibanleitung 203
– Online-Tagebuch 6, 203
– Victor Klemperer 203

Stichwortverzeichnis

- Video-Tagebuch 201, 205
- Zlata Filipovic 214

Tandem, Arbeit im 56
Teufelskreis, selbstdestruktiver 29
Textformen 3
- prüfungsrelevante 9
- studienrelevante 8

Thema
- Abwandlung 78
- diskrepante Forschungsansätze 95
- eigenständiger Ansatz 96
- Entscheidung für 72
- Identifikation mit 17
- Rückgabe 78, 91
- Strukturierung 100
- Wahl 19, 36, 70

Themenstellung 36
- Anfangsfehler 70
- Realitätsscheck 72

Theorieteil 101, 110
Thesenpapier ▶ Handout 9
Titelblatt 43
Trauerarbeit 178
Traumdeuter 210
Trichterprinzip 84

U

Überforderung 77, 140, 178
Überlieferungen 194
Umfang 12
Unsicherheit 27, 144, 166

V

Varianzanalyse 106
Verstärker, positive ▶ Belohnung 57
Vorlesungsmitschrift 8
Vorwort 43

W

Walz, Udo 182
Web-Log 6, 201
Werte-Fragebogen 175, 184
Wikipedia 157
Wissenschaftlichkeit
- Kriterien 36

Wissenschaftssprache 38, 97, 118
Wochenplan 50
Work-and-Travel 181
Worst-text-Methode 122

Y

Yoga 63

Z

Zeit, reale und gefühlte 200
Zeitmanagement 49, 64, 127
Zensor, innerer 124
Zitat 88, 117
- Online-Zitat 89
- unvollständiges 89
- wörtliches 88, 118

Zitierweise 88
- Vorgaben 90, 118

Zufallstechnik 144
Zukunftsplanung 141, 142, 164, 167, 174
- Stufen des Lebens 169
- Ziele 167

Zulassungsarbeit ▶ Staatsexamensarbeit 12
Zusammenfassung 44, 93

The manufacturer's authorised representative in the EU is Springer Nature Customer Service Centre GmbH, Europaplatz 3, 69115 Heidelberg, Germany. If you have any concerns regarding our products, please contact ProductSafety@springernature.com

Printed and bound by CPI Group (UK) Ltd, Croydon, CR0 4YY

23/03/2026

02076742-0001